全国高等院校应用型创新规划教材·计算机系列

数据库应用技术案例教程
(SQL Server 2005)

青宏燕　王宏伟　主　编

王　琢　晁　晶　潘夕琪　副主编

清华大学出版社

北　京

内 容 简 介

本书采用项目导向的形式编写，以任务为核心，由任务驱动，选择学生比较熟悉的"学生管理数据库系统"的案例来组织教学内容，通过对连贯的项目、具体任务的介绍，可以较容易地掌握相关知识并且形成系统概念，易学易会。

本书通过对学生管理数据库关系模式的设计，数据库的创建和管理，表和记录的操作，数据的查询，视图的管理等 12 个项目循序渐进地展开教学内容。主要介绍了学生管理数据库的创建和管理，同时也介绍了数据库的 Web 应用，将一个以数据库为后台数据中心的 Web 应用系统有序地展示在读者面前，从而帮助读者逐步实现系统分析、设计和应用数据库的能力。

本书可以作为应用型本科、高职高专以及成人教育相关课程的教材，也是一本很好的自学教材和参考书。

图书在版编目(CIP)数据

数据库应用技术案例教程(SQL Server 2005)/青宏燕，王宏伟主编. --北京：清华大学出版社，2016
(全国高等院校应用型创新规划教材·计算机系列)
ISBN 978-7-302-42731-5

Ⅰ. ①数… Ⅱ. ①青… ②王… Ⅲ. ①关系数据库系统—高等学校—教材 Ⅳ. ①TP311.138

中国版本图书馆 CIP 数据核字(2016)第 020001 号

责任编辑：孟　攀
封面设计：杨玉兰
责任校对：吴春华
责任印制：宋　林

出版发行：清华大学出版社
　　　　　网　　址：http://www.tup.com.cn, http://www.wqbook.com
　　　　　地　　址：北京清华大学学研大厦 A 座　　　邮　　编：100084
　　　　　社 总 机：010-62770175　　　　　　　　邮　　购：010-62786544
　　　　　投稿与读者服务：010-62776969, c-service@tup.tsinghua.edu.cn
　　　　　质量反馈：010-62772015, zhiliang@tup.tsinghua.edu.cn
　　　　　课件下载：http://www.tup.com.cn, 010-62791865
印 装 者：三河市中晟雅豪印务有限公司
经　销：全国新华书店
开　　本：185mm×260mm　　　印　张：25.75　　　字　数：623 千字
版　　次：2016 年 2 月第 1 版　　　　　　　印　次：2016 年 2 月第 1 次印刷
印　　数：1～3000
定　　价：49.00 元

产品编号：057083-01

前　　言

　　数据是各行各业不可或缺的信息。通过对数据的分析和处理，可以帮助企业了解公司的运营情况，并且做出相应决策。数据库技术是信息处理的基础，其应用范围广，几乎涵盖了信息技术的各个领域，是许多专业尤其是信息技术以及相关专业的重要的专业必修课程。SQL Server 2005 非常成熟，非常适合初学者进行学习。

　　对于应用型本科和高职高专的学生，应用能力的培养居于首位。将完整的数据库技术知识体系，通过项目导向的形式，以任务为核心，来组织和安排教学内容，可以帮助学生更好地掌握数据库技术知识，具备独立开发数据库系统的能力。

　　以学生为本，着力培养学生的应用能力是本书编写的宗旨；以熟悉的"学生管理数据库系统"案例作为项目题材，易学易懂；基于工作过程的完整的项目案例循序渐进地展开，由浅入深，便于学生熟练掌握数据库技术的系统架构和开发流程；以任务为核心，从具体到抽象，可以帮助学生掌握坚实的数据库技术的基本理论知识和动手设计能力；启发式教学内容的安排，可以提高学生的学习兴趣，调动学习积极性。教材知识架构的安排不仅仅使学生具备数据库综合技术应用能力，同时还有助于提高创新精神和开拓能力的培养。

　　本书将案例分为 12 个项目，其中前 11 个项目介绍的是学生管理数据库的创建和管理，最后一个项目介绍的是该数据库的 Web 应用，组成一个完整的数据库应用系统。

　　项目一为掌握数据库基础知识：主要介绍数据库、数据管理系统和数据库系统的基本概念，以及 SQL Server 数据库的基本组成和有关知识。

　　项目二为设计数据库关系模式。主要介绍关系模型与关系数据库、数据库的设计方法及相关理论、E-R 模型以及数据库设计步骤。

　　项目三为创建和管理数据库。主要介绍关系数据库的创建和管理，包括备份和还原等。

　　项目四为创建和管理数据库表。主要介绍数据库表的创建和管理，以及表数据完整性的设计等。

　　项目五为编辑数据库表记录，主要介绍数据库表记录的插入、更新和删除操作，以及与其他数据库和数据文件之间的数据共享。

　　项目六为数据查询。主要介绍基本查询、连接查询、子查询以及集合查询的知识，利用查询进行分析和统计。

　　项目七为创建和管理数据库视图。主要介绍视图的创建、修改和删除，以及视图的使用。

　　项目八为数据库编程基础。主要介绍数据类型、表达式以及流程控制语句的使用，并介绍了函数的使用和设计。

　　项目九为创建和管理数据库存储过程。主要介绍存储过程的知识，以及存储过程的创建、执行、修改和删除。

项目十为创建和管理触发器。主要介绍 DML 触发器的创建、修改以及删除等操作。

项目十一为安全管理数据库。主要介绍数据库安全管理知识，包括身份验证管理、权限管理以及角色管理。

项目十二为数据库综合应用案例。主要介绍用户页面、数据组件等的设计，以及通过页面操纵数据库。

本书由广州航海学院教师青宏燕、王宏伟任主编，参加编写的还有王琢、晁晶、潘夕琪，这些教师都有多年从事数据库课程教学的经历，教学经验丰富。本书由青宏燕拟定大纲并进行最后统稿和校稿。各位教师编写分工如下：项目一、项目二由王琢副教授编写；项目三、项目四、项目六、项目八由青宏燕完成；项目五、项目七由晁晶编写；项目九、项目十由潘夕琪完成；项目十一、项目十二由王宏伟副教授编写。参考答案由青宏燕教师汇编。

同时，在编写教材的过程中，还得到许多教师的支持和帮助，同时也参考了一些专著文献以及网上的资料，在此深表感谢！

由于编者水平所限，难免出现疏漏之处，恳请广大读者批评指正。

编　者

目录

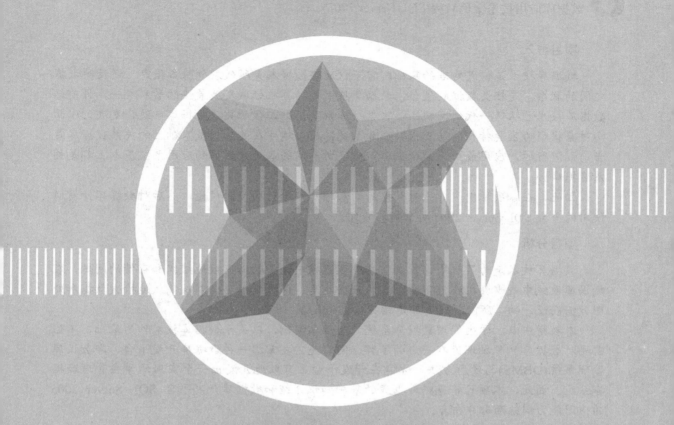

项目一

掌握数据库基础知识

项目导入

数据库技术是信息处理的基础，它不仅反映数据本身所代表的基本信息，还反映数据之间的联系，是相关数据的集合。数据库技术是计算机领域发展最快的学科之一，目前，数据库技术已从第一代的网状、层次数据库系统，第二代的关系数据库系统，发展到以面向对象模型为主要特征的第三代数据库系统。其中建立在关系模型基础上的关系数据库是当前最流行的、应用最广泛的数据库，当前所开发的基于数据库的应用系统基本上都是关系数据库。

因此，在本项目中，首先对数据库的基础知识进行初步的讨论，然后对数据库开发所使用的平台 SQL Server 2005 再作概括介绍。

项目分析

数据库技术是为了解决计算机信息处理过程中大量数据有效地组织和存储的问题，在数据库系统中减少数据存储冗余、实现数据共享、保障数据安全以及高效地检索数据和处理数据而设计的，所以，数据库是相关数据的集合。

本教材中以"学生管理数据库系统"为教学案例，以关系数据库技术作为基础，不但需要对数据库的基础理论有一定的了解，同时还需要掌握一种数据库开发平台，即数据库管理系统(DBMS)的使用方法，才能在开发平台上有效地开发出一个实用的学生管理数据库系统。因此，本项目将包括数据库的基础知识介绍和数据库开发平台 SQL Server 2005 的使用能力训练两部分内容。

能力目标

● 了解学生管理数据库的基本需求。
● 了解数据管理技术的 3 个阶段。
● 掌握数据库、数据管理系统和数据库系统的基本概念。
● 掌握 SQL Server 数据库的基本组成和有关知识。

知识目标

● 能根据实际环境进行数据库应用系统的需求分析和功能设计。
● 具备使用数据库理论分析相关信息抽象数据的能力。
● 了解并掌握数据库开发平台 SQL Server 2005 的概况和基本设置方法。

任务一　学生管理数据库系统基本需求

【任务要求】

根据学生管理的工作流程，对学生管理数据库系统进行整体分析与规划。
● 分析学生管理数据库系统的整体需求，掌握需求分析的基本方法。
● 规划学生管理数据库系统应具备的功能模块。

【知识储备】

　　一个数据库应用系统的开发设计通常要经历多个环节，简单地说可以分为对应用系统前台应用界面(应用层)和后台数据库(数据层)两个部分的设计，每一部分的设计都是一个庞大、复杂的工程，因此，通常都是结合软件工程的原理和方法进行数据库软件的设计。从一个应用软件开发的角度讲，一般一个数据库应用系统的开发流程如图 1-1 所示。

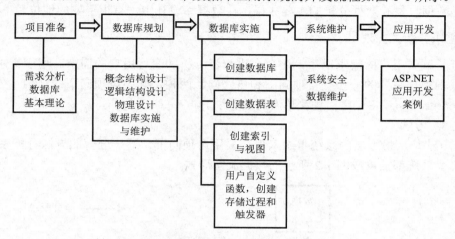

图 1-1　数据库应用系统开发流程

　　就数据库系统的规划设计来讲，一般设计过程包括需求分析、数据库概念结构设计、数据库逻辑结构设计、数据库物理结构设计、数据库实施及数据库的运行维护 6 个环节。设计一个数据库应用系统，首先要对系统的应用环境进行分析，掌握用户需求，这是整个开发的基础。需求分析的准确与否，关系到数据库应用系统的开发质量，本任务将主要讨论学生管理数据库系统的需求分析环节。

1. 需求分析的任务

　　需求分析是指在开发设计开始阶段，收集用户的功能要求，了解系统的应用环境，对需要使用的数据进行收集整理，建立起一个完整数据集的过程。比如系统的用户种类、相关应用的历史数据、有关表单资料的查阅以及实际运作流程等，从而得出所开发系统功能的运行过程。

　　用户需求包括数据需求和处理需求两部分。数据需求是指数据库中存储哪些数据结构；处理需求是指用户要完成什么处理功能，以及对这些处理的响应时间、处理方法等有什么要求。

　　需求分析阶段的任务主要包括以下几个方面。

　　(1) 分析用户活动，产生业务流程图。

　　了解用户当前的业务活动和职能，理清其处理流程。把用户业务分成若干个子处理过程，使每个处理功能明确、界面清楚，并画出业务流程图。

　　(2) 确定系统范围，产生系统范围图。

　　在和用户经过充分讨论的基础上，确定计算机所能进行数据处理的范围，确定哪些工作由人工完成，哪些工作由计算机系统完成，即确定人机界面。

(3) 分析用户活动所涉及的数据，产生数据流图。

深入分析用户的业务处理，以数据流图形式表示出数据库的方向和对数据所进行的加工。数据流图有四个基本成分：数据流、加工或处理、文件、外部实体。

(4) 分析系统数据，产生数据字典。

数据字典提供对数据库时间描述的集中管理，其功能是存储和检索各种数据描述。数据字典是数据收集和数据分析的主要成果，在数据库设计中占有很重要的地位。

2. 需求分析的方法

调查了解了用户的需求以后，还需要进一步分析和表达用户的需求。用于需求分析的方法有很多种，主要的方法有自顶向下和自底向上两种，其中自顶向下的结构化分析方法(Structured Analysis，SA)是一种简单实用的方法。

1) SA 方法

SA 方法是从最上层的系统组织入手，采用自顶向下、逐层分解的方法分析系统。SA方法把每个系统都抽象成图 1-2 所示的数据流图形式。

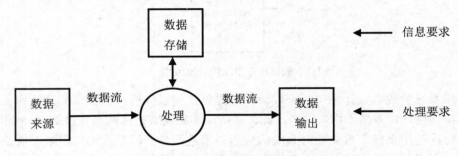

图 1-2 系统最上层的数据流图

在 SA 方法中，处理过程的处理逻辑常常借助判定表和判定树来描述，系统中的数据则借助数据字典(DD)来描述。

2) 数据流图

数据流图(Data Flow Diagram，DFD)表达了数据与处理的关系。数据流图中的基本元素如下。

(1) 圆圈符 ◯：表示处理，输入数据在此进行变换产生输出数据。在其中注明处理的名称。

(2) 矩形符 ▭：描述一个输入源点或输出汇点。在其中注明源点或汇点的名称。

(3) 箭头 ——▶：命名的箭头描述一个数据流。内容包括被加工的数据及其流向，流线上要注明数据名称，箭头代表数据流动的方向。

(4) 右开口矩形框 ▭：向右开口的矩形框表示文件和数据存储，要在其内标明相应的具体名称。

3) 数据字典

数据流图表达了数据和处理的关系，数据字典则是系统中各类数据描述的集合，是各类数据结构和属性的清单。它与数据流图互为解释，数据字典贯穿于数据库需求分析直到

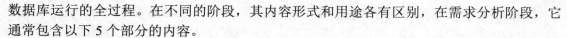

数据库运行的全过程。在不同的阶段，其内容形式和用途各有区别，在需求分析阶段，它通常包含以下 5 个部分的内容。

(1) 数据项。

数据项是不可再分的数据单位，通常包括数据项名、含义、别名、类型、长度、取值范围以及与其他数据项的逻辑关系。

(2) 数据结构。

数据结构反映了数据之间的组合关系。一个数据结构可以由若干个数据项组成，也可以由若干个数据结构组成，或由若干个数据项和数据结构混合组成。它包括数据结构名、含义及组成该数据结构的数据项名或数据结构名。

(3) 数据流。

数据流可以是数据项，也可以是数据结构，它表示某一加工处理过程的输入或输出数据。数据流包括数据流名、说明、流出的加工名、流入的加工名以及组成该数据流的数据结构或数据项。

(4) 数据存储。

数据存储是处理过程中要存储的数据，它可以是手工凭证、手工文档或计算机文档。数据存储包括数据存储名、说明、输入数据流、输出数据流、数据量、存取频率和存取方式。

(5) 处理过程。

处理过程包括处理过程名、说明、输入数据流、输出数据流，并简要说明处理工作、频度要求、数据量及响应时间等。

最终形成的数据流图和数据字典是"系统需求分析说明书"的主要内容，是下一步进行概念结构设计的基础。

在本任务中，从项目准备的角度，对学生管理数据库系统先做一个整体的概括分析，对学生管理数据库中所需要准备的数据及其相关理论进行一个框架层面上的了解，为后续进行数据库规划和应用开发做好充足的知识和技能上的准备。

【任务实施】

学生管理数据库系统，具有不同的用户群体，不同的用户群体又对数据有着不同的需求，正确地分析相应用户的要求并恰当地将其表达出来，是学生管理数据库系统设计的起始工作。在本任务实施前，首先要对用户环境进行准确的分析。

1. 用户类型分析

学生管理数据库系统通常的用户为学生、教师和教学管理人员。不同的用户有不同的信息查询和信息管理要求。学生管理数据库系统，应便于应用系统的管理员对数据库中的基本信息数据进行管理和维护，教师用户能够对基本信息进行查询并对部分信息进行更新管理，学生对与自己相关的数据可以进行查询，对个人的基本信息可以进行维护。

2. 功能需求分析

学生管理数据库系统其主要功能是实现基础资料、学生管理、课程管理和成绩管理四大模块的管理。其中，基础资料中包括院系、班级、宿舍、教师基本资料的管理，还包括对记录的增加、删除、修改和查询；学生管理中，包括学生档案和学生学籍的管理，还包括对其中学生各个属性的增加、删除、修改和查询；课程管理中，包括对新的课程进行设置，以及对班级选课的管理；成绩管理中，包括对学生成绩的录入和对学生成绩进行分析管理。

【任务实践】

1. 设计完成学生管理数据库系统的数据流图

根据任务实施环节对学生管理数据库系统应用环境的分析，绘制学生管理数据库系统的数据流图，如图 1-3 所示。

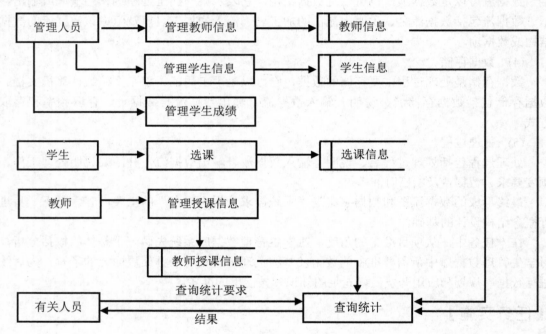

图 1-3　学生管理数据库系统的数据流图

2. 设计相关功能模块

根据功能需求分析的情况，确定学生管理数据库系统的功能模块。

(1) 基本信息管理：包括院系信息管理和专业信息管理等功能。

(2) 班级信息管理：包括班级信息管理和班级信息浏览等功能。

(3) 教师信息管理：包括教师信息录入和管理等功能。

(4) 学生基本信息管理：包括学生信息的录入、管理、查询以及导入、导出等功能。

(5) 系统维护：主要用于实现数据的备份、还原和清理功能。

(6) 用户管理：主要用于实现用户管理、更改密码等功能。

任务二 数据库基础知识

【任务要求】

通过本任务的学习应掌握以下内容：数据、数据库、数据库管理系统和数据库系统的基本知识。

【知识储备】

1. 数据库管理技术的产生

数据库技术产生于 20 世纪 60 年代末 70 年代初，其主要目的是有效地管理和存取大量的数据资源。近年来，数据库技术和计算机网络技术的发展相互渗透，相互促进，已成为当今计算机领域发展迅速、应用广泛的两大领域。数据库技术不仅应用于事务处理，并且进一步应用到情报检索、人工智能、专家系统、计算机辅助设计等数据管理领域。谈数据管理技术，先要讲到数据处理。所谓数据处理，是指对各种数据进行收集、存储、加工和传播的一系列活动的总和。纵观数据处理的历史，可以认为，数据库技术萌芽于 20 世纪 50 年代后期，形成于 60 年代中期，成熟于 70 年代，广泛应用于 80 年代。

2. 数据库管理技术的发展

数据库管理技术主要研究如何存储、使用和管理数据，是计算机数据管理技术发展的新阶段，是计算机技术中发展最快、应用最广的技术之一。数据管理的水平是和计算机硬件、软件的发展相适应的，随着计算机技术的发展，数据管理技术经历了 3 个阶段的发展：人工管理阶段、文件系统阶段、数据库系统阶段。

1) 人工管理阶段(20 世纪 50 年代)

在这一阶段，计算机主要用于科学计算。硬件设施方面，外部存储只有磁带、卡片和纸带等，没有磁盘等直接存取设备。软件方面，只有汇编语言，没有操作系统和数据管理软件，数据量小，数据无结构，由用户直接管理，数据依赖于特定的应用程序，缺乏独立性。此阶段应用程序与数据之间的关系是一一对应的关系，如图 1-4 所示。

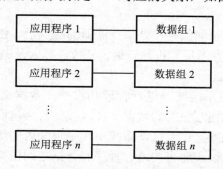

图 1-4 人工管理阶段应用程序与数据之间的关系

人工管理阶段的数据具有以下几个特点。

(1) 数据不保存。

当时的计算机主要用于科学计算，一般不需要长期保存数据。每处理一批数据，都要特地为这批数据编制相应的应用程序，计算任务完成后，用户作业退出计算机系统，数据空间随着程序空间一起被释放。

(2) 没有专门的软件对数据进行管理。

每个应用程序都要包括存储结构、存取方法、输入/输出方式等内容的设计。一旦数据发生改变，就必须修改应用程序，因而数据与程序不具有独立性。

(3) 数据不共享。

一组数据对应一个应用程序。如果多个应用程序涉及某些相同的数据，则必须各自进行定义，因此程序间有大量的数据冗余。

(4) 数据不具有独立性。

数据的独立性包括了数据的逻辑独立性和数据的物理独立性。当数据的逻辑结构或物理结构发生变化时，必须对应用程序做相应的修改。

2) 文件系统阶段(20 世纪 50 年代后期至 60 年代中期)。

在这一阶段，计算机已大量用于数据的管理。硬件方面，有了磁盘、磁鼓等直接存取存储设备。软件方面，操作系统中已经有了专门的管理软件，一般称为文件系统。数据处理方式有批处理，也有联机实时处理。此阶段应用程序与数据之间的关系如图 1-5 所示。

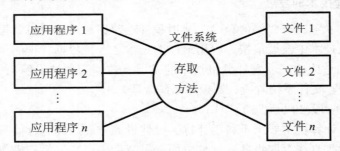

图 1-5　文件系统阶段应用程序与数据之间的关系

文件系统阶段的数据具有以下几个特点。

(1) 数据长期保存。

数据以"文件"形式可长期保存在外部存储器的磁盘上。由于计算机大量用于数据处理，数据需要长期保留在外存上反复进行查询、修改、插入及删除等操作。

(2) 文件系统管理数据。

所有的文件由文件管理系统统一进行管理和维护，数据文件可以脱离程序而独立存在。文件系统把数据组织成相互独立的数据文件，按文件名访问，按记录进行存取，可以对文件进行修改、插入及删除操作。文件系统实现了记录内的结构性，但文件之间整体无结构，数据之间的联系要通过程序去构造。程序和数据之间由文件系统提供存取方法进行转换，使应用程序与数据之间有了一定的独立性。

(3) 数据共享性差，冗余度大。

由于文件之间缺乏联系，造成每个应用程序都有对应的文件，而不能共享相同的数据，因此，数据的冗余度大，同样的数据有可能在多个文件中重复存储。这往往在进行更新操作时就可能使同样的数据在不同的文件中不一样，造成数据的不一致性。

(4) 数据独立性差。

文件系统中的文件是为某一特定应用服务的，文件的逻辑结构对该应用程序来说是优化的，因此要想对现有的数据增加一些新的应用会很困难，系统不容易扩充。一旦数据的逻辑结构改变，必须修改应用程序，修改文件结构的定义。因此数据与程序之间仍缺乏独立性。可见，文件系统仍然是一个不具有弹性的整体无结构的数据集合，即文件之间是孤立的，不能反映现实世界事物之间的内在联系。

3) 数据库系统阶段(20 世纪 60 年代后期至今)

在这一阶段，数据管理规模一再扩大，数据量急剧增加。硬件已有大容量磁盘，硬件价格下降，软件价格上升。鉴于这种情况，为了提高系统性能并满足共享数据的需求，从文件系统中分离出了专门的软件系统——数据库管理系统，用来统一管理数据。数据库系统阶段应用程序与数据之间的关系如图 1-6 所示。

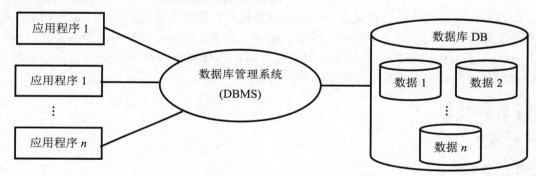

图 1-6　数据库系统阶段应用程序与数据之间的关系

数据库系统阶段的数据管理具有以下几个特点。

(1) 数据结构化。

数据库是存储在磁盘等外部存储设备上的数据集合，是按一定的数据结构组织起来的。与文件系统相比，文件系统中的文件之间不存在联系，因而从总体上看数据是没有结构的，而数据库中文件是相互联系的，并在总体上有一定的结构形式。这就是文件系统与数据库系统的最大区别。数据库正是通过文件之间的联系反映现实世界事物间的自然联系。

(2) 数据的共享性高，冗余度低，易扩充。

数据库中的数据是面向整个系统，是有结构的数据，不但可以被多个应用共享，而且容易增加新的应用，易于修改、易于扩充。这样就大大减少了数据冗余，提高了共享性，节约了存储空间。数据共享还能够避免数据之间的不相容性与不一致性。

(3) 数据独立性高。

数据独立是数据库技术努力追求的目标，数据独立性包括数据的物理独立性和数据的逻辑独立性两方面。

物理独立性是指用户的应用程序与存储在磁盘上的数据库中的数据是相互独立的。数据在磁盘上存储由 DBMS 管理，用户程序不需要了解，应用程序要处理的只是数据的逻辑结构，当数据的物理存储改变时，应用程序却不需要改变。

逻辑独立性是指用户的应用程序与数据库的逻辑结构是相互独立的。当数据的逻辑结构改变时，用户程序也可以不变。在数据方式下，用户不是自建文件，而是取自数据库中的某个子集，是数据库管理系统从数据库映射出来的，所以叫作逻辑文件，但实际上的物理存储只出现一次。

(4) 数据由数据库管理系统统一管理和控制。

数据库系统提供了 4 个方面的数据控制功能，分别是并发控制、恢复、完整性和安全性。数据库中各个应用程序所使用的数据由数据库系统统一规定，按照一定的数据模型组织和建立，由系统统一管理和集中控制，以保证数据的完整性、安全性，并在多用户同时使用数据库时进行并发控制，在发生故障后对系统进行恢复。

【任务实施】

数据库理论及其应用技术是在人们运用计算机进行数据处理过程中产生的一门有关数据采集、整理、存储、分类、排序、检索、维护、加工、统计和传输等一系列操作过程的知识和技术，其中有很多概念性的知识需要理解。本任务作为数据库概念设计的前述知识，通过任务实践来介绍数据库系统的基本概念。

【任务实践】

1. 数据

1) 数据的定义

数据(Data)是描述事物的符号记录。数据的概念包括两个方面：一是存储在某一种媒体上的数据形式；二是描述事物特性的数据内容。

2) 数据的表现形式

数据是数据库中存储的基本对象。数据在大多数人的第一印象中就是数字，其实数字只是其中一种最简单的表现形式，是数据的一种传统和狭义的理解。按广义的理解来说，数据的种类有很多，如文字、图形、图像、声音、视频、语言以及学生的档案等，都是数据，都可以转化为计算机可以识别的标识，并以数字化后的二进制形式存入计算机。

在日常生活中，人们需要描述各种事物，可直接用自然语言描述。在计算机中，为了存储和处理这些事物，就要抽出对这些事物感兴趣的特征组成一个记录来描述。例如，在学生管理数据库中，学生的基本信息情况是学生的姓名、性别、出生年月，这都说明了学生的基本特征，就可以这样来描述一个学生"张三，男，1994/04"。

3) 数据与信息的关系

信息与数据既有联系，又有区别。信息是对数据加工处理之后所得到的并可以对决策产生影响的数据。数据是信息的表现形式，信息是数据有意义的表示。可以用图 1-7 表示出数据与信息之间的关系。

4) 数据与其语义

学生记录就是一个数据。对于此记录来说，要表示特定的含义，必须对它给予解释说明，数据解释的含义称为数据的语义，数据与其语义是不可分的。可以这样理解，数据是信息的符号表示或载体，信息则是数据的内涵，是对数据的语义解释。例如，学生记录(张三，男，1994/04)可以解释为"张三是名男同学，出生年月为 1994 年 4 月"，这样它才具有表述信息的功能。

图 1-7　数据与信息之间的关系

2. 数据库

数据库(DataBase，DB)是指长期存放在计算机内的、有组织的、可共享的数据集合。从字面意思来说就是存放数据的仓库，该仓库建立在计算机存储设备上，数据是按一定的格式存放的，可供多个用户共享，具有尽可能小的冗余度和较高的数据独立性和易扩展性。它不仅描述事物的数据本身，还包括相关事物之间的联系。

数据库具有两个比较突出的特点。

1)　集成性

把在特定的环境中与某应用程序相关的数据及其联系集中在一起并按照一定的结构形式进行存储，即集成性。例如，可以将图书馆的馆藏图书和图书借阅情况保存在数据库中，以便于对图书信息的管理。

2)　共享性

数据库中的数据能被多个应用程序的用户所使用，即共享性。例如，学生管理数据库既可以为教务处提供学生信息，又可以为学工处等其他部门提供学生信息。数据库的用户分为 3 种。

(1)　数据库管理员。

他们使用数据库管理系统提供的工具软件对数据库进行各种维护和管理，以便使其更好地为其他用户服务。

(2)　应用程序员。

他们使用数据库语言和程序设计语言编写使用和操纵数据库中数据的程序。

(3)　非程序员用户。

他们通过联机终端设备，使用数据库查询语言访问数据库。

3. 数据库管理系统

数据库管理系统(DataBase Management System，DBMS)是数据库系统的核心组成部分，是一种操纵和管理数据库的大型软件，用于建立、使用和维护数据库。用户通过 DBMS 访问数据库中的数据，数据库管理员也通过 DBMS 进行数据库的维护工作。用户在数据库系统中的一些操作，如数据定义、数据操纵、数据库的运行管理及数据控制等都是通过数据库管理系统来实现的，如图 1-8 所示。

数据库管理系统主要包括以下功能。

1)　数据定义

DBMS 提供数据定义语言(Data Definition Language, DDL)，定义数据库的三级模式结构、两级映射以及数据的完整性和安全控制等约束。用户可以方便地对数据库中的数据对象(包括表、视图、索引、存储过程等)进行定义。

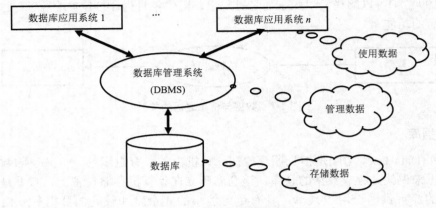

图 1-8　数据库管理系统

2)　数据操纵

DBMS 提供数据操纵语言(Data Manipulation Language，DML)，用户可以使用 DML 操纵数据实现对数据库的基本操作，如查询、插入、删除及修改等。

3)　数据库的运行管理

数据库的运行管理功能是 DBMS 的运行控制、管理功能，所有数据库的操作都要在数据库管理系统的统一管理和控制下进行，以保证事务的正确运行和数据的安全性、完整性。这也是 DBMS 运行时的核心部分，它包括以下内容。

- 数据的并发控制。
- 数据的安全性保护。
- 数据的完整性控制。
- 数据库恢复。

4)　数据字典

数据字典是一个自动或手动存储数据元的定义和属性的文档。对数据的数据项、数据结构、数据流、数据存储、处理逻辑、外部实体等进行定义和描述，其目的是对数据流程图中的各个元素做出详细的说明。数据字典本身也可以看成是一个数据库，只不过它是系统数据库，是一组表和视图结构，存放在 SYSTEM 表空间中。

4. 数据库系统

数据库系统(DataBase System，DBS)是由数据库及其管理软件组成的系统，是指在计算机系统中引入数据库后的系统，其构成主要有数据库及相关硬件、数据库管理系统及其开发工具、应用系统、数据库管理员和用户这几部分，其中，数据库的建立、使用和维护的过程要由专门的人员来完成，这些人就被称为数据库管理员(DataBase Administrator，DBA)。

数据库系统结构如图 1-9 所示。

数据库系统一般由 4 个部分组成。

(1)　数据库。是指长期存储在计算机内的，有组织、可共享的数据的集合。数据库中的数据按一定的数学模型组织、描述和存储，具有较小的冗余、较高的数据独立性和易扩展性，并可为各种用户共享。

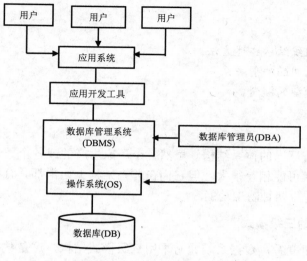

图 1-9 数据库系统结构

(2) 硬件。构成计算机系统的各种物理设备，包括存储所需的外部设备。硬件的配置应满足整个数据库系统的需要。

(3) 软件。包括操作系统、数据库管理系统及应用程序。

(4) 人员。主要有 4 类。第一类为系统分析员和数据库设计人员，系统分析员负责应用系统的需求分析和规范说明，并参与数据库系统的概要设计。数据库设计人员负责数据库中数据的确定、数据库各级模式的设计。第二类为应用程序员，负责编写使用数据库的应用程序。第三类为最终用户，他们利用系统的接口或查询语言访问数据库。第四类为数据库管理员，负责数据库的总体信息控制。

数据库系统在整个计算机系统中的地位如图 1-10 所示。

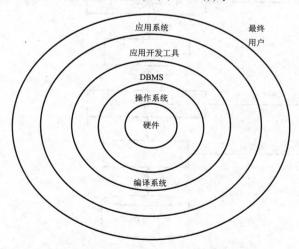

图 1-10 数据库在整个计算机系统中的地位

任务三　数据库系统的结构

【任务要求】

- 了解三级组织结构描述方法。
- 熟悉模式之间的映射关系。
- 掌握数据模型的概念。

【知识储备】

数据库系统有着严谨的体系结构。虽然各个厂家生产的或各个用户使用的数据库管理系统产品类型和规模可能相差很大，但它们在体系结构上通常都具有相同的特征，即采用三级模式结构，并提供两种映像功能。

1. 数据库系统的三级模式

从数据库管理角度看，数据系统通常采用三级模式结构，这是数据库管理系统内部的系统结构。从数据库最终用户角度看，数据库系统的结构分为集中式结构、分布式结构、客户/服务器结构等，这是数据库系统外部的体系结构。

数据库系统的三级模式结构是指数据库系统由外模式、模式、内模式三级构成，如图 1-11 所示。

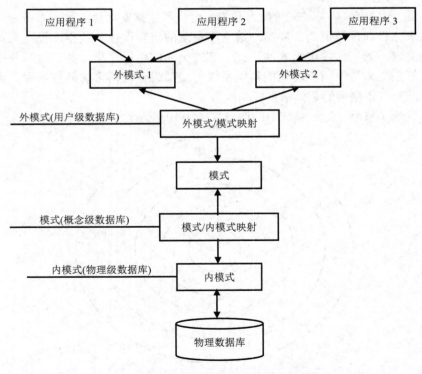

图 1-11　数据库系统的三级模式结构

1) 内模式

内模式也称为存储模式，一个数据库只有一个内模式，它是整个数据库的底层表示。内模式是数据物理结构和存储方式的描述，是数据在数据库内部的表示方式。

内模式定义的是存储记录的类型、存储记录的物理顺序、索引和存储路径等数据的存储组织方式。DBMS 提供了内模式描述语言(内模式 DDL)来严格地定义内模式。

2) 模式

模式也称为逻辑模式或概念模式，是对数据库中全体数据的逻辑结构和特性的描述，是所有用户的公共数据视图。它是数据库模式结构的中间层，既不涉及数据的物理存储细节和硬件环境，也与具体的应用程序、所使用的应用开发工具及高级程序设计语言无关。

模式实际上是数据库在逻辑上的视图，一个数据库只有一个模式。定义模式时，不仅要定义数据的逻辑结构，还要定义数据记录由哪些数据项组成，以及数据项的名字、类型、取值范围等，而且要定义数据之间的联系，定义与数据有关的安全性、完整性要求。DBMS 提供了模式描述语言(模式 DDL)来严格地定义模式。

3) 外模式

外模式也称为子模式或用户模式，它是数据库用户(包括应用程序员和最终用户)能够看见和使用的局部数据的逻辑结构和特征的描述，是数据库用户的数据视图，是与某一应用有关的数据的逻辑表示。

外模式一般是模式的一个子集。一个数据库可以有多个外模式。这样，不同的用户通过不同的外模式实现各自的数据视图，也能够达到共享数据的目的。同一外模式可以被一个用户的多个应用程序所使用，但一个应用程序只能使用一个外模式。

外模式是保证数据库安全性的一个有力措施。每个用户只能看见和访问所对应的外模式中的数据，数据库的其余数据是不可见的。DBMS 提供了外模式描述语言(外模式 DDL)来严格地定义外模式。

2. 数据库的两级映射

数据库系统的三级模式是对数据的三个抽象级别，它把数据的具体组织留给 DBMS 管理，使用户能逻辑地、抽象地处理数据，而不必关心数据在计算机中的具体表示方式与存储方式。为了能够在内部实现这三个抽象层次的联系和转换，DBMS 在这三级模式之间提供了两层映射。

1) 外模式/模式映射

对于同一个模式，可以有任意多个外模式。它定义了某一个外模式和模式之间的对应关系，这些映射的定义通常包含在各自的外模式中，当模式改变时，对该映射要做相应的改变，以保证外模式保持不变，实现了数据与程序的逻辑独立性。

2) 模式/内模式映射

它定义了数据逻辑结构和存储结构之间的对应关系，说明逻辑记录和字段在内部是如何表示的。这样，当数据库的存储结构改变时，可相应地修改该映射，从而使模式保持不变，保证了数据与程序的物理独立性。

正是这两层映射保证了数据库系统中的数据具有较高的逻辑独立性和物理独立性。

模式是数据库中全体数据的逻辑结构和特征的描述，它仅仅涉及型的描述，不涉及具体的值。模式的一个具体值称为一个实例，同一个模式可以有多个实例。模式是相对稳定的，而实例是相对变动的，因为数据库中的数据是在不断更新的。模式反映的是数据的结构及其联系，而实例反映的是数据库某一时刻的状态。

3. 数据模型

数据模型是现实世界中数据特征的抽象。在数据库中采用数据模型来抽象、表示和处理现实世界中的数据和信息。数据模型应满足以下三个方面的要求。

(1) 能够比较真实地模拟现实世界。

(2) 容易为人所理解。

(3) 便于在计算机上实现。

4. 数据模型的分类

在数据库系统设计过程中针对不同的使用对象和应用目的往往分层次采用不同类型的模型，可以将这些模型分为两类：概念模型和数据模型。

1) 概念模型

概念模型也称信息模型。它从用户的观点出发对数据和信息建模，主要用于数据库的概念级设计。通常人们先将现实世界抽象为概念世界，然后再将概念世界转换为机器世界。换句话说，就是先将现实世界中的客观对象抽象为实体和联系，它并不依赖于计算机系统或某个 DBMS，这样的模型就是物理数据模型。

2) 数据模型

数据模型是按计算机系统对数据建模，主要用于在 DBMS 中实现数据的存储、操纵、控制等。数据模型是数据库系统的核心和基础，各种机器上实现的 DBMS 软件都是基于某种数据模型的。

为了把现实世界中的具体事物抽象、组织为某一 DBMS 支持的数据模型，人们常常首先将现实世界抽象为信息世界，然后将信息世界转换为机器世界。无论是概念模型还是数据模型都要能较好地刻画与反映现实世界，要与现实世界保持一致。现实世界中客观对象的抽象过程如图 1-12 所示。

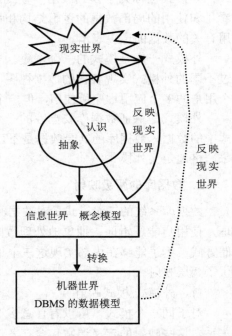

图 1-12 现实世界中客观对象的抽象过程

【任务实施】

1. 数据模型的组成要素

数据模型是模型中的一种，是对现实世界数据特征的抽象，它描述了系统的静态特性、动态特性和完整性约束条件。因此，数据模型通常由数据结构、数据操作和数据的完整性约束三个部分组成。

1) 数据结构

数据结构是所研究的对象类型的集合，用于描述系统的静态特性，是数据模型的基础。数据操作和约束都建立在数据结构上，不同的数据结构具有不同的数据操作和约束。

数据模型中的数据结构主要描述数据的类型、内容、性质以及数据间的联系等。例如，建立一个学生管理数据库，学生(对象)的基本情况(类型)如学号、姓名、性别、出生日期、入学日期、学制、班号、宿舍号等构成了数据库的基本框架，而每个学生的课程信息和成绩信息等对象与学生的基本信息存在着数据关联，这种数据关联也必须存储在数据库中。数据模型按其数据结构类型的不同分为层次模型、网状模型、关系模型和面向对象模型。

2) 数据操作

数据操作是指对数据库中各种对象实例的操作，用于描述系统的动态特性。例如，根据用户的要求对数据库中的数据进行增加、删除、查询、修改等各种操作。数据模型必须定义这些操作的确切含义、操作符号、操作规则(如优先级)以及实现操作的语言等。

3) 数据的完整性约束

数据的完整性约束是指在给定的数据模型中，数据及其数据关联所遵守的一组规则，用以保证数据库中数据的正确性、一致性。例如，学生管理数据库中，学号作为学生信息在数据库中的唯一标志，每个学生的学号都不能为空值，并且不能有重复值。

此外，数据模型还应该提供自定义完整性约束条件的机制，以反映具体应用所涉及的数据必须遵守的特定的语义约束条件。例如，在学生管理数据库中规定学生的性别只能输入男或女，输入的成绩不能超过 100 分等。这些系统数据的特殊约束要求，用户能在数据模型中自己来定义并产生制约。

2. 概念模型

概念模型是现实世界到机器世界的一个中间层次，是面向数据库用户的现实世界的模型，主要用来描述世界的概念化结构，它使数据库的设计人员在设计的初始阶段，摆脱计算机系统及 DBMS 的具体技术问题，集中精力分析数据以及数据之间的联系等，与具体的数据管理系统无关。针对抽象的信息世界，建立概念模型涉及的一些基本概念如下。

1) 实体(Entity)

将现实世界中客观存在并可以相互区别的事物称为实体。实体既可以是具体的事物，例如，一名学生、一门课程；也可以是抽象的事件，例如，学生的选课、老师的授课等都是实体。

2) 属性(Attribute)

属性是指实体所具有的特性，一个实体可以由若干个属性来描述。例如，教师实体可以由教师号、教师姓名、教师性别、教师职称等属性组成。属性的具体取值称为属性值，用来描述一个具体实体。属性值(10001，张杨，男，讲师)具体代表教师实体中的一位教师。

3) 域(Domain)

属性的取值范围称为该属性的域。例如，学号的域为由 12 位数字组成的字符编号集合。

4) 实体型(Entity Type)

用实体类型名和所有属性共同表示的同一类实体，称为实体型。例如，教师(教师号、教师姓名、教师性别、教师职称)就是一个教师实体型。

5) 实体集(Entity Set)

同一类型实体的集合，例如全体学生就是一个实体集，学生实体集＝{'张三'，'李四'，'张梅'…}。

6) 键(Key)

键能够唯一地标识出一个实体集中每一个实体的属性或属性组合，键也被称为关键字或码。例如，教师号在教师实体中就是键。

7) 联系(Relationship)

实体集之间的对应关系称为联系。它反映了现实世界事物之间的相互关联，主要指实体内部的联系(各属性之间的联系)和实体间的联系。实体之间的联系类型比较复杂，一般分为一对一、一对多、多对多三类。

(1) 一对一联系(1∶1)。

如果对于实体集 A 中的每一个实体，实体集 B 中至多有一个与之相对应，反之，实体集 B 中的每一个实体，也至多有一个实体集 A 的实体与之对应，则称实体集 A 与实体集 B 具有一对一联系，记作：1∶1。例如，每个班级只有一个班长，班长和班级之间是一对一联系。

(2) 一对多联系(1∶n)。

如果对于实体集 A 中的每一个实体，实体集 B 中有 n 个实体与之相对应，反之，如果实体集 B 中的每一个实体，实体集 A 中至多只有一个实体与之相对应，则称实体集 A 与实体集 B 具有一对多联系，记作：1∶n。例如，每个学生只能属于一个班级，每个班级可以有多名学生，班级和该班级中的学生之间是一对多联系。

(3) 多对多联系(m∶n)。

如果对于实体集 A 中的每一个实体，实体集 B 中有 $n(n≥0)$个实体与之相对应，反之，如果实体集 B 中的每一个实体，实体集 A 也有 $m(m≥0)$个实体与之相对应，则称实体集 A 与实体集 B 具有多对多的联系，记作：m∶n。例如，每个教师可以上多门课程，每门课程又可以被多名教师授课，课程与教师之间是多对多联系。

两个实体型之间的三类联系如图 1-13 所示。

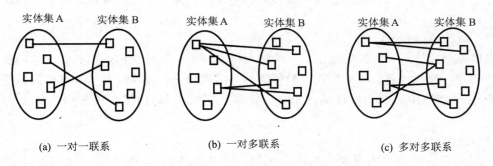

图 1-13　两个实体型之间的三类联系

【任务实践】

1. 概念模型的表示

概念模型的表示方法很多，最常用的是实体-联系方法，是由美籍华人陈平山于 1976 年提出的，它通过简单的图形方式描述现实世界中的数据，这种图称为实体-联系图，简称 E-R 图。E-R 图提供了表示实体、属性和联系的方法。E-R 图有 3 个要素。

1) 实体

实体用矩形表示，矩形内标注实体名称。

2) 属性

属性用椭圆表示，椭圆内标注属性名称，并用连线与实体连接起来。

3) 实体之间的联系

实体之间的联系用菱形表示，菱形内注明联系名称，并用连线将菱形框分别与相关实体相连，并在连线上注明联系类型($1:1$、$1:n$ 或 $n:m$)。

图 1-14 所示为两个实体之间的三类联系。图 1-15 所示为一个班级、学生的完整 E-R 图，班级实体型与学生实体型之间是一对多的关系。

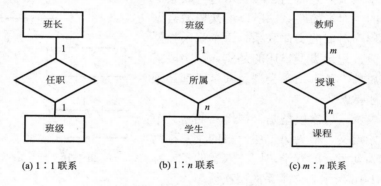

(a) $1:1$ 联系　　　(b) $1:n$ 联系　　　(c) $m:n$ 联系

图 1-14　两个实体之间的三类联系

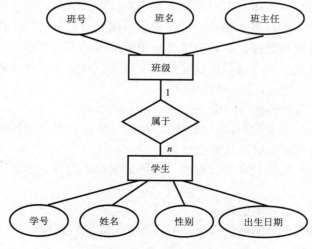

图 1-15　班级、学生的 E-R 图

2. 层次模型的表示

层次模型是数据库系统中最早出现的数据模型，用树形结构表示实体类型及实体间联系的数据模型称为层次模型。现实世界中很多事物是按层次组织起来的。层次数据模型的提出，首先是为了模拟这种按层次组织起来的事物，层次数据库也是按记录来存取数据的。层次模型数据库系统的典型代表是 IBM 公司的 IMS(Information Management System)数据库管理系统，这是一个曾经广泛使用的数据库管理系统。

层次模型的表示方法是：树的节点表示实体集(记录的型)，节点之间的连线表示相连两实体集之间的关系，这种关系只能是"1：M"的。通常把表示 1 的实体集放在上方，称为父节点，表示 M 的实体集放在下方，称为子节点。

1) 层次模型的数据结构

层次模型有以下两个特点。

(1) 有且仅有一个节点无父节点，该节点称为根节点。

(2) 其他节点有且仅有一个父节点。

在层次模型中，每个节点表示一个记录类型，记录之间的联系用节点之间的连线表示这种联系是父子节点之间的一对多的联系。所以层次模型数据库系统只能处理一对多的实体联系。每个记录类型可包含若干字段，记录类型描述的是实体，字段描述的是实体的属性。各个记录类型及其字段都必须命名，并且名称要求唯一。

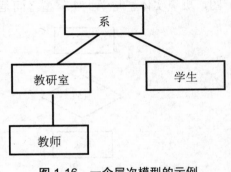

图 1-16　一个层次模型的示例

若用图来表示，层次模型是一棵倒立的树。节点层次从根开始定义，根为第一层，根的子女称为第二层，根称为其子女的双亲，同一双亲的子女称为兄弟。如图 1-16 所示为一个系的层次模型。

层次模型对具有一对多层次关系的描述非常自然、直观、容易理解，这是层次数据库的突出优点。层次模型中实体集之间多对多联系的处理，解决的方法是引入冗余节点。例如，学生和课程之间的多对多的联系，引入学生和课程的冗余节点，转换为两棵树。一棵树的根是学生，子节点是课程，它表现了一个学生可以选多门课程；一棵树的根是课程，子节点是学生，它反映了一门课程可以被多个学生选。冗余节点可以用虚拟节点实现，在冗余节点处仅存放一个指针，指向实际节点。

2) 层次模型的数据操作与约束条件

(1) 层次模型的树是有序树(层次顺序)。对任一节点的所有子树都规定了先后次序，这一限制隐含了对数据库存取路径的控制。

(2) 树中父子节点之间只存在一种联系，因此对树中的任一节点，只有一条自根节点到达它的路径。

(3) 不能直接表示多对多的联系。

(4) 树节点中任何记录的属性只能是不可再分的简单数据类型。

3)　层次模型的存储结构

层次数据库中不仅要存储数据本身，还要存储数据之间的层次联系。层次模型的数据存储常常是和数据之间联系的存储结合在一起的，常用的实现方法有两种。

(1) 顺序法。

按照层次顺序把所有的记录邻接存放，即通过物理空间的位置相邻来实现层次顺序。

(2) 指针法。

各个记录存放时不是按层次顺序，而是用指针按层次顺序把它们链接起来。

4)　层次模型的优缺点

层次模型的优点主要如下。

(1) 层次模型本身比较简单。

(2) 对于实体间联系是固定的，且预先定义好的应用系统采用层次模型来实现，其性能较优。

(3) 层次模型提供了良好的完整性支持。

层次模型的缺点主要如下。

(1) 不能直接实现多对多联系。

(2) 对插入和删除限制比较多。

(3) 查询子女节点必须通过双亲节点。

(4) 由于结构严密，层次模型的操作命令趋于程序化。

3. 网状模型及其表示

在现实世界中事物之间的联系更多的是非层次关系的。用层次模型表示非树形结构是很不直接的，网状模型则可以克服这一弊病，用网络结构表示实体类型及其实体之间联系的模型。顾名思义，一个事物和另外的几个都有联系，这样构成一张网状图。网状数据模型的典型代表是 DBTG(Data Base TaskGroup)系统，也称 CODASYL(Conference On Data Systems Languages)系统。若用图表示，网状模型是一个网络。图 1-17 所示为一个抽象的简单的网状模型。

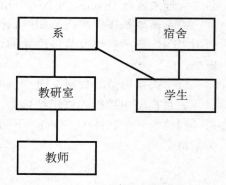

图 1-17　一个抽象的简单的网状模型

1)　网状模型的数据结构

网状模型的数据结构主要有以下两个特征。

(1) 允许一个以上的节点无双亲。

(2) 一个节点可以有多于一个的双亲。

2)　网状模型的数据操作与约束条件

网状模型一般来讲没有层次模型那样严格的完整性约束条件，但具体的网状数据库系统对数据操作都加了一些限制，提供了一定的完整性约束。DBTG 在模式 DDL 中提供了定义 DBTG 数据库完整性的若干概念和语句，主要如下。

(1) 支持记录码的概念。例如，学生记录的学号就是码，因此数据库中不允许学生记录中的学号出现重复值。

(2) 保证一个联系中双亲记录和子女记录之间是一对多的联系。

(3) 可以支持双亲记录和子女记录之间某些约束条件。例如，有些子女记录要求双亲记录存在才能插入，双亲记录删除时也连同删除。

3) 网状模型的存储结构

网状模型的存储结构中关键是如何实现记录之间的联系。具体实现方法有链接法，如单向链接、双向链接、环状链接、向首链接。

4) 网状模型的优缺点

网状模型的优点主要如下。

(1) 能够更为直接地描述现实世界。

(2) 具有良好的性能，存取效率较高。

网状模型的缺点主要如下。

(1) 结构复杂，不利于最终用户掌握。

(2) 其 DLL、DML 语言复杂，用户不容易使用。

4．关系模型

关系模型是目前最重要的一种模型。关系模型是由 IBM 公司的 E.F.Codd 于 1970 年首次提出，之后的几年里陆续出现了以关系数据模型为基础的数据库管理系统，称为关系数据库管理系统，数据库领域当前的研究工作都是以关系模型为基础的。目前广泛使用的数据库管理系统有 Oracle、Sybase、Informix、DB2、SQL Server、Access 系列数据库等。

关系模型是在层次模型和网状模型的基础上发展起来的，如果说层次模型和网状模型是用"图"表示实体及其他联系的话，那么关系模型是用"表"来表示的，关系就是二维表格。

1) 关系模型的数据结构

关系模型中数据的逻辑结构是一张二维表，它由行和列组成。每一行称为一个元组，每一列称为一个属性(或字段)。下面通过图 1-18 所示的教师信息表，介绍关系模型中的相关术语。

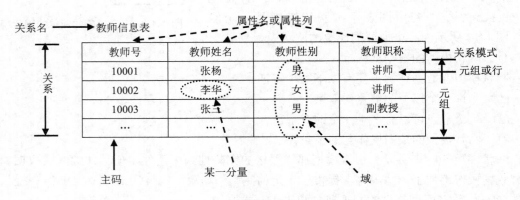

图 1-18　教师信息表

2) 关系数据模型的基本概念

(1) 关系模式(Relation Schema)。

二维表的表头那一行称为关系模式，又称表的框架或记录类型。

关系模式是记录的型，决定二维表的内容。

数据库的关系数据模型就是若干关系模式的集合。每一个关系模式都必须命名，且同一关系数据模型中关系模式名不允许相同。每一个关系模式都是由一些属性组成，关系模式的属性名通常取自相关实体类型的属性名。

关系模式可表示为"关系模式名(属性名 1，属性名 2，…，属性名 n)"的形式。例如图 1-18 所示的教师信息表(教师号，教师姓名，教师性别，教师职称)。

(2) 关系(Relation)。

对应于关系模式的一个具体的表称为关系，又称表。每一个关系都必须命名(通常取对应的关系模式名)，且同一关系数据模型中关系名互不相同。关系模式决定其对应关系的内容。关系数据库是若干表(关系)的集合。

(3) 记录(Record)。

关系中的每一行称为关系的一个记录，又称行(Row)或元组。一个关系可由多个记录构成，一个关系中的记录应互不相同。

(4) 属性(Attribute)。

关系中的每一列称为关系的一个属性，又称列(Column)。给每一个属性起一个名称即属性名。

(5) 域(Domain)。

关系中的每一属性所对应的取值范围叫作属性的域。

(6) 主键(Primary key)。

如果关系模式中的某个或某几个属性组成的属性组能唯一地标识对应于该关系模式的关系中的任何一个记录，我们就称这样的属性组为该关系模式及其对应关系的主键。

(7) 外键(Foreign key)。

如果关系 R 的某一属性组不是该关系本身的主键，而是另一关系的主键，则称该属性组是 R 的外键。

3) 关系数据模型的完整性约束

关系数据模型的操作主要是增加、删除、查询和修改数据。这些操作必须满足关系的完整性约束条件。关系的完整性约束是关系数据库模型的重要组成部分，它包括实体完整性、参照完整性和用户自定义完整性。

4) 关系模型的存储结构

在关系数据模型中，实体及实体间的联系都用关系二维表来表示。在数据库的物理组织中，表以文件形式存储，每一个表通常对应一种文件结构，也可以多个表对应一种文件结构。

5) 关系数据模型的优缺点

关系数据模型的优点如下。

(1) 关系模型与非关系模型不同，具有较强的数学理论基础。

(2) 数据结构简单、清晰，用户易懂易用，不仅用关系描述实体，而且用关系描述实体间的联系。

(3) 关系模型的存取路径对用户透明，从而具有更高的数据独立性、更好的安全保密性，也简化了程序员的工作和数据库开发与建立的工作。

关系数据模型的缺点如下。

由于存取路径对用户透明，造成查询速度慢，效率低于非关系型数据模型。

任务四　初步认识 SQL Server 2005

【任务要求】

- 了解 SQL Server 2005 的发展和组成。
- 掌握 SQL Server 2005 的配置方法。

【知识储备】

SQL Server 是一个关系数据库管理系统。它是一个全面的、集成的、端到端的数据解决方案，它为企业中的用户提供了一个安全、可靠和高效的平台，用于企业数据管理和商业智能应用。SQL Server 2005 是 Microsoft 公司于2005 年发布的一款数据库平台产品。该产品不仅包含了丰富的企业级数据管理功能，还集成了商业智能等特性。它突破了传统意义的数据库产品，将功能延伸到了数据库管理以外的开发和商务智能。

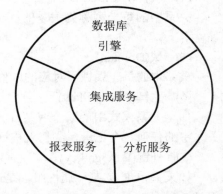

图 1-19　SQL Server 2005 数据库架构图

1. SQL Server 的系统架构

SQL Server 2005 重新对数据库进行了设计。新的架构中主要包括数据库引擎、分析服务(Analysis Services)、集成服务(Integration Services)、通知服务(Notification Services)和报表服务(Reporting Services)等。其架构如图 1-19 所示。

SQL Server 2005 数据库提供了高可伸缩性，适合从小型企业到大规模联机事务处理、数据仓库和电子商务应用等的企业计算。同时，SQL Server 2005 数据库提供了丰富的企业级应用，主要包括通知服务(Notification Services)、复制(Replication)和代理服务(Service Broker)。

2. SQL Server 2005 数据库的组件及其功能

1) 数据库引擎(DataBase Engine)

数据库引擎是存储、处理和保证数据安全的核心服务。主要对数据进行存储、管理、访问控制、事务处理等操作，具体功能如下。

(1) 存储、处理和保护数据的可信服务。

(2) 控制访问权限，快速处理事务。

(3) 满足企业内要求极高而且需要处理大量数据的应用需要。

(4) 在保持高可用性方面提供了有力的支持。

(5) 具有安全、可靠、可伸缩、高可用性等特点，提升了 SQL Server 的性能，且支持结构化和非结构化数据。

2) 分析服务(Analysis Services)

分析服务为商业智能应用程序提供联机分析处理和数据挖掘功能。主要对在已有的数据库中进行数据挖掘、商业数据分析提供支持，具体功能如下。

(1) 为商业智能应用提供联机分析处理(OLAP)和数据挖掘。

(2) 设计、创建和管理多维数据分析结构模型。

(3) 以多种标准的数据挖掘算法设计，创建和显示来自数据源构造的数据挖掘模型。

(4) 联机分析处理功能可用于多维存储的大量复杂的数据集的快速高级分析。

3) 报表服务(Reporting Services)

报表服务是一种基于服务器的新型报表平台，可以用于创建和管理包含来自关系数据源和多维数据源数据的报表、矩阵报表、图形报表和自由格式报表。具体功能如下。

(1) 基于 Web 的企业级别报表服务。

(2) 从多种数据源获取数据并生成报表。

(3) 完整全面的报表数据平台，能创建、管理、执行和访问报表。

4) 集成服务(Integration Services)

集成服务是生成高性能数据集成解决方案的平台，是将核心组件中的数据、处理的结果以及数据处理的报表进行很好的集成，将数据在各种服务之间进行转换、加载，通过该服务器将不同数据源的数据提取出来，然后保存、加载到目的地，实现数据的整合。具体功能如下。

(1) 高性能 ETL(Extraction Transformation Loading，数据抽取、转换和加载)数据集成解决方案平台能进行数据提取、加载和转换。

(2) ETL 数据集成的工作流分为控制流和数据流，通过这些流可以实现基于任务或者数据的过程。

(3) 可以支持数据仓库和企业范围内数据集成的抽取、转换和装载。

5) 复制服务(Replication)

复制服务是将数据和数据库对象从一个数据库复制和分发到另一个数据库，然后在数据库间进行同步，以维持一致性。具体功能如下。

(1) 通过数据库同步保持数据的一致性。

(2) 在数据库间对数据和数据库对象进行复制和分发。

(3) 将数据通过各种网络连接形式分发到不同的位置。

(4) 支持多种数据源和设备。

6) 通知服务(Notification Services)

通知服务是一种新平台，用于开发、发送并接收通知的高伸缩性应用程序。具体功能如下。

(1) 用于开发部署具备消息通知发送功能的应用程序平台。

(2) 生成并向大量订阅方及时发送个性化消息。

(3) 可以向多种设备发送消息。

7) 全文搜索(Full Text Search)

全文搜索可以对 SQL Server 表中基于纯字符的数据执行全文查询。全文查询还可以包括词和短语，或者词或短语的多种形式。具体功能如下。

(1) 在连接服务器上执行全文搜索。

(2) 使用任意多数据创建索引。

(3) 指定搜索语言。

(4) 编制和搜索 XML 数据。

8) 服务代理(Service Broker)

服务代理是 SQL Server 2005 中自带的很强大的应用开发框架平台，能够为开发应用中分布式的应用提供支持。具体功能如下。

(1) 基于消息的分布式通信平台。

(2) 使独立的应用程序组件可以作为一个整体来运行。

(3) 提高应用的可伸缩性和安全性。

(4) 提供分布式应用所需要的基础结构，减少应用开发周期。

9) 实用工具

SQL Server 2005 提供了设计、开发、部署和管理关系数据库、分析服务多维数据集、数据转换包、复制、报表服务、通知服务所需的众多工具。

3. SQL Server 2005 的版本

微软为用户提供了 5 种版本的 SQL Server 2005：企业版、标准版、工作组版、开发版、学习版。它们共同组成了 SQL Server 2005 的产品家族，分别为不同类型和需求的用户提供不同的服务。

1) 企业版(适用于 32 位和 64 位的操作系统)

企业版包括全套企业数据管理和商务智能特性，提供了 SQL Server 2005 所有版本中最高级别的可伸缩性和可用性。企业版达到了支持超大型企业进行联机事务处理、高度复杂的数据分析、数据仓库系统和网站所需的性能水平。企业版的全面商业智能和分析能力及其高可用性功能，使它可以处理大多数关键业务企业的工作负荷。企业版是最全面的 SQL Server 版本，是超大企业的理想选择，能够满足最复杂的要求。

2) 标准版(适用于 32 位和 64 位的操作系统)

标准版是适合中小企业的数据管理和分析平台。它包括电子商务、数据仓库和业务流解决方案所需的基本功能。标准版的集成商业智能和高可用性功能可以为企业提供支持其运营所需的基本功能。标准版是需要全面的数据管理和分析平台的中小型企业的理想选择。

3) 工作组版(仅适用于 32 位的操作系统)

对于那些在大小和用户数量上没有限制的数据库的小型企业，工作组版是理想的数据管理解决方案。它包含数据管理所需的全部核心数据库特性，同时价格便宜又易于管理。工作组版可以用作前端 Web 服务器，也可以用于部门或分支机构的运营。它包括 SQL Server 产品系列的核心数据库功能，并且可以轻松地升级至标准版或企业版。工作组版是

理想的入门级数据库,具有可靠、功能强大且易于管理的特点。

4) 开发版(适用于 32 位和 64 位的操作系统)

开发版旨在帮助开发者在 SQL Server 2005 的基础上建立任何类型的应用程序。它包括 SQL Server 2005 企业版的所有功能,但有许可限制,只能用于开发和测试系统,而不能用作生产服务器。开发版是独立软件供应商、咨询人员、系统集成商、解决方案供应商以及生成和测试应用程序的企业开发人员的理想选择。开发版可以根据生产需要升级至企业版。

5) 学习版(仅适用于 32 位的操作系统)

学习版是一个基于 SQL Server 2005 的免费、易于管理的数据库。它为新手程序员提供了学习、开发和部署小型的数据驱动应用程序最快捷的途径。它与 Visual Studio 2005 集成在一起,可以轻松开发功能丰富、存储安全、可快速部署的数据驱动应用程序。

在 SQL Server 2005 中,每个版本都具有不同的特性,而企业可以根据这些不同的特性来选择版本,从而构建一个完整、集成的数据平台。如表 1-1 所示,列出了 SQL Server 2005 主要版本的性能参数。

表 1-1 SQL Server 2005 主要版本的性能参数

版　本	应用范围	适用的系统	功　能
企业版	为核心企业级应用定制的全面集成的数据管理与分析平台	32 CPU(32 位) 64 CPU(64 位) 无内存限制	● 无限扩展与分区 ● 高级数据库镜像 ● 实时在线和并行处理 ● 数据库快照 ● 深入数据分析与数据挖掘工具 ● 可定制和扩展的企业级报表 ● 全面的数据集成服务
标准版	为中型企业或大型部门定制的完整的数据管理与分析平台	4 CPU 无内存限制(64 位)	● 数据库镜像 ● 商业智能套件:数据分析服务、报表服务、数据集成服务、数据挖掘 ● 完整数据复制与发布功能
工作组版	为正在发展的小型企业所定制的简单易用、价格适中的数据库解决方案	2 CPU 3GB 内存	● 完整数据管理工具 ● 数据导入/导出 ● 部分数据复制与发布功能 ● 日志传递备份
学习版	为开发人员提供学习构建、部署简单数据应用的快捷方式	1CPU 1GB 内存 4GB 数据存储	● 简单数据管理工具 ● 报表导航和控件 ● 简单数据复制与发布功能

【任务实施】

SQL Server 2005 提供了一系列的管理工具来对其服务器进行配置和管理。主要包括以下几点。

(1) 使用配置管理器配置 SQL Server 服务。

(2) 使用外围应用配置器配置 SQL Server 服务。

(3) 连接与断开数据库服务。

(4) 配置 SQL Server 2005 服务器属性。

在运行 SQL Server 2005 之前，首先需要启动 SQL Server 的各个服务器，如在执行分析服务时需要启动分析服务器、执行报表服务时需要启动报表服务器等。

【任务实践】

1. 使用配置管理器配置 SQL Server 2005

SQL Server 配置管理是 SQL Server 2005 提供的一种配置工具。它用于管理与 SQL Server 相关联的服务，配置 SQL Server 使用的网络协议，以及从 SQL Server 客户机管理网络连接。使用 SQL Server 配置管理器，可以启动、停止、暂停、恢复和重新启动服务，可以更改服务使用的账户，还可以查看或更改服务器属性。

1) 启动、停止、暂停和重新启动 SQL Server 服务

(1) SQL Server 2005 安装成功后会在"开始"菜单中生成如图 1-20 所示的程序组与程序项。

图 1-20   SQL Server 程序组与程序项

(2) 选择"配置工具"→"SQL Server 配置管理器"命令，打开 SQL Server Configuration Manager 窗口，如图 1-21 所示。

(3) 选择"SQL Server 2005 服务"节点，右击要进行操作的服务，在弹出的快捷菜单中选择相应的命令即可完成对 SQL Server 服务的启动、停止、暂停、恢复和重新启动等操作。服务器启动之后，服务器名称前的图标将由原来的"红色四边形"的标志变为"绿色三角形"的标志，此时标志着可以执行针对该服务器的管理服务了。

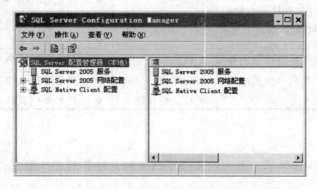

图 1-21   SQL Server Configuration Manager 窗口

2)　配置启动模式

服务器操作系统启动后，SQL Server 2005 服务进程是自动启动、手动启动还是被禁止启动，这些设置被称为 SQL Server 2005 服务启动模式。若要对 SQL Server 2005 服务启动模式进行设置，具体操作步骤如下。

(1)　选择"配置工具"→"SQL Server 配置管理器"命令，打开 SQL Server Configuration Manager 窗口。

(2)　选择"SQL Server 2005 服务"节点，右击要进行操作的服务(SQL Server (MSSQLSERVER))，在弹出的快捷菜单中选择"属性"命令，打开"SQL Server (MSSQLSERVER)属性"对话框。

(3)　切换到"服务"选项卡，在"启动模式"选项中进行设置即可，如图 1-22 所示。

图 1-22　"服务"选项卡

3)　更改登录身份

有时，用户为了保障系统安全，可能对运行 SQL Server 服务的权限进行定制。对 SQL Server 2005 服务更改登录身份，具体操作步骤如下。

(1)　打开 SQL Server Configuration Manager 窗口，如图 1-21 所示。

(2)　选择"SQL Server 2005 服务"节点，右击要进行操作的服务(SQL Server (MSSQLSERVER))，在弹出的快捷菜单中选择"属性"命令，打开"SQL Server(MSSQLSERVER)属性"对话框。

(3)　切换到"登录"选项卡，在"登录身份为"选项组中选中"内置账户"或者"本账户"单选按钮，如图 1-23 所示。

用户可以选中"本账户"单选按钮，单击"浏览"按钮来选择定制的系统用户。单击"浏览"按钮后，在弹出的"选择用户或组"对话框中，输入内容或单击"高级"按钮通过展开对话框来查找用户，如图 1-24 所示。选择完用户后，输入密码并进行确认，单击"确定"按钮完成更改。

(4)　在"SQL Server(MSSQLSERVER)属性"对话框中，单击"确定"按钮，即可完成更改登录身份的操作。重新启动 SQL Server 2005 服务后即可生效。

4) SQL Server 2005 使用的网络协议

在客户端计算机连接到数据库引擎前,服务器必须侦听启用的网络库,并且要求启动服务器网络协议。若要连接到 SQL Server 2005 数据库引擎,必须启用网络协议。SQL Server 2005 数据库可一次通过多种协议为请求服务。客户端用单个协议连接到 SQL Server。如图 1-25 所示,SQL Server 2005 使用的网络协议有以下几种。

图 1-23　"登录"选项卡

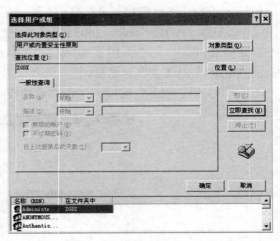

图 1-24　"选择用户或组"对话框

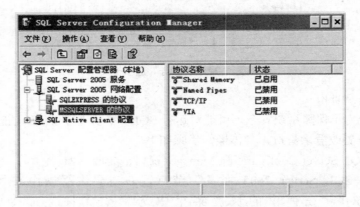

图 1-25　SQL Server Configuration Manager 窗口

(1) Shared Memory 协议。

Shared Memory 是可供使用的最简单协议,没有可配置的设置。由于使用 Shared Memory 协议的客户端仅可以连接到同一台计算机上运行的 SQL Server 实例,因此它对于大多数数据库活动而言是没用的。如果怀疑其他协议配置有误,可以使用 Shared Memory 协议进行故障排除。

(2) Named Pipes 协议。

Named Pipes 是为局域网而开发的协议。它的运行模式是内存的一部分被某个进程用来向另一个进程传递信息。因此,一个进程的输出就是另一个进程的输入。第二个进程可以是本地的,也可以是远程的。

(3) TCP/IP 协议。

TCP/IP 协议又称网络通信协议，是 Internet 最基本的协议，Internet 国际互联网络的基础，由网络层的 IP 协议和传输层的 TCP 协议组成。它与互联网中硬件结构和操作系统各异的计算机进行通信。TCP/IP 协议是目前在商业中最常用的协议。

(4) VIA 协议。

虚拟接口适配器(VIA)协议和 VIA 硬件一同使用。

2. 连接与断开数据库服务器

在操作和浏览数据库中的数据时，首先需要连接 SQL Server 服务器。连接服务是在 Management Studio 窗口的"连接到服务器"对话框中实现的。

SQL Server Management Studio 是 SQL Server 2005 数据库产品中最重要的组件。用户可以通过此工具完成对 SQL Server 2005 数据库的主要的管理、开发与测试任务。

1) 启动 SQL Server Management Studio

在启动 Management Studio 窗口之后，将弹出"连接到服务器"对话框，在其中可以实现连接到各个注册服务器的操作，具体操作步骤如下。

(1) 选择"开始"→"程序"→Microsoft SQL Server 2005→SQL Server Management Studio 菜单命令，打开"连接到服务器"对话框，如图 1-26 所示。

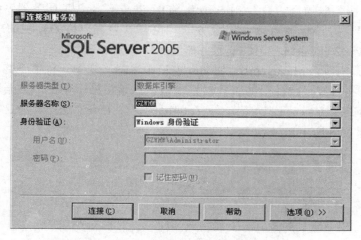

图 1-26　"连接到服务器"对话框

(2) 采用系统默认值，直接单击"连接"按钮，即可打开 SQL Server Management Studio 管理工具。在 SQL Server Management Studio 中将显示"对象资源管理器"和文档窗格两个组件。

① "对象资源管理器"窗格。是服务器中所有数据库对象的视图，如图 1-27 左侧所示。对象资源管理器显示其连接的所有服务器的信息。

② 文档窗格。是 SQL Server Management Studio 中的最大部分，如图 1-27 右侧所示。文档窗格可以包含查询编辑器和浏览器窗口。默认情况下，将显示已与当前计算机上的数据库引擎实例连接的"摘要"页。

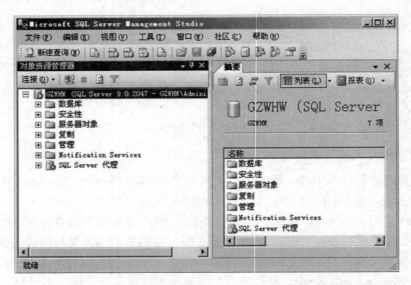

图 1-27　SQL Server Management Studio 管理工具界面

2)　注册 SQL Server 服务器

一般情况下，连接服务器，首先要在 SQL Server Management Studio 工具中对服务器进行注册。注册服务器的目的是为 Microsoft SQL Server 客户机/服务器系统确定一个数据库所在的"机器"，该机器可以作为服务器，也可以为客户机的各种请求提供相关的服务。在 SQL Server 2005 系统中，注册服务器的操作步骤如下。

(1)　在 SQL Server Management Studio 窗口中选择"视图"菜单下的"已注册的服务器"命令，此时将打开"已注册的服务器"窗格。在该窗格中单击"数据库引擎"节点，然后选中要注册的服务器，右击该节点，在弹出的快捷菜单中选择"新建"→"服务器注册"命令，如图 1-28 所示。

图 1-28　选择"服务器注册"命令

(2)　随后将弹出"新建服务器注册"对话框。切换到"常规"选项卡，在"服务器名称"下拉列表框中选择或输入要注册的服务器名称。在"身份验证"下拉列表框中选择身份验证的方式，这里选择"Windows 身份验证"的方式，如图 1-29 所示。

(3) 接着切换到"连接属性"选项卡，在该选项卡中可以设置连接到数据库、网络协议、连接超时、是否加密连接等属性，如图 1-30 所示。

(4) 设置完成之后，单击"测试"按钮验证设置是否成功，如果设置连接成功，将会弹出如图 1-31 所示的对话框。

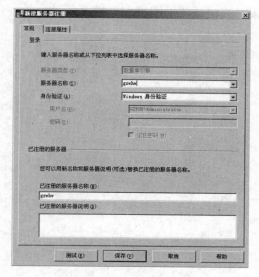

图 1-29　"常规"选项卡

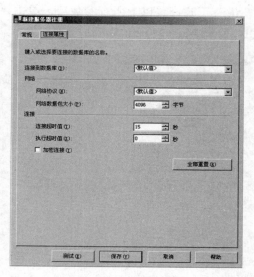

图 1-30　设置连接属性

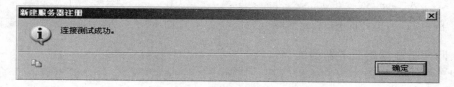

图 1-31　设置成功后弹出的提示对话框

3) 连接到数据库服务器

在操作和浏览数据库中的数据时，首先需要连接 SQL Server 服务器。连接服务器是在 Management Studio 窗口的"连接到服务器"对话框中实现的。具体操作步骤如下。

(1) 选择"开始"→"程序"→SQL Server Management Studio 命令，打开"连接到服务器"对话框，如图 1-26 所示。

(2) 在"服务器类型"下拉列表框中，选择要连接到的 SQL Server 2005 服务。一般包括数据库引擎、Analysis Services、Reporting Services、SQL Server Compact Edition 以及 Integration Services 几项服务。

(3) 在"服务器名称"下拉列表框中，选择或输入要连接到的 SQL Server 2005 数据库服务器实例名。也可以选择下拉列表中的"浏览更多…"选项，打开"查找服务器"对话框来完成本地或网络服务器实例的选择输入，如图 1-32 所示。

(4) 在"身份验证"下拉列表框中，选择身份验证模式。如果选择的是"SQL Server 身份验证"选项，还必须正确输入登录名和密码。此时，还可以让系统记住输入的用户名和密码。

(5) 单击"选项"按钮，打开"连接到服务器"对话框，切换到"连接属性"选项卡。在其中可以设置连接到的数据库、网络属性、连接属性以及是否需要加密连接等信息，如图 1-33 所示。

(6) 正确设置以上所有参数后，单击"连接"按钮，即可连接到数据库服务器并打开 SQL Server Management Studio 管理环境。

图 1-32　"查找服务器"对话框　　　　　图 1-33　"连接到服务器"对话框

4) 断开与数据库服务器的连接

在对象资源管理器中，右击服务器，在弹出的快捷菜单中选择"断开连接"命令，或者在对象资源管理器工具栏中单击"断开连接"按钮，即可断开与数据库服务器的连接，但不会断开与其他 SQL Server Management Studio 组件的连接。

3. 配置 SQL Server 2005 服务器属性

如果要保证服务器能够正常稳定地为数据库系统提供服务，需要对服务器的各个相关属性进行设置。SQL Server 2005 服务器的属性使用系统默认设置。用户可以根据实际的应用环境对 SQL Server 2005 服务器进行设置，从而修改这些默认设置。

1) 查看服务器属性

用户可以使用 SQL Server Management Studio 工具来查看 SQL Server 2005 数据库的服务器属性，包括服务器的操作系统版本、内存数据等信息。具体查看操作如下。

(1) 使用 SQL Server Management Studio 连接到数据库实例。在对象资源管理器中，右击数据库服务实例，在弹出的快捷菜单中选择"属性"命令，打开"服务器属性"窗口，如图 1-34 所示。

(2) 在"服务器属性"窗口中，用户可以依次选择"选择页"列表框中的每个选项，以查看与该项相关的服务器信息。

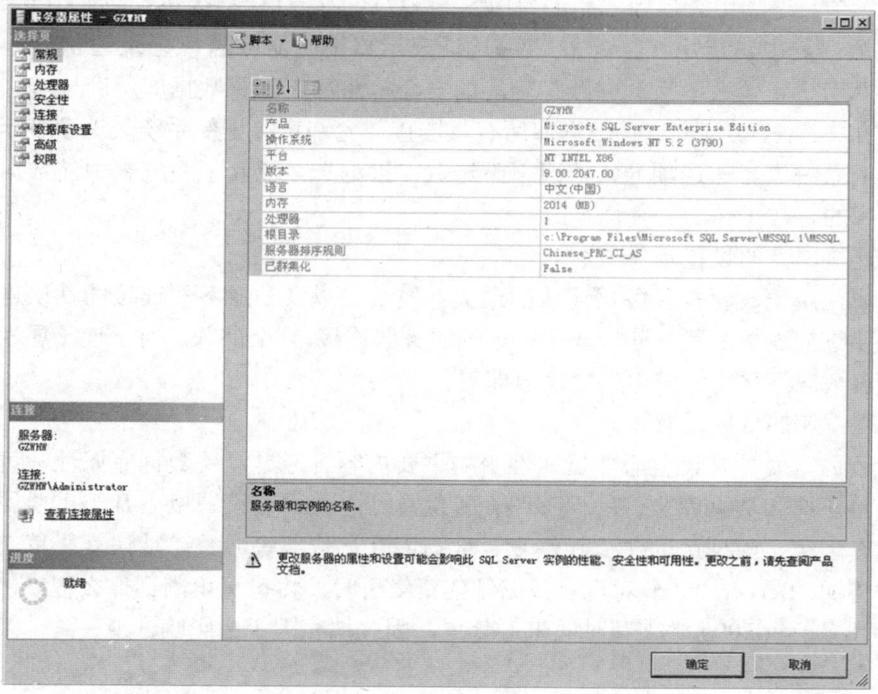

图 1-34　"服务器属性"窗口

2)　配置服务器属性

在"服务器属性"对话框中，修改服务器属性的设置。

(1)　内存属性的设置。

SQL Server 2005 根据需要动态地获取与释放内存。在配置服务器内存属性时，主要设置的是以下两个服务器内存选项，它们是"最小服务器内存"和"最大服务器内存"。默认情况下，最小服务器内存为 0，最大服务器内存为 2147483647。可以设置最大服务器内存，以确保服务不会占用太多的内存。

(2)　处理器属性的设置。

处理器属性是指设置服务器与计算机系统中的处理器相关的一些属性信息。在多处理器环境下，合理设置处理器属性能够提高系统的性能。对处理器属性的设置，实际上主要是设置处理器的"最大工作线程数"参数。最大工作线程数据的默认值是 0，允许 SQL Server 在启动时自动配置工作线程数。该设置对于大多数系统而言是最佳设置。但是，根据系统配置，将最大工作线程数设置为特定的值有时会提高性能。

(3)　安全性属性的设置。

在设置安全性属性时，主要涉及以下几个重要的服务器属性。

①　服务器身份验证。在设置服务器身份验证时，可以将验证身份设置为 Windows 身份验证模式或 SQL Server 和 Windows 身份验证模式。

②　登录审核。登录审核有 4 个设置选项，分别是无、仅限失败的登录、仅限成功的

登录及失败或成功的登录。

③ 选项。选项中有启用 C2 审核跟踪、跨数据库所有权链接和允许直接更新系统表 3 个设置选项。其中，启用 C2 审核跟踪选项表示将配置服务器以记录语句的方式进行访问，来帮助用户了解系统活动并跟踪可能的安全策略冲突。跨数据库所有权链接选项表示可以为 SQL Server 实例配置跨数据库所有权链接。允许直接更新系统表选项表示允许更新数据库中的系统表。该选项通常情况下不选取，因为一旦更新了系统表中的数据，可能会影响数据库的正常工作。

(4) 连接属性的设置。

连接属性用于设置与服务器连接的最大并发数，以及与服务器连接的默认连接选项等信息。主要包括连接、默认连接选项、远程服务器连接 3 个部分。对于连接属性中的相关选项，通常情况下采用系统中的默认值即可。

(5) 数据库属性的设置。

设置数据库属性是设置服务器属性中的重要内容。通过设置数据库属性，可以设置数据库的备份还原和数据库文件的保存路径等信息。主要需要设置以下几个重要属性，如默认索引填充因子、数据库的备份和恢复、数据库默认位置等参数。默认索引填充因子选项可以指定 SQL Server 2005 对现有数据创建新索引时，将每页填满到什么程度，由于在页填满时 SQL Server 2005 必须花时间来拆分页，因此填充因子会影响性能。

(6) 查看高级属性。

在 SQL Server 2005 服务器的"高级"选择页中，包括并行的开销阈值、查询等待值、锁、最大并行度、网络数据包大小、远程登录超时值、其他杂项等信息。

【知识扩展】

1. 什么是 SQL Server 的实例

(1) SQL Server 2005 数据库引擎实例包括一组该实例私有的程序组件和数据文件。

(2) 一个计算机上可以包括多个 SQL Server 2005 的实例，一个实例与其他实例共用一组共享程序或文件。

(3) 每一个实例都独立于其他实例运行，都可以视为一个独立的数据库服务器。

(4) 应用程序可分别连接到不同的实例进行工作，数据库管理员通过连接到实例对实例下的数据库进行管理和维护。

2. 使用多个命名实例

(1) 使用多个版本的 SQL Server 时。

(2) 数据库管理用户相对独立或不同用户需要使用独立的数据库并具有管理权限时。

(3) 测试或开发数据库应用时。

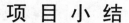

项 目 小 结

本项目讲述了数据库系统的设计步骤和流程，介绍了数据库的基本知识，重点介绍了数据库系统结构，三级模式以及模式之间的映射关系，为后续项目的进行打下了坚实的理论基础。

上 机 实 训

SQL Server 2005 的安装和配置

实训背景

正确安装 SQL Server 数据库，是利用 SQL Server 进行数据管理的前提。安装 SQL Server 2005 时，需要根据数据库所承载的业务情况，选择合适的版本，安装相应的程序组件和服务组件。安装结束后，还要对 SQL Server 2005 服务器进行适当的配置和管理，以保证服务器安全、可靠地运行。因此，学习和掌握 SQL Server 2005 的安装和配置方法，是数据库技术应用的基本能力之一。本实训将通过对 SQL Server 2005 数据库的安装与配置操作过程的训练，来熟悉 SQL Server 2005 的安装和配置步骤。

实训内容和要求

(1) 了解安装的基本环境要求。

(2) 正确安装 SQL Server 2005，理解实例的概念和安装使用方法。

(3) 安装后的 SQL Server 的服务管理及其 SQL Server 2005 服务器的配置管理。

实训步骤

1) 选择正确的安装版本

SQL Server 2005 提供不同的版本以适应不同的用户群体，根据需要，有针对性地选择需要的版本。

企业版：具有全部功能和特性。

2) 检查安装环境是否符合安装要求

打开要安装的计算机的属性或系统性能等功能，检查计算机的硬件配置是否符合下列给出的 SQL Server 2005 安装要求。

(1) 硬件要求。

① 处理器：Intel Pentium Ⅲ兼容或更高，主频 600MHz 以上，推荐 1GHz 以上。

② 内存：推荐 1GB 以上，实际需要最小内存为 512MB。

③ 硬盘空间：安装时需要有 1.6GB 的临时空间用于创建临时文件，实际安装需要的空间根据要安装的组件不同，要求的空间大小也不同，完全安装需要占用约 750MB 的硬盘空间，且分区未经压缩。

(2) 软件要求。

① 操作系统：企业版的 SQL Server 2005 一般要求安装在 Windows Server 2000 和

SP4 以上，标准版、工作组版和开发版还可以安装在 XP 及 SP2 版本以上的 Windows 系统中。

② 其他环境：IE 6.0 以上、IIS 5.0 以上、TCP/IP 网络组件、.NET Framework 2.0、Installer 3.1 以上。更详细的软件环境要求请参考随安装盘附带的安装指南。

3) 安装过程

(1) 使用计算机系统管理员身份登录用于安装的计算机。

(2) 插入安装光盘或在虚拟光驱上装载安装文件，若不能自动运行则手动运行 splash.hta 程序，打开"开始安装"对话框。

(3) 选择"服务器组件、工具、联机丛书和示例"选项，弹出"最终用户许可协议"对话框。

(4) 选中"我接受许可条款和条件"复选框，单击"下一步"按钮，打开"安装必备组件"界面，单击"安装"按钮。开始安装必备的系统组件，安装完成后显示安装成功提示信息，单击"下一步"按钮，打开"欢迎使用 Microsoft SQL 安装向导"对话框。

(5) 安装程序自动开始"系统配置检查"后，可查看检查情况并保存检查报表。单击"下一步"按钮，打开"注册信息"对话框。

(6) 输入序列号后单击"下一步"按钮，打开"要安装的组件"对话框。在该对话框中选择要安装的组件，若要安装单个组件，单击"高级"按钮，打开"功能选择"对话框进行选择。单击"下一步"按钮，打开"实例名"对话框。

(7) 在"实例名"对话框中，确定"安装方式""安装路径"，查看"磁盘开销"信息后，单击"下一步"按钮，同样打开"实例名"对话框。

(8) 这里我们选中"默认实例"单选按钮，单击"下一步"按钮，打开"服务账户"对话框。

(9) 选择"使用内置系统账户"下的"本地系统"选项后，单击"下一步"按钮，打开"身份验证模式"对话框。

(10) 选中"混合模式"单选按钮，输入两次相同的 sa 对应的密码后，在下面的安装过程中都选择默认选项就可以了。

使用"Windows 身份验证模式"时，默认远程客户端不能访问并管理 SQL Server 2005 数据库服务器上的实例。

(11) 单击"完成"按钮，完成 SQL Server 2005 数据库实例的安装过程。

(12) 打开"开始"菜单，选择 Microsoft SQL Server 2005 命令，选择"配置工具"或 SQL Server Management Studio 等相应配置管理工具，进入配置和管理界面。

4) 安装 SQL Server 2005 SP2

(1) 下载或得到 SP2。

(2) 双击解压后，进入安装欢迎界面，按提示默认安装即可完成 SP2 的安装。

SQL Server 2005 SP 是依次递增的，可直接安装 SP2，而不必先安装 SP1。

5) 配置管理 SQL Server 2005 服务

参考任务四中的内容，使用配置管理器配置 SQL Server 服务。

(1) 通过"开始"菜单打开 SQL Server Configuration Manager 窗口。

(2) 启动、停止、暂停、重新启动的配置管理：选择"SQL Server 2005 服务"节点，选择右侧窗格相应的服务后右击，在弹出的菜单中进行启动、停止、暂停、重新启动等操作。

(3) 配置启动模式：在"SQL Server 2005 服务"节点中右击要操作的服务，在弹出的快捷菜单中选择"属性"命令，打开属性对话框。切换到"服务"选项卡，在"启动模式"选项中根据需要设置自动、已禁用、手动。单击"确定"按钮结束启动模式配置。

(4) 更改登录身份：在选中服务的属性对话框中，切换到"登录"选项卡，选中"登录身份为"选项组中的"内置账户"或"本账户"单选按钮，然后单击"确定"按钮结束更改。

(5) 配置服务器网络协议：在"SQL Server 配置管理器"中展开"SQL Server 网络配置"节点，单击"<实例名>的协议"，在窗格中进行相应的配置操作。

(6) 配置数据库引擎 TCP/IP 端口号：在"SQL Server 配置管理器"中展开"SQL Server 网络配置"节点，单击"<实例名>的协议"，在右侧窗格中右击 TCP/IP 协议，在弹出的快捷菜单中选择"属性"命令，打开"TCP/IP 属性"对话框，切换到"IP 地址"选项卡。在"TCP 动态端口"选项组中设置。0 表示引擎正在侦听动态端口，删除 0 输入希望此 IP 侦听的端口号，默认为 1433。

(7) 使用外围应用配置器配置 SQL Server 服务：启动 SQL Server 外围应用配置器，单击"更改计算机"按钮，弹出"选择计算机"对话框，若在本地配置 SQL Server 2005，选择"本地计算机"。若在其他计算机上配置 SQL Server 2005，选择"远程计算机"，然后输入远程计算机的名称。

(8) 使用 SQL Server 外围应用配置器的"服务和连接的外围应用配置器"，可以启用或禁用 Windows 服务和远程连接。

习　题

一、选择题

1. 下列选项中，不属于数据库特点的是(　　)。

　　A. 数据共享　　　　　　　　　　B. 数据完整性

　　C. 数据冗余很高　　　　　　　　D. 数据独立性高

2. 关系数据模型的 3 个组成部分中，不包括(　　)。

　　A. 完整性规则　　　　　　　　　B. 数据结构

　　C. 数据操作　　　　　　　　　　D. 并发控制

3. 以下(　　)是数据库技术的研究领域。

Ⅰ. DBMS 软件的研制　　Ⅱ. 数据库及其应用系统的设计　　Ⅲ. 数据库理论

　　A. 仅Ⅰ和Ⅲ　　　　　　　　　　B. 仅Ⅱ和Ⅲ

　　C. 仅Ⅰ和Ⅱ　　　　　　　　　　D. 全部

4. 在数据库系统中，负责监控数据库系统的运行情况，及时处理运行过程中出现的问题，这是(　　)的职责。

　　A. 系统分析员　　　　　　　　　B. 数据库管理员

C. 数据库设计员   D. 应用程序员

5. 在数据库三级模式中，内模式的个数(　　　)。

     A. 只有一个   B. 可以有任意多个

     C. 与用户个数相同   D. 由设置的系统参数决定

6. 数据库系统和文件系统的主要区别在于(　　　)。

     A. 数据库系统复杂，而文件系统简单

     B. 文件系统不能解决数据冗余和数据独立性问题，而数据库系统可以解决

     C. 文件系统只能管理程序文件，而数据库系统能够管理各种类型的文件

     D. 文件系统管理的数据量较少，而数据库系统可以管理庞大的数据量

7. 数据库的(　　　)是指数据的正确性和相容性。

     A. 安全性   B. 完整性

     C. 并发控制   D. 恢复

8. 在数据库中，下列说法中(　　　)不正确。

     A. 数据库避免了一切数据的重复

     B. 数据具有结构性

     C. 数据库中数据可以共享

     D. 数据库减少了数据冗余

9. 在数据库中存储的是(　　　)。

     A. 数据   B. 数据模型

     C. 数据以及数据之间的关系   D. 信息

10. 下述关于数据库系统的正确叙述是(　　　)。

     A. 数据项之间和记录之间都存在联系

     B. 只存在数据项之间的联系

     C. 数据项之间无联系，记录之间存在联系

     D. 数据项之间和记录之间都不存在联系

11. 数据库管理系统的工作不包括(　　　)。

     A. 定义数据库   B. 对已定义的数据库进行管理

     C. 为定义的数据库提供操作系统   D. 数据通信

12. 数据库管理系统是(　　　)。

     A. 操作系统的一部分   B. 在操作系统支持下的系统软件

     C. 一种编译程序   D. 一种操作系统

13. 下述关于数据库系统的叙述中正确的是(　　　)。

     A. 数据库系统减少了数据冗余

     B. 数据库系统避免了一切冗余

     C. 数据库系统中数据的一致性是指数据类型一致

     D. 数据库系统比文件系统能管理更多的数据

二、简答题

1. 试解释 DB、DBMS 和 DBS 3 个概念。
2. 数据库阶段的数据管理有哪些特点？
3. 什么是数据的独立性？在数据库中有哪两级独立性？
4. 数据模型的三要素是什么？

项目二

设计数据库关系模式

项目导入

在项目一中，对学生管理数据库系统进行了基本的需求分析，在系统需求分析的基础上，就可以进入数据库的规划设计了。数据库的规划设计需要具备相关的数据库基础知识，因此，在具体的数据库系统开发设计之前，必须对数据库的一些基础知识有所了解。

关系数据库是目前应用最为广泛的主流数据库系统，其代表产品有 SQL Server、Oracle、Sybase、DB2、Access 等。本教材所涉及的案例及实训都采用 SQL Server 2005 作为数据库的开发和管理平台。

在本项目中，将以学生管理数据库的关系模式设计为案例，在介绍关系数据库的基本概念基础上，完成一个数据库应用系统开发过程中的概念模式设计环节。

项目分析

本教材中所使用的教学案例"学生管理数据库系统"选用应用最为广泛的关系数据库管理系统 SQL Server 2005 作为数据库的开发和管理平台，按照数据库应用软件开发设计的流程，在需求分析完成后，需要对分析得到的现实进行抽象概括，形成适合于关系数据库存储和管理的数据模型，才能在开发平台 SQL Server 2005 上进行数据库的实施工作。本项目首先对建立关系数据库模型需要的知识进行必要的讨论，了解关系数据库的一些重要概念，包括关系的定义、关系模式、关系模型、关系的性质等，然后进行学生管理数据库的关系模式设计，也就是进入到数据库开发设计中的概念模式设计环节。

能力目标

- 认识关系数据库。
- 掌握关系模型、关系数据库、数据库的设计方法及相关理论。
- 掌握数据库设计步骤。
- 掌握 E-R 模型。

知识目标

- 了解并掌握关系模型的基本概念。
- 能使用 E-R 模型描述关系数据库模型。
- 能根据应用系统的功能设计完成相应的数据库结构。

任务一　认识关系数据库

【任务要求】

- 了解关系的数学定义和性质。
- 熟悉关系模式的完整性约束条件。
- 了解关系代数的基本运算。
- 了解关系的规范化原则，范式的基本概念和分解方法。

【知识储备】

关系数据库系统是支持关系模型的数据库系统，按照数据模型的 3 个要素，关系模型由关系数据结构、关系操作集合和关系完整性约束 3 个部分组成。

1. 关系的基本概念及结构

1) 关系的定义

关系模型是目前描述现实世界的主要的抽象化方法，是具有严格数学理论基础的形式化模型，它将用户数据的逻辑结构归纳为满足一定条件的二维表的形式。关系模型就是用二维表格结构来表示实体及实体之间联系的模型。关系模型中主要的基本概念如下。

(1) 域(Domain)。

域是一组具有相同数据类型的值的集合。例如实数、整数、｛男，女｝等，都可以是域。域中数据的个数称为域的基数。表示方法如下。

D_1=｛张三，李四，张梅｝，表示姓名的集合，基数是 3。

D_2=｛信息工程系，航海工程系｝，表示所在系的集合，基数是 2。

(2) 笛卡儿积(Cartesian product)。

笛卡儿积是域上面的一种集合运算。给定一组域 D_1，D_2，…，D_i，…，D_n(可以有相同的域)，则笛卡儿积定义为：$D_1 \times D_2 \times \cdots D_i \times \cdots \times D_n = \{(d_1, d_2, \cdots, d_i, \cdots d_n) \mid d_i \in D_i, i=1, 2, \cdots, n\}$，其中每个$(d_1, d_2, \cdots, d_i, \cdots, d_n)$叫作元组，元组中的每个值 D_i 叫作分量，D_i 必须是 D_i 中的一个值。若 $D_i(i=1, 2, 3, \cdots, n)$为有限集，其基数为 $m_i(i=1, 2, 3, \cdots, n)$，则 $D_1 \times D_2 \times D_3 \times \cdots \times D_n$ 的基数为

$$M = \prod_{i=1}^{n} m_i$$

笛卡儿积可表示为一个二维表。表中的每行对应一个元组，表中的每一列的值来自一个域。上面例子中的笛卡儿积为

$D_1 \times D_2$=｛(张三，信息工程系), (张三，航海工程系), (李四，信息工程系), (李四，航海工程系), (张梅，信息工程系), (张梅，航海工程系)｝

其中(张三，信息工程系), (李四，航海工程系)等都是元组，张三、李四、信息工程系等是分量。该笛卡儿积的基数是 $M=m_1 \times m_2=3 \times 2=6$，即该笛卡儿积共有 6 个元组，它可组成一张二维表，如表 2-1 所示。

表 2-1　姓名、院系名称的元组

姓　名	院系名称
张三	信息工程系
张三	航海工程系
李四	信息工程系
李四	航海工程系
张梅	信息工程系
张梅	航海工程系

(3) 关系(Relation)。

笛卡儿积 $D_1 \times D_2 \times \cdots D_i \times \cdots \times D_n$ 的子集 R 称为在域 D_1，D_2，…，D_n 上的关系，记作：$R(D_1,\ D_2,\ \cdots,\ D_i,\ \cdots,\ D_n)$。其中：R 为关系，$n$ 为关系的度或目，是 D_i 域组中的第 i 个域名。

当 $n=1$ 时，关系中仅有一个域，称该关系为单元关系；当 $n=2$ 时，关系中有两个域，称该关系为二元关系。依次类推，关系中有 n 个域，称该关系为 n 元关系。

由于关系是笛卡儿积的子集，所以关系也是一张二维表。表的每一行对应一个元组，每一列对应一个域。因为笛卡儿积可以有相同的域，所以当关系中的不同列取自相同的域时，域的名字无法表示关系中的列，为了加以区分，把列称为属性。一般来说，一个取自笛卡儿积的子集才有意义，如上面的例子 $D_1 \times D_2$ 笛卡儿积中，对于每个学生只属于一个系管理，一旦确定了一个学生所在的系，即确定了一种关系，则笛卡儿积中的其他元组是没有意义的。例如当确定了表 2-2 的关系 R 时，表 2-1 中其他 3 个元组则是没有意义的。

表 2-2　关系 R

姓　名	院系名称
张三	信息工程系
李四	航海工程系
张梅	信息工程系

2) 关系的类型

(1) 基本关系(又称基本表)：实际存在的表，它是实际存储数据的逻辑表示。

(2) 查询表：对基本表进行查询后得到的结果表。

(3) 由基本表或其他视图导出的表：是一个虚表，不对应实际存储的数据。

3) 关系的性质

因为关系就是一个二维表，所以关系的性质可以通过二维表来表示。下面使用表 2-3 所示的学生信息表来说明关系的各个性质。

表 2-3　学生信息表

学　号	姓　名	性　别	出生日期	宿舍号
201315030101	张三	男	1994-04-26	1101
201315030102	李四	男	1994-02-08	1101
201315030103	张梅	女	1995-01-05	3101
201315030201	李响	男	1995-05-01	1102

(1) 关系中一列的各个分量具有相同的性质，即同一列各分量均为相同的数据类型。

(2) 关系中行的顺序、列的顺序可以任意互换，不会改变关系的意义。

(3) 关系中的任意两个元组不能相同。表 2-4 所示关系中名为"李四"的两个元组是相同的。

(4) 关系中的元组分量具有原子性，即每一个分量都必须是不可分的数据项。表 2-5 所示关系中"电话号码"为可分的数据项，因此"电话号码"元组不具有原子性。

表 2-4　两个元组相同的学生信息表

学　号	姓　名	性　别	出生日期	宿舍号
201315030101	张三	男	1994-04-26	1101
201315030102	李四	男	1994-02-08	1101
201315030102	李四	男	1994-02-08	1101
201315030201	李响	男	1995-05-01	1102

表 2-5　学生信息表中错误的列分量

学　号	姓　名	性　别	出生日期	宿舍号	电话号码	
					手机短号	宿舍电话
201315030101	张三	男	1994-04-26	1101	5885	32089999
201315030102	李四	男	1994-02-08	1101	5886	32089999
201315030103	张梅	女	1995-01-05	3101	5887	32089100
201315030201	李响	男	1995-05-01	1102	5888	32089990

4)　关系中键的概念

(1)　候选键(Candidate key)。

若关系中的某一属性组的值能唯一标识一个元组,则称该属性组为候选键。

(2)　主属性(Primary attribute)。

若关系中的一个属性是构成某一个候选关键字的属性集中的一个属性,则称该属性为主属性。

(3)　主键(Primary key)。

若一个关系中有多个候选键,则选定一个为主键。如学生信息表中的"学号",就可以是一个主键。

(4)　外键(Foreign key)。

设 F 是基本关系 R 的一个或一组属性,但不是 R 的键(主键或候选键),如果 F 与基本关系 S 的主键 K 相对应,则称 F 是 R 的外键,并称 R 为参照关系,S 为被参照关系。可以理解为:如果一个属性是所在关系之外的另一个关系的主键,该属性就是它所在关系的外键。外键就是外部关系的主键,如表 2-6 和表 2-7 所示。

表 2-6　学生信息表("学号"为主键 K,关系 S)

学　号	姓　名	性　别	出生日期	宿舍号
201315030101	张三	男	1994-04-26	1101
201315030102	李四	男	1994-02-08	1101
201315030103	张梅	女	1995-01-05	3101
201315030201	李响	男	1995-05-01	1102

表 2-7　成绩信息表("学号"为外键 F，关系 R)

学　号	课 程 号	考试分数
201315030101	ggk0002	86
201315030102	gxk0001	90
201315030103	zyk0002	96
201315030201	zyk0001	88

2. 关系完整性

为了维护数据库中的数据与现实世界的一致性，关系数据模型的基本理论不但对关系模型的结构进行了严格的定义，在定义关系数据模型和进行数据操作时必须保证符合一定的约束条件，这就是关系模型的三类完整性约束：实体完整性、参照完整性和用户定义完整性。

1)　实体完整性(Entity Integrity)

实体完整性规则是指主键的值不能为空或部分为空。如果出现空值，那么主键的值就起不了唯一标识的作用。

关系模型中的一个元组对应一个实体，一个关系则对应一个实体集。例如，一条学生记录对应着一个学生，学生关系对应着学生的集合。现实世界中的实体是可区分的，即它们具有某种唯一性标识。与此相对应，关系模型中以主键来唯一地标识元组。例如，学生信息关系中的属性"学号"可以唯一标识一个元组，也可以唯一标识学生实体。如果主键中的值为空或部分为空，即主属性为空，则不符合关系键的定义条件，不能唯一标识元组及与其相对应的实体。这意味着存在不可区分的实体，从而与现实世界中的实体是可以区分的事实相矛盾。因此主键的值不能为空或部分为空。所以，学生信息关系中的主键"学号"不能为空；成绩信息关系中的主键"学号+课程号"不能部分为空，即"学号"和"课程号"两个属性都不能为空。

2)　参照完整性(Referential Integrity)

参照完整性规则是指表的外键必须是另一个表主键的有效值，或者是空值。如果外键存在一个值，则这个值必须是另一个表中主键的有效值，或者说外键可以没有值，但不允许是一个无效的值。

例如，若表 2-8 学生信息表的"学号"为主键，与表 2-9 成绩信息表以"学号"建立关系，如果表 2-9 成绩信息表中的"学号"不是表 2-8 学生信息表的"学号"的值，则称表 2-9 成绩信息表的数据违背了参照完整性。

表 2-8　学生信息表

学　号	姓　名	性　别	出生日期	宿 舍 号
201315030101	张三	男	1994-04-26	1101
201315030102	李四	男	1994-02-08	1101
201315030103	张梅	女	1995-01-05	3101
201315030201	李响	男	1995-05-01	1102

表 2-9 成绩信息表

学　号	课　程　号	考试分数
201315030101	ggk0002	86
201315030102	gxk0001	90
A2013102	zyk0002	96
201315030201	zyk0001	88

3) 用户定义完整性(User-Defined Integrity)

用户定义完整性规则是用户按照实际的数据库运行环境要求，对关系中的数据所定义的约束条件，它反映的是某一具体应用所涉及的数据必须满足的条件。

例如，成绩信息表中"成绩"的取值范围是 0～100，学生信息表中"性别"的取值为"男"或"女"。

3. 关系操作

关系数据库的数据操作分为查询和更新两类。更新语句用于插入、删除和修改等操作，查询语句用于各种检索操作。关系查询语言根据其理论基础的不同，分为关系代数语言和关系演算语言两大类。其中关系代数语言是指查询操作是以集合操作为基础运算的 DML 语言。关系演算语言指的是查询操作是以谓词演算为基础运算的 DML 语言。

关系代数是目前关系数据操纵语言的一种传统表达方式，它通过对关系的运算来表达查询。关系代数的运算对象是关系，运算结果也为关系。关系代数如下。

1) 传统的集合运算

主要是并、交、差，这三种运算可以实现表中数据的插入、删除、修改等操作。

当集合运算并、交、差用于关系时，要求参与运算的两个关系必须是相容的，即两个关系的度数一致，并且关系属性的性质必须一致。下面用两个关系 R(见表 2-10)和 S(见表 2-11)来说明关系代数运算。

表 2-10 关系 R

学　号	姓　名	性　别	出生日期	宿舍号
201315030101	张三	男	1994-04-26	1101
201315030102	李四	男	1994-02-08	1101
201315030103	张梅	女	1995-01-05	3101
201315030201	李响	男	1995-05-01	1102

表 2-11 关系 S

学　号	姓　名	性　别	出生日期	宿舍号
201315030202	李超人	男	1994-11-8	1102
201315030102	李四	男	1994-02-08	1101
201315030204	孙强	男	1994-12-01	1102
201315030201	李响	男	1995-05-01	1102

(1) 并：将两个关系中的所有元组构成新的关系，并运算的结果中必须消除重复值。关系 R 与 S 的并运算记作：R∪S。如表 2-12 所示就是 R 和 S 并运算的结果。

表 2-12　R∪S

学　号	姓　名	性　别	出生日期	宿舍号
201315030101	张三	男	1994-04-26	1101
201315030102	李四	男	1994-02-08	1101
201315030103	张梅	女	1995-01-05	3101
201315030201	李响	男	1995-05-01	1102
201315030202	李超人	男	1994-11-08	1102
201315030204	孙强	男	1994-12-01	1102

(2) 交：将两个关系中的公共元组构成新的关系。关系 R 与 S 的交运算记作：R∩S。如表 2-13 所示就是 R 和 S 交运算的结果。

表 2-13　R∩S

学　号	姓　名	性　别	出生日期	宿舍号
201315030102	李四	男	1994-02-08	1101
201315030201	李响	男	1995-05-01	1102

(3) 差：运算结果是由属于一个关系并且不属于另一个关系的元组构成的新关系，就是从一个关系中减去另一个关系。关系 R 与 S 的差运算记作：R-S。如表 2-14 所示就是 R 和 S 差运算的结果。

表 2-14　R-S

学　号	姓　名	性　别	出生日期	宿舍号
201315030101	张三	男	1994-04-26	1101
201315030103	张梅	女	1995-01-05	3101

2) 专门的关系运算

专门的关系运算包括选择、投影和连接，这三种操作主要为数据查询服务。

(1) 选择(Selection)：按照给定条件从指定的关系中选出满足条件的元组构成新的关系。或者说，选择运算的结果是一个表的行的子集，记作 σ<条件表达式> (R)。

例如，对 R(见表 2-10)进行选择操作：列出所有住在"1101"宿舍的学生，选择的条件是<宿舍号="1101">，选择结果如表 2-15 所示。

表 2-15　σ<宿舍号="1101">(R)

学　号	姓　名	性　别	出生日期	宿舍号
201315030101	张三	男	1994-04-26	1101
201315030102	李四	男	1994-02-08	1101

(2) 投影(Projection)：从指定的关系中选出某些属性构成新的关系，或者说，投影运

算的结果是一个表的列的子集。记作$\pi_A(R)$，其中 A 为 R 的属性列，投影的结果将取消因取消了某些列而产生的重复元组。

例如，对 R(见表 2-10)进行投影操作。

① 列出所有学生的学号、姓名、性别，结果如表 2-16 所示。

② 列出学生的所在宿舍号，结果如表 2-17 所示。

表 2-16　π<学号、姓名、性别>(R)

学　号	姓　名	性　别
201315030101	张三	男
201315030102	李四	男
201315030103	张梅	女
201315030201	李响	男

表 2-17　π<宿舍号>(R)

宿 舍 号
1101
3101
1102

(3) 连接(Join)：也称联接，将两个或多个关系连接在一起，形成一个新的关系的运算，是将两关系模式拼接成一个更宽的关系模式，生成的新关系中包含满足连接条件的元组。连接过程由连接条件控制，连接条件中将出现两个关系中的公共属性或者具有相同语义的属性，连接结果是满足连接条件的所有记录。即连接运算是按照给定条件把满足条件的各关系的所有元组按照一切可能组合成新的关系，或者说，连接运算的结果是在两个关系的笛卡儿积上的选择，记作 $R \bowtie S$。

① 等值连接。

等值连接是选取若干个指定关系中满足条件的元组并从左至右进行连接，构成一个新关系的运算。等值连接表示为 $R \bowtie S = \{ t_r \wedge t_s |\ t_r \in R \wedge t_s \in S \wedge t_r[A]\theta A\theta B \}$。

其中，A 和 B 分别是关系 R 和 S 上的可比属性组，θ 为算术运算符。当 θ 为“=”时，称为等值连接；当 θ 为“<”时，称为小于连接；当 θ 为“>”时，称为大于连接。

若 R 和 S 分别有 m 和 n 个元组，先从 R 关系中的第一个元组开始，依次与 S 中的每一个元组进行比较，将符合条件的元组首尾连接组成新关系中的元组，这样一轮比较将进行 n 次，则 R 和 S 的连接一共要进行 $m \times n$ 次比较。因此在连接时，一般都要进行优化，设法减少元组个数，如通过投影运算使关系中的属性个数减少，然后再进行连接运算。

② 自然连接。

自然连接是去掉重复属性的等值连接，它是连接运算的一个特例，也是最常用的连接运算。记作 $R \bowtie S = \{ t_r \wedge t_s |\ t_r \in R \wedge t_s \in S \wedge t_r[A]\theta t_s[\ B] \}$。

例如，有学生信息表(见表 2-8)和成绩信息表(见表 2-9)两个表，存在着相同的属性"学号"，对这两个表进行自然连接操作后，得到新的表，如表 2-18 所示。运算过程记作：学生信息表⋈成绩信息表。

表 2-18　学生信息表与成绩信息表的连接

学　号	姓　名	性　别	出生日期	宿舍号	课程号	考试分数
201315030101	张三	男	1994-04-26	1101	ggk0002	86
201315030102	李四	男	1994-02-08	1101	gxk0001	90
201315030103	张梅	女	1995-01-05	3101	zyk0002	96
201315030201	李响	男	1995-05-01	1102	zyk0001	88

自然连接与等值连接的区别如下。

- 自然连接要求进行连接的两个关系的分量必须有相同的属性名，等值连接则不要求。
- 自然连接要求删除重复的属性，等值连接不要求。

4. 关系数据库

关系数据库采用关系模型作为数据的组织方式，把数据组织成简单的二元关系，以二维表的形式存储数据。可以将关系数据库理解为相互之间存在关系的多个表格的集合。

对关系数据库的操作就是采用插入、查询、编辑、删除、连接等运算实现数据的管理。

【任务实施】

设计一个高效的关系数据库系统的关键是关系模式的设计，即应该构造几个关系模式，每个关系模式由哪些属性组成，又如何将这些相互关联的关系模式组建成一个适合的关系模式，这些都决定了整个系统的运行效率，也是数据库应用系统设计成败的关键因素。因此，关系数据库的设计必须在关系数据库规范理论的指导下进行。

关系数据库设计理论主要包括三个方面的内容：函数依赖、范式和模式设计。其中，函数依赖起着核心作用，是模式分解和模式设计的基础，范式是模式分解的标准。

下面就通过任务实践环节来进一步熟悉关系模式的设计过程和相关概念，建立起学生管理数据库的关系模式。

【任务实践】

1. 关系的规范化

关系数据库的范式理论是关系数据库设计要遵循的基本准则，这些设计关系数据库的准则称为范式，数据库设计过程中对这些关系的检查和修改使之符合范式的过程称为关系的规范化。

1)　不规范模式分析

为描述一个学生的各种关系，可以使用学号、姓名、性别、出生日期、课程名称、成绩、课程教师等一些属性，将这些属性作为二维表的列，并选择学号作为主键，就形成了一个未经过规范处理的反映学生信息的关系表，录入数据后形成的基本关系如表 2-19 所示。

表 2-19 未规范的学生信息表

学 号	姓 名	性 别	出生日期	课程名称	成绩	课程教师	职 称
201315030101	张三	男	1994-04-26	计算机应用基础	86	李华	讲师
201315030101	张三	男	1994-04-26	网页设计	85	王想	副教授
201315030101	张三	男	1994-04-26	电子商务概论	88	张杨	讲师
201315030202	李四	男	1994-02-08	计算机应用基础	90	李华	讲师
201315030202	李四	男	1994-02-08	网页设计	90	王想	副教授
201315030202	李四	男	1994-02-08	电子商务概论	93	张杨	讲师

分析表 2-19 中的数据可以看到，这个表中的数据存在以下一些问题。

(1) 插入异常。

如果某个教师所开的课程某学期没有，或者学生没有选修该教师开的这一课程，那么就无法将该教师及其所开课程的信息存入数据库。如果新调入一名教师，暂时未主讲任何课程，自然也没有学生选修该教师的课，那么由于主键不能为空，新教师不能插入此关系。

(2) 删除异常。

如果某届学生全部毕业，在删除该系学生时会将课程及相关教师删除。

(3) 数据冗余。

一门课程及其教师要与选修该课程的每一个学生出现的次数一样多，因此，一方面要浪费很大的存储空间；另一方面系统在维护数据库完整性时会付出很大的代价。

(4) 修改异常。

如果某学生改名，则该学生的所有记录都要逐一修改；又如一门课程更换教师后，必须逐一修改有关的每一条记录，稍有不慎，就有可能漏改某些记录，造成数据的不一致性，破坏了数据的完整性。

上述问题的存在，是因为关系模式中存在着数据依赖。解决办法就是规范数据之间的关系。分析各属性数据之间存在的依赖关系，将表 2-19 拆分为学生信息表、成绩信息表和课程信息表，如表 2-20～表 2-22 所示。学生信息表和成绩信息表之间依赖"学号"的关联作用实现相关检索，课程信息表和成绩信息表通过"课程号"实现相关检索。经过分解后的三个关系模式都不会发生插入异常、删除异常的问题，数据冗余也得到了尽可能的控制。

表 2-20 学生信息表

学 号	姓 名	性 别	出生日期
201315030101	张三	男	1994-04-26
201315030202	李四	男	1994-02-08

表 2-21 课程信息表

课程号	课程名称	学 时	教师号	课程教师	职 称
ggk0002	计算机应用基础	72	10002	李华	讲师
gxk0001	网页设计	54	10004	王想	副教授
zyk0002	电子商务概论	90	10001	张杨	讲师

表 2-22　成绩信息表

学　号	课　程　号	成　绩
201315030101	ggk0002	86
201315030101	gxk0001	85
201315030101	zyk0001	88
201315030102	ggk0002	90
201315030102	gxk0001	90
201315030102	zyk0001	93

综上所述，关系模式中各属性相互依赖、相互制约，关系的内容实际上是这些依赖与制约作用的结果，关系模式的好坏由这些依赖而制约。规范化的模式设计使用范式这一概念来定义关系模式所要符合的不同等级，较低级别范式的关系模式，经模式分解可转换为若干符合较高级别范式要求的关系模式，满足关系数据库的数据存储和数据管理要求。

2)　函数依赖

设关系模式 R(U，F)，U 是属性全集，F 是 U 上的函数依赖集，X 和 Y 是 U 的子集，如果对于 R(U)的任意一个可能的关系 r，对于 X 的每一个具体值，Y 都是唯一的具体的值与之对应，则称 X 函数决定 Y，或 Y 函数依赖于 X，记作 X⟶Y。称 X 为决定因素，Y 为依赖因素。当 Y 函数不依赖于 X 时，记作 X⇸Y。当 X⟶Y 且 Y⟶X 时，则记作 X⟷Y。

对于关系模式下的学生信息，有：

U＝{学生号，姓名，年龄，所在学院，学院院长，课程号，成绩}
F＝{学生号⟶姓名，学号⟶年龄，学号⟶所在学院，所在学院⟶学院院长，学号⟶学院院长，(学号，课程号)⟶成绩}

一个学号有多个成绩值与之对应，因此成绩不能唯一地确定，即成绩不能函数依赖于学号，所以有学号⇸成绩，同样有课程号⇸成绩。但是成绩可以被(学号，课程号)唯一地确定。所以可表示为(学号，课程号)⟶成绩。

函数依赖可以有不同的分类：平凡的函数依赖与非平凡的函数依赖；完全函数依赖与部分函数依赖；传递函数依赖与非传递函数依赖(即直接函数依赖)。这些都是比较重要的概念，它们将在关系模式的规范化进程中作为准则的主要内容而被使用到。

(1)　平凡的函数依赖与非平凡的函数依赖。

当属性集 Y 是属性集 X 的子集时，则必然存在着函数依赖 X⟶Y，这种类型的函数依赖称为平凡的函数依赖。如果 Y 不是 X 的子集，则称 X⟶Y 为非平凡的函数依赖。若不特别声明，所讨论的都是非平凡的函数依赖。

(2)　函数依赖与属性间的联系类型有关。

在一个关系模式中，如果属性 X 与 Y 有 1∶1 联系时，则存在函数依赖 X⟶Y、Y⟶X，即 X⟷Y。例如，当学生没有重名时，学号 ⟷ 姓名。

如果属性 X 与 Y 有 $m∶1$ 联系时，则只存在函数依赖 X⟶Y。例如，学号与年龄、所在学院之间均为 $m∶1$ 联系，所以有学号⟶年龄、学号⟶所在学院。

如果属性 X 与 Y 有 $m:n$ 联系时，则 X 与 Y 之间不存在任何函数依赖关系。例如，一个学生可以选修多门课程，一门课程又可以被多个学生选修，所以学号与课程号之间不存在函数依赖关系。

由于函数依赖与属性之间的联系类型有关，因此在确定属性间的函数依赖时，从分析属性间的联系入手，便可确定属性间的函数依赖。

(3) 完全/部分函数依赖。

设有关系模式 R(U)，U 是属性全集，X 和 Y 是 U 的子集，$X \longrightarrow Y$，并且对于 X 的任何一个真子集 X′，都有 $X' \nrightarrow Y$，则称 Y 对 X 完全函数依赖，记作 $X \xrightarrow{f} Y$。如果对 X 的某个真子集 X′，有 $X' \longrightarrow Y$，则称 Y 对 X 部分函数依赖，记作 $X \xrightarrow{p} Y$。

例如，在关系模式学生信息中，因为学号 $\nrightarrow$ 成绩，且课程号 $\nrightarrow$ 成绩，所以(学号，课程) $\xrightarrow{f}$ 成绩。而因为有学号 $\longrightarrow$ 年龄，所以有(学号，课程号) $\xrightarrow{p}$ 年龄。

(4) 传递/非传递函数依赖。

设有关系模式 R(U)，U 是属性全集，X、Y、Z 是 U 的子集，若 $X \longrightarrow Y$ ($Y \nsubseteq X$)，但 $Y \nrightarrow X$，又 $Y \longrightarrow Z$，则称 Z 对 X 传递函数依赖，记作 $X \xrightarrow{t} Z$。

例如，在关系模式学生信息中，学号 $\longrightarrow$ 所在学院，但所在学院 $\nrightarrow$ 学号，而所在学院 $\longrightarrow$ 学院院长，则有学号 $\xrightarrow{t}$ 学院院长。在学生不存在重名的情况下，有学号 $\longrightarrow$ 姓名，姓名 $\longrightarrow$ 学号，学号 $\longrightarrow$ 所在学院，这时所在学院对学号是直接函数依赖，而不是传递函数依赖。

2. 规范的程度——范式

1) 范式(Normal Form)

规范化的基本思想是消除关系模式中的数据冗余，消除数据依赖中不合适的部分，解决数据插入、删除与修改时发生的异常现象。人们在设计数据库的实践中，根据不同的设计方法中出现操作异常和数据冗余的程度，将建立关系需要满足的约束条件划分成若干标准，这些标准称为范式，简写为 NF。范式的级别越高，发生操作异常的可能性越小，数据冗余越小，但由于关联多，读取数据时花费的时间也会增加。通常按属性间依赖情况来区分关系规范化程度，分为第一范式、第二范式、第三范式、BC 范式、第四范式等。

一个低一级范式的关系模式，通过模式分解可以转换为若干个高一级范式的关系模式的集合，这个过程就称为规范化。各个范式之间的集合关系可以表示为 $5NF \subset 4NF \subset 3NF \subset 2NF \subset 1NF$，如图 2-1 所示。

2) 第一范式(First Normal Form)

如果关系模式 R 所有的属性均为简单属性，即每个属性都是不可再分的，则称 R 属于第一范式，简称 1NF，记作 $R \in 1NF$。第一范式是最基本的规范化形式，即关系中每个属性都是不可再分的简单项。

在关系数据库系统中只讨论规范化的关系，凡是非规范化的关系模式，都必须转化成规范化的关系。将非规范化的关系去掉组合项就能转化成规范化的关系。每个规范化的关系都属于 1NF。例如，学号、姓名、电话号码(一个人可能有几个电话号码，家里电话号码和宿舍电话号码)组成一个表，把它规范成为 1NF 的关系模式有以下 4 种方法。

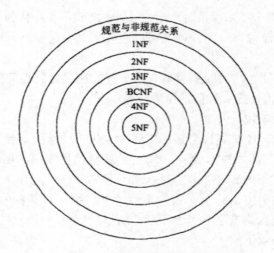

图 2-1　各范式之间的关系

(1)　重复存储学号和姓名。

关键字是学号与电话号码的组合。关系模式为学生(学号，姓名，电话号码)。

(2)　学号为关键字，电话号码分为家里电话和宿舍电话两个属性。

关系模式为学生(学号，姓名，家里电话，宿舍电话)。

(3)　学号为关键字，但强制一个学生只存一个电话号码。

关系模式为学生(学号，姓名，电话号码)。

(4)　分解成两个关系。

关系模式分别为学生(学号，姓名)，学生电话(学号，姓名，电话号码)，两关系的关键字分别是学号，学号与电话号码的组合。

3)　第二范式(Second Normal Form)

(1)　第二范式的定义。

如果关系模式 R∈1NF，R(U，F)中的所有非主属性都完全函数依赖于任意一个候选关键字，则称关系 R 属于第二范式，简称 2NF，记作 R∈2NF。

在满足第二范式的关系模式 R 中，不可能有某非主属性对某候选关键字存在部分函数依赖。例如，在关系模式学生课程信息(学生号，姓名，年龄，所在学院，学院院长，课程号，成绩)中，它的关系键是(学号，课程号)，函数依赖关系如下。

(学号，课程号) $\xrightarrow{\text{p}}$ 成绩

学号 $\longrightarrow$ 姓名，(学号，课程号) $\xrightarrow{\text{f}}$ 姓名

学号 $\longrightarrow$ 年龄，(学号，课程号) $\longrightarrow$ 年龄

学号 $\longrightarrow$ 所在学院，(学号，课程号) $\xrightarrow{\text{p}}$ 所在学院，所在学院 $\longrightarrow$ 学院院长

学号 $\xrightarrow{\text{t}}$ 学院院长，(学号，课程号) $\xrightarrow{\text{p}}$ 学院院长

可以用函数依赖图表示以上函数依赖关系，如图 2-2 所示。

显然，学号、课程号为主属性，姓名、年龄、所在学院、学院院长为非主属性，因为存在非主属性如姓名对关系键(学号，课程号)是部分函数依赖，也存在部分函数依赖和传递函数依赖，这种情况在数据库中往往是不允许的，也正是由于关系中存在复杂的函数依

赖，才导致数据操作中出现了数据冗余、插入异常、删除异常和修改异常等现象。

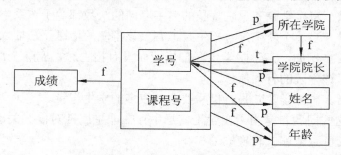

图 2-2　学生信息中函数依赖关系

(2)　2NF 的规范化。

2NF 规范化是指把 1NF 关系模式通过投影分解，消除非主属性对候选关键字的部分函数依赖，转换成 2NF 关系模式集合的过程。

分解时遵循的原则是"一事一地"，一个关系只描述一个实体或实体间的联系。如果多于一个实体或联系，则进行投影分解。

根据"一事一地"原则，可以将关系模式学生信息分解成两个关系模式：

学生信息(学号，姓名，年龄，所在学院，学院院长)，描述学生实体；

课程信息(学号，课程号，成绩)，描述学生与课程的联系。

对于分解后的关系模式，学生的候选关键字为学号，关系模式课程的候选关键字为(学号，课程号)，非主属性对候选关键字均是完全函数依赖，这样就消除了非主属性对候选关键字的部分函数依赖，即学生∈2NF、课程∈2NF，它们之间通过课程中的外键学号相联系，需要时再进行自然连接，能恢复成原来的关系，这种分解不会丢失任何信息，具有无损连接性。分解后的函数依赖关系分别如图 2-3 和图 2-4 所示。

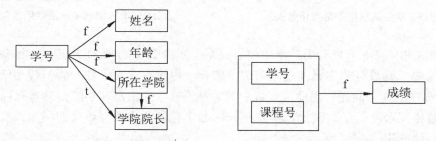

图 2-3　学生信息中的函数依赖关系　　　图 2-4　课程信息中的函数依赖关系

如果 R 的候选关键字均为单属性，或 R 的全体属性均为主属性，则 R∈2NF。

4)　第三范式(Third Normal Form)

(1)　第三范式的定义。

如果关系模式 R∈2NF，R(U，F)中所有非主属性对任何候选关键字都不存在传递函数依赖，则称 R 属于第三范式，简称 3NF，记作 R∈3NF。

2NF 的关系模式解决了 1NF 存在的一些问题，但 2NF 的学生信息关系模式在进行数据操作时，仍然存在下面一些问题。

- 数据冗余。每个学院和学院院长的名字存储的次数都等于该系学生的人数。
- 插入异常。当一个新院没有招生时，有关该学院的信息无法插入。
- 删除异常。例如，某学院学生全部毕业而没有招生时，删除全部学生的记录也随之删除了该学院的有关信息。
- 修改异常。更换学院院长时仍需要改动较多的学生记录。

之所以存在这些问题，是由于在学生信息中存在非主属性对候选关键字的传递函数依赖。消除这种传递函数依赖就转换成了 3NF。

(2) 3NF 的规范化。

3NF 规范化是指把 2NF 关系模式通过投影分解，消除非主属性对候选关键字的传递函数依赖，而转换成 3NF 关系模式集合的过程。

3NF 规范化同样遵循"一事一地"原则。继续将只属于 2NF 的学生信息关系模式规范为 3NF。根据"一事一地"原则，关系模式学生信息可分解为：

学生信息(学号，姓名，年龄，所在学院)，描述学生实体；学院信息(学院名称，学院院长)，描述学院的实体。

分解后学生信息和学院信息的主键分别为学号和学院名称，不存在传递函数依赖。所以学生信息∈3NF、学院信息∈3NF。学生信息和学院信息的函数依赖分别如图 2-5 和图 2-6 所示。

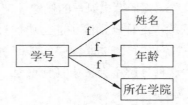

图 2-5 学生信息中的函数依赖关系

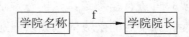

图 2-6 学院信息中的函数依赖关系

由图 2-5 和图 2-6 可以看出，学生信息关系模式由 2NF 分解为 3NF 后，函数依赖关系变得更加简单，既没有非主属性对码的部分依赖，也没有非主属性对码的传递依赖，解决了 2NF 中存在的 4 个问题。因此，分解后的关系模式学生信息和学院信息具有以下特点。

① 数据冗余降低了。例如，学院院长的名字存储的次数与该院的学生人数无关，只在关系中存储一次。

② 不存在插入异常。例如，当一个新院没有学生时，该院的信息可以直接插入到关系学院信息中，而与学生信息关系无关。

③ 不存在删除异常。例如，当要删除某院的全部学生而仍然保留该院的有关信息时，可以只删除学生信息关系中的相关记录，而不影响学院信息关系中的数据。

④ 不存在修改异常。例如，更换学院院长时，只需修改学院信息关系中一个相应元组的属性值，从而不会出现数据的不一致现象。

关系规范化到 3NF 后，所存在的异常现象都已经全部消失。但是，3NF 只限制了非主属性对码的依赖关系，而没有限制主属性对码的依赖关系。如果发生了这种依赖，仍有可能存在数据冗余、插入异常、删除异常和修改异常。这时，则需对 3NF 进一步规范化，消除主属性对码的依赖关系，向更高一级的范式——BC 范式转换。

5)　BC 范式(Boyce-Codd Normal Form)

(1)　BC 范式的定义。

如果关系模式 R∈1NF，且所有的函数依赖 X$\longrightarrow$Y(Y 不包含于 X，即 Y⊈X)，决定因素 X 都包含了 R 的一个候选码，则称 R 属于 BC 范式，记作 R∈BCNF。

由 BCNF 的定义可以得到以下结论，一个满足 BCNF 的关系模式有：

● 所有非主属性对每一个候选码都是完全函数依赖。

● 所有的主属性对每一个不包含它的候选码都是完全函数依赖。

● 没有任何属性完全函数依赖于非码的任何一组属性。

由于 R∈BCNF，按定义排除了任何属性对候选码的传递依赖与部分依赖，所以 R∈3NF。但若 R∈3NF，则 R 未必属于 BCNF。例如，设有关系模式学生课程信息(学号，姓名，课程号，成绩)，并假设姓名不重名。可以判定，学生课程信息有两个候选键：(学号，课程号)和(姓名，课程号)，其函数依赖如下：

学号$\longrightarrow$姓名　　(学号，课程号)$\longrightarrow$成绩　　(姓名，课程号)$\longrightarrow$成绩

唯一的非主属性成绩对键不存在部分函数依赖，也不存在传递函数依赖，所以学生信息∈3NF。但是，因为学号$\longleftrightarrow$姓名，即决定因素学号或姓名不包含候选键，从另一个角度来说，存在着主属性对键的部分函数依赖：(学号，课程号)$\xrightarrow{\text{P}}$姓名，(姓名，课程号)$\xrightarrow{\text{P}}$学号，所以学生课程信息关系模式不是 BCNF。正是存在这种主属性对键的部分函数依赖关系，造成了学生课程信息关系中存在着较大的数据冗余，学生姓名的存储次数等于该生所选的课程数，从而会引起修改异常。解决这一问题的办法仍然是通过投影分解来进一步提高范式的等级，将其规范到 BCNF。

(2)　BC 规范化。

BC 规范化是指把 3NF 的关系模式通过投影分解转换成 BCNF 关系模式的集合。下面我们把学生课程信息的关系模式规范到 BCNF。

学生课程信息关系模式产生数据冗余的原因是在这个关系中存在两个实体，一个为学生实体，属性有学号、姓名；另一个为选课实体，属性有学号、课程号和成绩。根据分解的原则，可以分解成如下两个关系。

学生信息(学号，姓名)，描述学生实体；课程信息(学号，课程号，成绩)，描述学生与课程的关系。对于学生信息关系，有两个候选码学号和姓名；对于课程信息关系，主码为(学号，课程号)。在这两个关系中，无论主属性还是非主属性都不存在对码的部分函数依赖和传递依赖，学生信息∈BCNF，课程信息∈BCNF。分解后，学生信息和课程信息的函数依赖关系分别如图 2-7 和图 2-8 所示。

学生课程信息转换成两个属于 BCNF 的关系模式后，数据冗余度明显降低。学生的姓名只在学生信息关系中存储一次，学生要改名时，只需改动一条学生记录中相应的姓名值即可，从而不会发生修改异常。

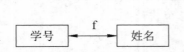

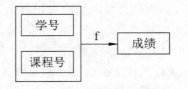

图 2-7　学生信息中的函数依赖关系　　　　图 2-8　课程信息中的函数依赖关系

　　一个模式中的关系模式如果都满足 BCNF，那么在函数依赖范畴内，它已实现了彻底的分离，这就消除了插入异常和删除异常。在实际应用中，一般达到了 3NF 的关系就可以认为是较为优化的关系。

【知识扩展】

1. 规范化工作小结

- 3NF ➞ BCNF：消除主属性对候选关键字的部分和传递函数依赖。
- 2NF ➞ 3NF：消除非主属性对候选关键字的传递函数依赖。
- 1NF ➞ 2NF：消除非主属性对候选关键字的部分函数依赖。

2. 规范程度说明

　　数据规范化程度越高，数据的冗余就越少，在数据操作过程中人为产生的错误也就越少。但规范化程度越高，查询检索所要轮询的关联也就越多，耗费的时间就越长。因此，在数据库的规范化过程中，应该根据数据库的实际需求情况，选择一个折中的规范化程度。实际上，第三范式已经做到了数据库中数据在拥有函数依赖时，不会在数据操作过程中产生人为错误，而且数据访问的关联也不至于过多，所以，通常规范到 3NF 就能满足关系数据库的基本要求。

任务二　数据库设计步骤

【任务要求】

- 了解数据库的设计步骤。
- 掌握概念结构设计的基本方法。
- 设计实现学生管理数据库的 E-R 模型。

【知识储备】

1. 数据库设计的任务

　　数据库设计是指根据用户的需求，在某一具体的数据库管理系统上，设计数据库的结构和建立数据库的过程。具体地说，数据库设计是指对于一个给定的应用环境，构造最优的数据库模式，建立数据库及其应用系统，使之能够有效地存储数据，满足各种用户的应用需求。数据库设计的优劣直接影响信息系统的质量和运行效果。因此，设计一个结构优化的数据库是对数据进行有效管理的前提和正确利用信息的保证。

2. 数据库设计的内容

数据库设计内容包括数据库的结构设计和数据库的行为设计。

1) 数据库的结构设计

数据库的结构设计是指根据给定的应用环境，进行数据库的模式设计或子模式的设计。它包括数据库的概念结构设计、逻辑结构设计和物理结构设计，即设计数据库框架或数据库结构。数据库结构应该具有最小冗余的、能满足不同用户数据需求的、能实现数据共享的系统。数据库结构特性是静态的、稳定的，在通常情况下，一经形成后是不容易也不需要改变的，所以结构设计又称为静态模式设计。

2) 数据库的行为设计

数据库的行为设计是指数据库用户的行为和动作。在数据库系统中，用户的行为和动作指用户对数据库的操作，这些要通过应用程序来实现，所以数据库的行为设计就是操作数据库的应用程序的设计，即设计应用程序、事务处理等，行为设计是动态的，因此行为设计又称为动态模式设计。

3. 数据库设计方法

目前常用的各种数据库设计方法都属于规范设计法，即都是运用软件工程的思想与方法，根据数据库设计特点，提出各种设计准则与设计规范。在规范设计法中，数据库设计的核心与关键是逻辑数据库设计和物理数据库设计。

逻辑数据库设计是根据用户要求和特定数据库管理系统的具体特点，以数据库设计理论为依据，设计数据库的全局逻辑结构和每个用户的局部逻辑结构。

物理数据库设计是在逻辑结构确定之后，设计数据库的存储结构及其他实现细节。

【任务实施】

按照规范化的数据库设计过程，数据库的设计过程可分为 6 个设计阶段。

(1) 需求分析阶段：需求收集和分析，得到数据字典和数据流图。

(2) 概念结构设计阶段：对用户需求综合、归纳与抽象，形成概念模型，用 E-R 图表示。

(3) 逻辑结构设计阶段：将概念结构转换为某个 DBMS 所支持的数据模型。

(4) 数据库物理设计阶段：为逻辑数据模型选取一个最适合应用环境的物理结构。

(5) 数据库实施阶段：建立数据库，编制与调试应用程序，组织数据入库，程序试运行。

(6) 数据库运行与维护阶段：对数据库系统进行评价、调整与修改。

前两个阶段是面向用户的应用要求，面向具体的问题；中间两个阶段是面向数据库管理系统；最后两个阶段是面向具体的实现方法。在项目一中已经完成了对学生管理数据库系统设计过程第一个阶段需求分析的基本任务，这里不再重复。在本任务中，我们将结合学生管理数据库系统的设计过程，着重探讨数据库设计过程中的其他环节。图 2-9 给出了一个数据库设计的基本步骤。

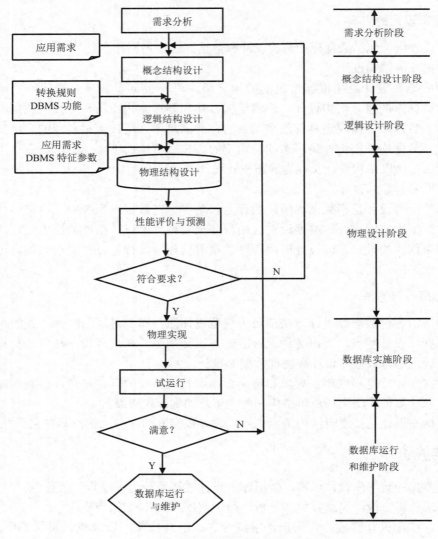

图 2-9　数据库设计步骤

【任务实践】

1. 数据库概念结构设计

数据库的概念结构设计是在需求分析的基础上,将需求分析得到的用户需求归纳抽象出数据模型,即将有关信息按照数据库的概念,整理得出实体及其属性和联系,形成独立于具体数据库管理系统的概念模型,是一个将现实抽象为数据的过程。

概念模式是独立于计算机硬件结构,独立于支持数据库的 DBMS。数据库应用系统中通常采用 E-R 图来描述概念结构。

1) 概念结构的设计方法

设计概念结构的 E-R 模型可采用以下 4 种方法。

(1) 自顶向下。首先定义全局概念结构的框架,然后逐步细化,如图 2-10 所示。

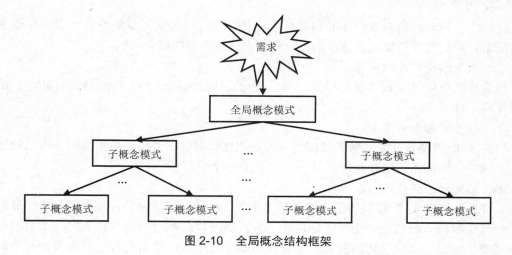

图 2-10　全局概念结构框架

(2) 自底向上，首先定义各局部应用的子概念结构，然后将它们集成起来，得到全局概念结构，如图 2-11 所示。

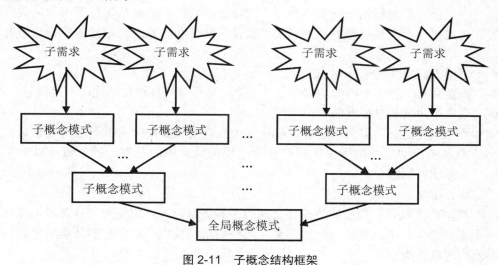

图 2-11　子概念结构框架

(3) 逐步扩张。首先定义最重要的核心概念结构，然后向外扩充，以滚雪球的方式逐步生成其他概念结构，直至总体概念结构，如图 2-12 所示。

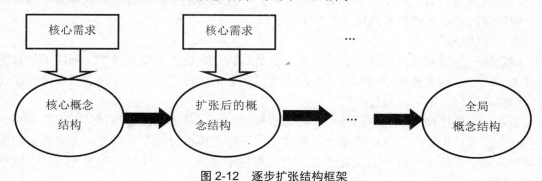

图 2-12　逐步扩张结构框架

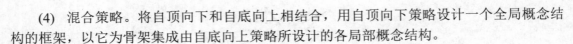

(4) 混合策略。将自顶向下和自底向上相结合,用自顶向下策略设计一个全局概念结构的框架,以它为骨架集成由自底向上策略所设计的各局部概念结构。

2) 概念结构设计的步骤

概念模式使用 E-R 模型进行描述,概念结构设计分为局部 E-R 模型设计和总体 E-R 模型设计两个部分。

(1) 设计局部 E-R 模型。

局部 E-R 模型设计是从数据流图出发确定实体和属性,并根据数据流图中表示的对数据的处理确定实体之间的联系。从以下几方面进行设计。

① 确定局部结构范围。

设计各个局部 E-R 模型的第一步,是确定局部结构的范围划分,划分的方式一般有两种:一种是依据系统的当前用户进行自然划分;另一种是按用户要求数据库提供的服务归纳成几类,使每一类应用访问的数据显著地不同于其他类,然后为每类应用设计一个局部 E-R 模型。

② 实体定义。

每一个局部结构都包括一些实体类型,实体定义的任务就是从信息需求和局部范围定义出发,确定每一个实体类型的属性和键。实体、属性和联系之间划分的依据通常有以下三点。

● 采用人们习惯的划分方式。

● 避免冗余,在一个局部结构中,对一个对象只取一种抽象形式,不要重复。

● 依据用户的信息处理需求。

实体类型确定之后,其属性也随之确定。为一个实体类型命名并确定其键也是很重要的工作。命名应反映实体的语义性质,在一个局部结构中应是唯一的。键可以是单个属性,也可以是属性的组合。

③ 联系定义。

E-R 模型的"联系"用于描述实体之间的关联关系。一种完整的方式是对局部结构中任意两个实体类型,依据需求分析的结果,考察局部结构中任意两个实体类型之间是否存在联系及确定联系类型。

在确定联系类型时,应注意防止出现冗余的联系。如果存在,要尽可能地识别并消除这些冗余联系,以免将这些问题遗留给综合全局的 E-R 模型阶段。联系类型确定后,也需要命名和确定键。命名应反映联系的语义性质,通常采用某个动词命名。联系类型的键通常是它涉及的各实体的键的并集或某个子集。

④ 属性分配。

确定属性的原则是:属性应该是不可再分解的语义单位;实体与属性之间的关系只能是 $1:n$ 的;不同实体类型的属性之间应无直接关联关系。属性不可分解的要求是为了使模型结构简单化,不出现嵌套结构。

当多个实体类型用到同一属性时,将导致数据冗余,从而可能影响存储效率和完整性约束,因而需要确定把它分配给哪个实体类型。一般把属性分配给那些使用频率最高的实体类型,或分配给实体值少的实体类型。有些属性不宜属于任一实体,只说明实体之间联系的传递性。

(2)　设计全局 E-R 模型。

将各个局部 E-R 模型加以综合，使同一个实体只出现一次，便可产生总体 E-R 模型。

①　确定公共实体类型。

为了给多个局部 E-R 模型的合并提供合并的基础，首先要确定各局部结构中的公共实体。

②　局部 E-R 模型的合并。

合并的顺序有时影响处理效率和结果。合并原则的一般顺序是：首先进行两两合并，先合并那些在现实世界中存在联系的局部结构；合并应从公共实体类型开始，最后再加入独立的局部结构。进行二元合并是为了减少合并工作的复杂性，并且使合并结果的规模尽可能小。

③　消除冲突。

由于各类应用不同，且不同的应用通常又是不同的设计人员设计成局部 E-R 模型，因此局部 E-R 模型之间不可避免地会有不一致的地方，我们称之为冲突。通常冲突分为以下三种类型。

● 属性冲突：属性域的冲突，即属性值的类型、取值范围或聚会集合不同。

● 结构冲突：同一对象在不同应用中的不同抽象。同一实体在不同局部 E-R 图中属性组成不同，包括属性个数、次序。实体之间的联系在不同的局部 E-R 图中呈现不同的类型。

● 命名冲突：包括属性名、实体名、联系名之间的冲突。有同名异义，即不同意义的对象具有相同的名字；有异名同义，即同一意义的对象有不同的名字。

属性冲突和命名冲突通常采用讨论、协商的方法解决，而结构冲突则需要经过认真分析后才能解决。

设计全局 E-R 模型的目的不在于把局部 E-R 模型在形式上合并为一个 E-R 模型，而在于消除冲突，使之成为能够被全系统中所有用户共同理解和接受的统一的概念模型。

④　全局 E-R 模型的优化。

一个好的全局 E-R 模型，除了能够准确、全面地反映用户功能需求外，还应满足下列条件。

● 实体类型的个数尽可能少。

● 实体类型所含属性个数尽可能少。

● 实体类型间联系无冗余。

(3)　E-R 模型的优化原则。

①　实体类型的合并。一般可以把 1∶1 联系的两个实体类型合并。

②　冗余属性的消除。一般同一非主键的属性出现在几个实体类型中，或者一个属性值可从其他属性值导出，此时应把冗余的属性从全局模式中去掉。

③　冗余联系的消除。在全局模式中可能存在有冗余的联系，通常利用规范化理论消除冗余联系。

2. 逻辑结构设计

逻辑结构设计是将抽象的概念结构转换为所选用的 DBMS 支持的数据模型，并对其进行优化。逻辑设计的目的是把概念设计阶段设计好的全局 E-R 模型转换成与选用 DBMS 所支持的数据模型相符合的逻辑结构。

1) 逻辑结构设计的任务

概念结构是各种数据模型的共同基础。为了能够用某一 DBMS 来实现用户需求，还必须将概念结构进一步转化为相应的数据模型，这正是数据库逻辑结构设计所要完成的任务。

2) 逻辑结构设计的步骤

一般的逻辑结构设计分为以下三个步骤，如图 2-13 所示。

(1) 将概念结构转化为一般的关系、网状、层次和面向对象模型。

(2) 将转化来的关系、网状、层次模型和面向对象向特定 DBMS 支持下的数据模型进行转换。

(3) 对数据模型进行优化。

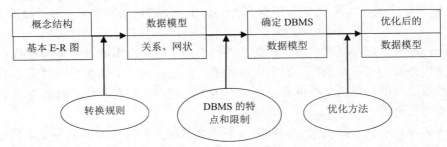

图 2-13　逻辑结构设计的三个步骤

3) 关系逻辑数据模式的设计

概念设计中得到的 E-R 图是由实体、属性和联系组成的，而关系数据库逻辑设计的结果是一组关系模式的集合，所以将 E-R 图转换为关系模型实际上是将实体、属性和联系转换成关系模式。在转换过程中，要遵守以下原则。

(1) 实体类型的转换。将每个实体转换成一个关系模式，实体的属性即为关系模式的属性，实体标识符即为关系模式的键。

(2) 联系类型的转换，要根据以下不同的情况进行不同的处理。

● 联系是 1:1 的，可以在两个实体类型转换成的两个关系模式中的任意一个关系模式的属性中加入另一个关系模式的键和联系类型的属性。

● 联系是 1:n 的，则在 n 端实体将联系与 N 端实体所对应的关系模式合并，并且加入 1 端实体的键和联系的属性。

● 联系是 $m:n$ 的，则将联系类型也转换成关系模式，其属性为两端实体类型的键加上联系类型的属性，而键则为两端实体键的组合。

4) 关系模式的规范化

在逻辑设计阶段，仍然要使用关系规范化理论来设计和评价模式。只有这样才能保证所设计的模式不出现数据冗余、更新异常和插入异常，才能设计出一个好的模式。所以在初始关系模式的基础上还需要进行关系的规范化处理。规范化处理过程分为两个步骤。

(1) 确定规范级别。

规范级别取决于两个因素：一是归结出来的数据依赖的种类；二是实际应用的需要。首先考察数据依赖集合。在仅有函数依赖时，3NF 或 BCNF 是适宜的标准，如还包括多值依赖时，则应达到 4NF。

(2) 实施规范化处理。

确定规范级别之后，利用模式规范化处理的算法，逐一考察关系模式，判断它们是否满足范式要求。若不符合上一步所确定的规范级别，则利用相应的规范算法将关系模式规范化。在规范化处理过程中，要特别注意保持函数依赖和无损分解的要求。

5) 关系模式的评价与改进

根据对数据模式的性能估计，对已生成的模式进行改进。如果因为系统需求分析、概念结构设计的疏忽导致某些应用不能支持，则应该增加新的关系模式或属性。如果因为性能考虑而要求改进，则可使用分解或合并的方法。

(1) 分解。

为了提高数据操作的效率和存储空间的利用率，常用的方法就是分解。对关系模式的分解一般分为水平分解和垂直分解两种。

① 水平分解是指把(基本)关系的元组分为若干子集合，定义每个子集合为一个子关系，以提高系统的效率。

② 垂直分解是指把关系模式 R 的属性分解为若干子集合，形成若干子关系模式。垂直分解的原则：将经常在一起使用的属性从 R 中分解出来形成一个子关系模式，其优点是可以提高某些事务的效率，缺点是可能使另一些事务不得不执行连接操作，从而降低了效率。

(2) 合并。

具有相同主键的关系模式，且对这些关系模式的处理主要是查询操作，而且经常是多关系的查询，那么可对这些关系模式按照组合频率进行合并。这样便可以减少连接操作而提高查询速度。

3. 数据库物理设计

数据库物理设计目标是在选定的 DBMS 上建立起逻辑结构设计确立的数据库的结构。建立数据库结构的方法一般使用 SQL 语言中的建库、建表命令，以便于表结构的修改和应用程序的开发。数据库的物理设计通常分为以下两步进行。

1) 确定数据库的物理结构

在关系数据库中，确定数据库的物理结构主要指确定数据存放位置和存储结构，包括确定关系、索引、日志、备份等数据的存储分配和存储结构，确定系统配置等工作。

2) 对所确定的物理结构进行评价

数据库物理结构设计过程中在对时间效率、空间效率、维护代价和用户要求进行权衡时，不同的出发点可能会产生不同的设计方案。数据库设计人员必须对这些方案进行细致的评价，从中选择一个较优的方案作为数据的物理结构。

4．数据库实施

数据库实施是指根据逻辑设计和物理设计的结果，设计人员运用 DBMS 提供的数据库语言及其他宿主语言在计算机系统上建立起实际数据库结构、装入数据、进行测试和试运行的过程。数据库实施阶段主要有以下 5 项工作。

1) 建立数据库结构

确定了数据库的逻辑结构与物理结构后，就可以用选用的 DBMS 提供的数据定义语言(DDL)来严格描述数据库结构了。

2) 装入数据

数据库结构建立好后，就可以向数据库装载数据了。组织数据入库是数据实施阶段最主要的工作。数据装载方法有人工方法与计算机辅助数据入库方法两种。

3) 编制与调试应用程序

数据库应用程序的设计应该与数据设计并行进行。在数据库实施阶段，当数据库结构建立好后，就可以开始编制与调试数据库的应用程序了。在调试应用程序时，由于真实数据入库尚未完成，可先使用模拟数据。

4) 数据库试运行

当数据库系统一部分数据输入到数据库后，就可以开始对数据库系统进行联合调试。数据库试运行的主要工作如下。

(1) 功能测试。

实际运行应用程序，执行对数据库的各种操作，测试应用程序的各种功能。

(2) 性能测试。

测量系统的性能指标，分析是否符合设计目标。

数据试运行是要实际测量系统的各种性能指标，如果结果不符合设计目标，则需要返回到物理设计阶段，调整物理结构，修改参数；有时甚至需要返回到逻辑设计阶段，调整逻辑结构。

5) 整理文档

在程序编制和试运行中，应将发现的问题和解决方法记录下来，将它们整理存档为资料，供以后正式运行和改进时参考，全部的调试工作完成之后，应该编写应用系统的技术说明书，在系统正式运行时提供给用户参阅，完整的资料是应用系统的重要组成部分。

5．数据库运行和维护

数据库应用系统经过试运行后即可投入正式运行。在正式运行过程中，数据库的物理存储会不断发生变化，数据库系统的要求也会越来越复杂。对数据库的调整、维护工作是一个长期的任务。在这个阶段，通常有以下 4 项主要任务。

(1) 维护数据库的安全性与完整性。

检查系统安全性是否受到侵犯，及时调整授权和密码，实施系统转储与备份，以便在发生故障后及时恢复数据。

(2) 监测并改善数据库运行性能。

对数据库的存储空间状况及响应时间进行分析评价，结合用户反映确定改进措施，实施再构造或再格式化。

(3) 根据用户要求对数据库现有功能进行扩充。

(4) 数据库的重组与重构。

① 数据库的重组。

数据库运行一段时间之后，由于对数据库经常进行增、删、改等数据操作，使数据库的物理存储情况发生变化，从而降低了数据的存储效率，数据库的性能下降，因此需要对数据库进行重新组织或部分重新组织，按照原设计要求重新安排数据的存储位置、回收垃圾、减少指针链等。

② 数据库的重构。

数据系统的应用环境也是不断变化的，经常会有增加了新的实体、取消了某些应用，或者是有的实体与实体之间的联系也发生了变化等，使原有的数据库设计不能满足新的变化。因此，需要局部地调整数据库的逻辑结构，增加新的关系，删除旧的关系，或对某个关系的一些属性进行增删。数据库各个设计阶段的内容描述如表 2-23 所示。

表 2-23 数据库各个设计阶段的内容描述

各设计阶段	设计描述	
	数 据	处 理
需求分析	数据字典，全系统中数据项、数据流、数据存储的描述	数据流图和判定表、数据字典中数据处理过程的描述
概念结构设计	概念模型(E-R 图) 数据字典	系统说明书
逻辑结构设计	数据模型 关系模型	系统结构图 模块结构图
物理结构设计	存储安排、存取方法选择、存取路径建立	模块设计 表设计
实施阶段	编写模式 装入数据 数据库试运行	程序编码 编译连接 测试
运行维护	性能测试、转换/恢复数据库、数据的重组与重构	新旧系统转换与维护

任务三 使用 E-R 模型设计数据库模式

【任务要求】

● 设计学生管理数据库系统的实体联系模型。
● 将学生管理数据库系统的实体联系模型转换为关系模型。
● 设计学生管理数据库系统的数据库物理模型。

【知识储备】

数据库概念结构设计是数据库应用程序开发一个非常关键的环节，它具有一定的独立性，通常采用 E-R 图(实体-关系图)的方法进行设计，它能将用户的数据要求明确地表达出来。实体联系模型即为 E-R 模型，是对现实世界的抽象和概括，它真实、充分地反映现实世界中的事物和事物之间的联系，有丰富的语义表达能力，能表达用户的各种需求，包括描述现实世界中各种对象及其复杂的联系、用户对数据对象的处理要求的手段。

【任务实施】

基于 E-R 模型的数据库是先设计实体与实体之间联系的企业模式，然后再将此企业模式转换成基于某一特定的 DBMS 的概念模式。基于 E-R 模型的数据库设计方法的基本步骤如下。

(1) 确定实体类型。

(2) 确定实体联系。

(3) 画出 E-R 图。

(4) 确定属性。

(5) 将 E-R 图转换成某个 DBMS 可接受的逻辑数据模型。

(6) 设计记录格式。

【任务实践】

1. 学生管理数据库系统的 E-R 图

在系统需求分析阶段，得到学生管理数据库系统的数据流程图，如图 2-14 所示。

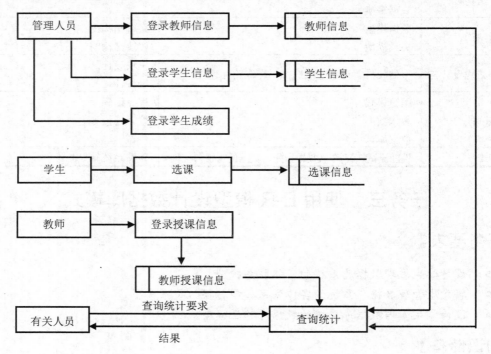

图 2-14　数据流程图

2. 局部 E-R 模型的设计

建立局部 E-R 模型，就是根据系统的具体情况，在多层数据流图中选择一个适当层次的数据流图作为设计 E-R 图的出发点。

设计局部 E-R 模型一般要经历实体的确定与定义、联系的确定与定义、属性的确定等过程。局部 E-R 模型的关键就在于正确划分实体和属性。实体和属性在形式上并无可以明显区分的界限，通常是按照现实世界中事物的自然划分来定义实体和属性的，将现实世界中的事物进行数据抽象，得到实体和属性。例如，"张三"是学生中的一员，他具有学生们共同的特性和行为，如在哪个班、学习哪个专业、年龄是多少等，所以学号、姓名、性别、班级、院系等都可以抽象为学生实体的属性。

通过对学生管理系统的分析与抽象，在学生管理数据库系统中设有以下实体。

学生(学号、姓名、性别、出生日期、入学日期、班号、宿舍号)

课程(课程号、课程名称、教师号、学分、学时、学期、课程类型)

教师(教师号、教师姓名、教师性别、教师电话、教师职称、院系号)

班级(班级号、班级名称、院系号、人数、班主任教师号)

院系(院系号、院系名称、院系电话)

成绩(学号、课程号、考试分数)

宿舍(宿舍号、宿舍容量、宿舍电话)

上述实体中存在以下联系：一个学生可选修多门课程，一门课程可被多个学生选修；一个教师可讲授多门课程，一门课程可被多个教师讲授；一个学院可有多个教师，一个教师只能属于一个学院。

根据以上描述，可以得到学生选课局部 E-R 图和教师任课局部 E-R 图，如图 2-15 和图 2-16 所示。

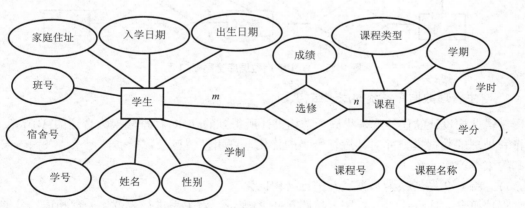

图 2-15 学生选课局部 E-R 图

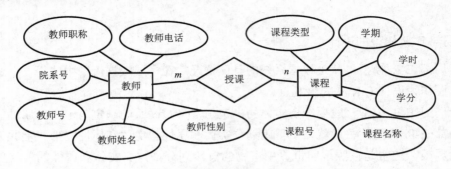

图 2-16   教师任课局部 E-R 图

3. 全局 E-R 模型设计

各个局部 E-R 图建立好后，还需要对它们进行合并，集成为一个整体的概念数据结构，即全局 E-R 图。全局概念结构不仅要支持所有的局部 E-R 模型，而且必须合理地完成一个完整一致的数据库概念结构。合并局部 E-R 图并不能简单地将各个 E-R 图画到一起，而是必须着力消除各个 E-R 图中不一致的地方，以形成一个能为全系统中所有用户共同理解和接受的统一概念模型。合理消除各 E-R 图的冲突是合并局部 E-R 图的主要工作与关键所在。

由图 2-15 和图 2-16 整理设计出学生管理数据库系统的实体联系模型，如图 2-17 所示。

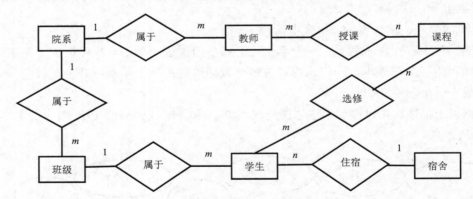

图 2-17   学生管理数据库全局 E-R 图

4. 学生管理数据库系统的逻辑结构设计

逻辑结构设计的任务就是将概念结构设计所得到的 E-R 模型转换为合适的 DBMS 所支持和处理的数据模型并对其进行恰当的优化，逻辑模型包括数据项、记录、关系、安全性和约束等。

1)   将 E-R 图转换为数据表并进行结构优化

根据概念结构设计的 E-R 图，按照 3NF 的理论，对关系进行规范化处理和适当分解，分解时可以简化考虑单值信息和多值信息尽量不放在一个表中的原则，设计出相应的系统数据表及其属性，如图 2-18 所示。

2)   确定数据表的数据结构

根据实际需求情况，充分考虑到节省存储空间和提高数据库性能并适当留有扩展余地等因素，设计各属性字段原数据类型、长度等表结构描述。如对学生信息表的字段结构设计如表 2-24 所示，其他表的结构请读者自行完成。

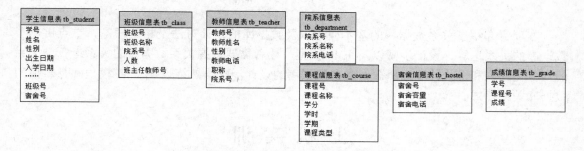

图 2-18 学生管理数据库的逻辑模式

表 2-24 学生信息表的字段属性

字段名称	数据类型	预计长度	特殊限制
学号	int	10	唯一，不能为空
姓名	char	20	
性别	char	4	只能为"男"或"女"
出生日期	datetime	默认	
入学日期	datetime	默认	
班级号	int	15	
宿舍号	int	6	

3) 建立约束

(1) 建立主键约束，以确定记录的唯一标识。

(2) 建立表之间的关联，实现表之间的参照完整性。即通过主键、外键的关系，在表之间建立联系。

(3) 建立字段约束，如"性别"字段就为"男"或"女"。

规范后完整的学生管理数据库系统的逻辑模式如图 2-19 所示。

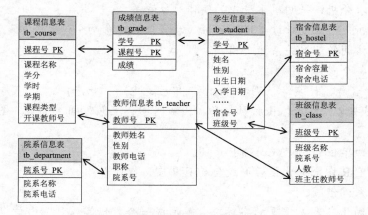

图 2-19 学生管理数据库系统完整的逻辑模式

项 目 小 结

本项目介绍了关系数据库的基本概念以及数据库的设计方法及相关理论,重点讲述了数据库的关系运算、设计步骤以及 E-R 模型,读者需要掌握关系数据库的关系运算、关系的规范化原则和范式的基本概念,掌握数据库的设计步骤,熟练设计 E-R 模型并且转换为数据库关系模式。

上 机 实 训

图书管理数据库关系模式设计

实训背景

图书管理数据库系统是常见的数据库应用系统之一,用户对图书的借阅、图书的管理以及系统的使用等均为熟悉,且各对象之间的关系也较易分析,因此,本教材以一个简单的图书管理数据库系统为上机实训的主要内容,通过上机实训来加深对数据库技术的相关操作知识的理解,强化数据库技术的运用能力。

本项目的上机实训就以一个简单的图书管理应用为基本内容,通过需求分析,找出图书管理的有关实体及其相互关系,完成 E-R 图及其数据表等概念模式和逻辑模式的设计任务。

实训内容和要求

(1) 分析图书管理数据库系统读者借阅部分的需求,给出数据流图。

(2) 根据需求分析的结果,以实体为单位绘制局部 E-R 图和全局 E-R 图。

(3) 将 E-R 图转换成相应的数据表并给出各实体之间的联系。

实训步骤

(1) 分析确定图书管理系统的需求,绘制数据流图。

(2) 根据需求分析结果明确系统中的实体对象和关系。

① 简单分析,可只设计读者借阅部分,其实体只包含两个: "图书" 和 "读者"。

② 两个实体间的基本关系为 "借阅"。

(3) 抽象出各个实体的基本属性。

① 读者(读者号、姓名、性别、E-mail、单位、电话、状态)

② 图书(图书名、作者、出版社名称、出版时间、上架时间、价格、图书状态、索取号、ISBN/ISSN 号)

(4) 以实体为单位绘制形成局部 E-R 图。

(5) 将局部 E-R 图合并优化后形成全局 E-R 图。

① 基本关系: 借阅。

② 优化: 简化各表中重复的字段,分解形成一个 "借阅信息": 读者号、书号、借

出日期、还书日期、是否归还等。

(6) 将 E-R 图转化成数据表。

绘制完成借阅信息表、图书信息表、读者信息表。

习　　题

一、选择题

1. 如果在一个关系中，存在某个属性，虽然不是该关系的主码或只是主码的一部分，但却是另一个关系的主码时，称该属性为这个关系的(　　)。

　　　A. 候选码　　　　　　　B. 主码　　　　　　　C. 外码　　　　　　　D. 连接码

2. 关系数据库中，实现实体之间的联系是通过表与表之间的(　　)。

　　　A. 公共索引　　　　　B. 公共属性　　　　　C. 公共元组　　　　　D. 公共存储

3. 设一位读者可借阅多本书，一本书可借给多位读者，读者与书之间是(　　)。

　　　A. 一对一的联系　　　　　　　　　　B. 一对多的联系

　　　C. 多对一的联系　　　　　　　　　　D. 多对多的联系

4. 能够反映现实世界中实体及实体间联系的信息模型是(　　)。

　　　A. 关系模型　　　　　B. 层次模型　　　　　C. 网状模型　　　　　D. E-R 模型

5. 数据库的概念模型与(　　)没有关系。

　　　A. 具体的机器和 DBMS　　　　　　　B. E-R 图

　　　C. 信息世界　　　　　　　　　　　　D. 现实世界

6. 从 E-R 模型关系向关系模型转换时，一个 $M:N$ 联系转换为关系模式时，该关系模式的关键字是(　　)。

　　　A. M 端实体的关键字　　　　　　　　B. N 端实体的关键字

　　　C. M 端实体关键字与 N 端实体关键字组合　　D. 重新选取其他属性

7. 在关系规范化中，删除操作异常是指(　　)。

　　　A. 不该删除的数据被删除　　　　　　B. 不该插入的数据被插入

　　　C. 应该删除的数据未被删除　　　　　D. 应该插入的数据未被插入

8. 以下关于 E-R 模型转化为关系模型的叙述中，(　　)是不正确的。

　　　A. 一个 $1:1$ 联系可以转换为一个独立的关系模式，也可以与联系的任意一端实体所对应的关系模式合并

　　　B. 一个 $1:n$ 联系可以转换为一个独立的关系模式，也可以与联系的 n 端实体所对应的关系模式合并

　　　C. 一个 $m:n$ 联系可以转换为一个独立的关系模式，也可以与联系的任意一端实体所对应的关系模式合并

　　　D. 三个或三个以上的实体间的多元联系转换为一个关系模式

9. 如果需要构造出一个合适的数据逻辑结构，是(　　)需要解决的问题。

　　　A. 关系数据库优化　　　　　　　　　B. 数据字典

　　　C. 关系数据库规范化理论　　　　　　D. 关系数据库查询

10. 在关系数据库系统中，当关系的型改变时，用户程序也可以不变。这是(　　)。

    A. 数据的物理独立性　　　　　　　B. 数据的逻辑独立性

    C. 数据的位置独立性　　　　　　　D. 数据的存储独立性

二、填空题

1. 设有两个域，名为 D_1 和 D_2：

D_1 = {计算机系，航海系} 是某高校所设系的集合；D_2 = {计算机网络，多媒体技术，通信技术，航海技术，计算机应用} 是此高校所开设专业的集合。求 D_1 的基数为_____，D_2 的基数为_____，$D_1 \times D_2$ 的基数为_____。

2. 选择运算是根据某些条件对关系做_____分割；投影运算是根据某些条件对关系做_____分割。

3. E-R 数据模型一般在数据库设计的_____阶段使用。

三、简答题

1. 简述关系模型的完整性规则。在参照完整性中，为什么外键属性的值可以为空？什么情况下才可以为空？

2. 数据库的设计步骤是什么？

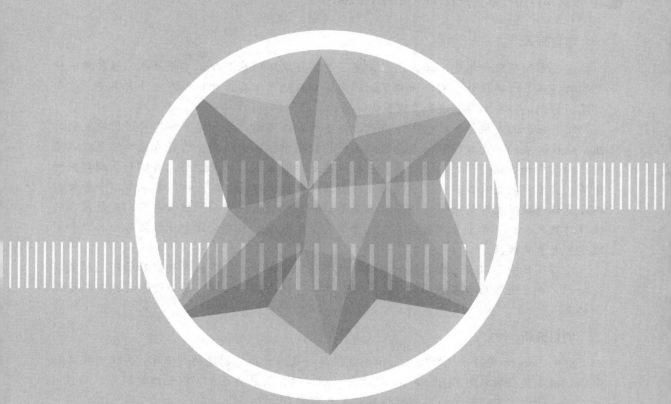

项目三

创建和管理数据库

项目导入

通过前面项目的推进，读者已经掌握了关系数据库的基本知识，并且也已经熟悉了相关的数据库系统的设计步骤和流程了，那么接下来就可以真正开始利用软件去实施。这个时候，首先就需要实现创建和管理数据库。

随着社会的发展，科技的不断进步，海量的数据不断产生，企业和用户进行决策的时候，往往欠缺的不是数据，而是怎样从大量的数据中挖掘出所需要的有价值的信息以满足用户的需要和提供给领导层进行决策。数据库是按照数据结构来组织、存储和管理数据的仓库。将用户数据有效程序并且挖掘处理都离不开数据库的支持。按照需求创建和管理数据库是进行数据处理的必要条件。数据库是数据库管理系统里面的核心内容，是最基本的操作对象之一。"学生管理数据库"包含了大量的数据，需要设计创建数据库去存储和处理这些大量的数据。

在本项目中，以"学生管理数据库系统"作为案例，介绍数据库创建和管理的相关理论知识，并且进行后台数据库"学生管理数据库"的创建和管理，将理论和实践有机地结合起来。

项目分析

SQL Server 支持系统数据库、示例数据库以及用户自己创建的数据库。系统数据库和示例数据库是在安装好 SQL Server 之后自动创建的，用户自己也可以创建数据库，而且用户数据库的创建工作必须在其他数据库对象之前完成。

"学生管理数据库系统"需要首先创建数据库去更好地组织和管理数据，以及其他数据库对象，并且要能够熟练地管理和维护数据库的信息。另外还需要经常进行数据库的备份和还原，用来防备出现安全所带来的数据库系统的崩溃。

能力目标

- 能从整个项目出发，制定设计整体思路。
- 能根据实际情景模式和具体情况设置数据库。
- 能应用数据库的基本知识进行关系数据库的设计。
- 能熟练使用 SQL Server 进行数据库的设计、实施和维护工作。
- 综合运用所学理论知识和技能，结合实际课题进行掌握系统设计的能力。
- 培养综合处理问题的能力。

知识目标

- 能使用 SSMS 和 Transact-SQL 语句创建数据库。
- 能使用 SSMS 和 Transact-SQL 语句修改数据库。
- 能使用 SSMS 和 Transact-SQL 语句删除数据库。
- 能使用 SSMS 进行数据库的分离和附加。
- 能使用 SSMS 进行数据库的备份和还原。

任务一 创建数据库

【任务要求】

能够利用 SSMS 和 Transact-SQL 语句创建相应的数据库，并能够进行相应的参数设置。

【知识储备】

1. 数据库分类

SQL Server 的数据库包含系统数据库、示例数据库和用户数据库。

系统和示例数据库是在安装 SQL Server 后自动创建的，用户数据库是由系统管理员或授权的用户创建的数据库。

1) 系统数据库

(1) master 数据库。

保存了 SQL Server 系统的全部系统信息、登录信息和系统配置，保存了所有建立的其他数据库及其有关信息。需要定期备份该数据库，并且不能直接修改。

该数据库所包含的大量的系统表、视图和存储过程，可以用来保存 Server 级的系统信息，方便实现系统管理。

(2) tempdb 数据库。

tempdb 是一个临时数据库，是全局资源，它保存全部的临时表和临时存储过程。每次关闭 SQL Server 后，该数据库将被清空，每次启动 SQL Server 时，tempdb 数据库都被重建，因此，该数据库在系统启动时总是干净的。tempdb 只有一个，是系统中负担最重的数据库，几乎所有的查询都会用它。

(3) model 数据库。

模板数据库。创建一个新数据库时，SQL Server 会复制 model 数据库的内容到新建数据库。所有新建数据库的内容都和这个数据库完全一样。

(4) msdb 数据库。

msdb 数据库是一个和自动化有关的数据库。其实是一个 Windows 服务，被用来安排报警、作业，并记录操作员，实现一些调度工作，以及备份和复制任务，等等。

2) 示例数据库

AdventureWorks 数据库是微软提供的体验 SQL Server 2005 新特性的示例数据库，但是如果在安装 SQL Server 2005 时如果采取的是默认安装，是不会安装该数据库的，但是用户可以自行去微软的官网下载并且安装。

3) 用户数据库

用户自行创建的数据库。后面讲述的内容就是围绕创建和管理用户数据库来进行的。

2. 数据库对象

数据库是一个容器，里面包含了丰富的对象，主要对象有：

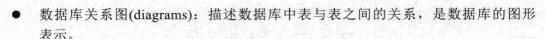

- 数据库关系图(diagrams)：描述数据库中表与表之间的关系，是数据库的图形表示。
- 表(table)：也称为基本表，是最基本的对象，存放系统和用户数据。每个表代表关系数据模型中的一个关系。每个表里面包含列、主键、外键和索引等。
- 视图(view)：建立在表基础上的一种虚拟表，有时候也称为子表。视图主要体现数据库结构体系的外模式。视图只保留其定义信息，里面没有存储数据，视图实际保留 select 语句。

可编程性：

- 存储过程(stored procedures)：服务器端执行的 Transact-SQL 语句，完成指定的操作。存储过程可简化管理数据库，并且可以实现参数和控制流处理，功能强大。
- 规则(constrains)：限制列值的取值范围，保证数据完整性。
- 默认值(defaults)：为某列提供默认的常量值，简化记录操作。

……

3. 数据库文件和文件组

1) 文件

SQL Server 的数据库由数据文件和日志文件组成。数据文件用来存放数据库中的数据。数据文件又包括主数据文件和次数据文件。每个数据库都包括一个主数据文件和一个或多个日志文件，还可以有次数据文件。

- 主数据文件(.mdf)：存储数据信息和数据库的启动信息。一个数据库有且仅有一个主数据文件。
- 次数据文件(.ndf)：次数据文件也称为辅助数据文件，存储主数据文件存储不下的数据信息。一个数据库可以没有次数据文件，也可有多个次数据文件。
- 日志文件(.ldf)：存储数据库的所有事务日志信息，包含用于恢复数据库的日志信息，一个数据库至少有一个日志文件，也可以有多个日志文件。

2) 数据库文件组

为了方便管理、提高系统性能，将多个数据库文件组织成一组，称为数据库文件组。数据库文件组控制各个文件的存放位置，常常将每个文件建立在不同的硬盘驱动器上。这样可以减轻单个硬盘驱动器的存储负载，提高数据库的存储效率，从而实现提高系统性能的目的。

在使用数据库文件和文件组时，应该注意以下几点。

- 每个文件或文件组只能用于一个数据库。
- 每个文件只能属于一个文件组。
- 日志文件是独立的。数据库的数据和日志信息不能放在同一个文件或文件组中，数据文件和日志文件总是分开的。
- 数据库文件组分为主文件组、用户定义的文件组和默认文件组。 PRIMARY 是默认的文件组。

3) 数据库对象的标识符

数据库对象的标识符是用来唯一标识数据库对象的字符集。标识符分为常规标识符和分隔标识符。

(1) 常规标识符。

① 字符数在 1～128 之间。

② 不允许使用 Transact-SQL 的保留关键字。

③ 可以由大小写英文字母、数字和下划线以及#、@和$符号组成。

④ 不能以数字和$符号开头。

(2) 分隔标识符。

包含在双引号(" ")或者方括号 ([ ]) 内。不会分隔符合标识符格式规则的标识符。在 Transact-SQL 语句中，必须对不符合所有标识符规则的标识符进行分隔。分隔标识符包含的字符数也必须在 1～128 之间。

4．创建数据库的方法

创建数据库的方法有以下两种。

(1) 利用 SSMS 可视化创建

(2) 利用 Transact-SQL 语句创建

1) 使用 SSMS 创建数据库

可视化操作，可以按照步骤操作即可。

2) 使用 Transact-SQL 创建数据库

(1) 创建数据库的基本语法结构如下。

```
CREATE DATABASE <database_name>
[ON [PRIMARY] [<filespec> [,…n] [,<filegroupspec> [,…n]] ]
[LOG ON {<filespec> [,…n]}]
[FOR RESTORE]
<filespec>::=([NAME=logical_file_name,]
FILENAME='os_file_name'
[,SIZE=size]
[,MAXSIZE={max_size|UNLIMITED}]
[,FILEGROWTH=growth_increment] ) [,…n]
<filegroupspec>::=FILEGROUP filegroup_name <filespec> [,…n]
```

数据库创建语法结构参数如表 3-1 所示。

表 3-1 数据库创建语法结构参数表

参 数 名	参数意义
database_name	数据库的名称，最长为 128 个字符
PRIMARY	该选项是一个关键字，指定主文件组中的文件
LOG ON	指明事务日志文件的明确定义
NAME	指定数据库的逻辑名称，这是在 SQL Server 系统中使用的名称，是数据库在 SQL Server 中的标识符
FILENAME	指定数据库所在文件的操作系统文件名称和路径，该操作系统文件名和 NAME 的逻辑名称一一对应
SIZE	指定数据库的初始容量大小，至少为模板 model 数据库大小

续表

参　数　名	参数意义
MAXSIZE	指定操作系统文件可以增长到的最大尺寸。如果没有指定，则文件可以不断增长直到充满磁盘
FILEGROWTH	指定文件每次增加容量的大小，当指定数据为 0 时，表示文件不增长

(2) 简化的创建数据库的语法结构如下。

```
CREATE DATABASE <数据库名>
[ON [PRIMARY]                              --后面引出数据文件的内容
(
NAME =数据文件的逻辑文件名,
FILENAME ='数据文件的物理文件名及存储路径',
SIZE =数据文件的初始大小,
MAXSIZE =数据文件的最大值,
FILEGROWTH =数据文件的增量
)]
[LOG ON                                    --后面引出日志文件的内容
(
NAME =日志文件的逻辑文件名,
FILENAME ='日志文件的物理文件名及存储路径'
SIZE =日志文件的初始大小,
MAXSIZE =日志文件的最大值,
FILEGROWTH =日志文件的增量
)]
```

【任务实施】

创建数据库有两种方法，即利用 SSMS 创建和 Transact-SQL 创建。

1. 利用 SSMS 创建数据库的实施过程

(1) 打开 SSMS，在"对象资源管理器"窗格中，展开 SQL Server 服务器，右击"数据库"节点，会弹出快捷菜单，如图 3-1 所示。

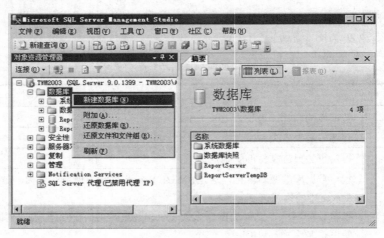

图 3-1　SSMS 窗口

(2) 在图 3-1 所示快捷菜单中选择"新建数据库"命令，将打开"新建数据库"对话框，如图 3-2 所示。

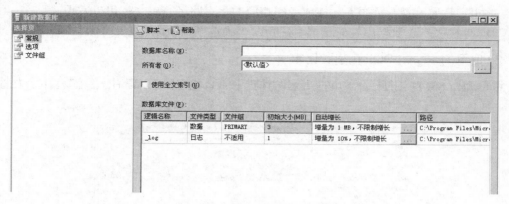

图 3-2 "新建数据库"对话框

(3) 在图 3-2 所示对话框中的"常规"选择页中需要完成以下两项设置。

① 设定"数据库名称"：在"数据库名称"文本框中输入所需要设定的数据库名。

② 设定"数据库文件"属性。

逻辑名称：数据文件的逻辑名称自动默认和数据库同名，日志文件自动增加"_log"，用户也可以根据需要自行修改。

文件类型：其中内容为"数据"的代表该行数据的信息为数据文件信息，是用来存放数据的。如果内容为"日志"则代表该行信息为日志文件，用来存放操作日志记录。

初始大小：在该处可以进行数据库的初始容量。请注意：初始大小不能小于模板数据库的大小。

自动增长：单击右侧"…"按钮可以打开如图 3-3 和图 3-4 所示的对话框，分别设置数据文件和日志文件的相关参数。"文件增长"可以按百分比也可以按具体的量度大小。"最大文件大小"可以设置为具体的值，也可以不限定增长，直到文件增长到磁盘满为止。

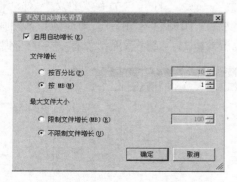

图 3-3 数据文件大小设置对话框

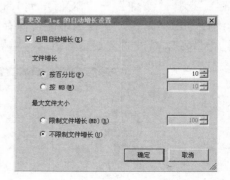

图 3-4 日志文件大小设置对话框

路径：在此可以设定数据库文件存放的物理路径，默认为 C:\Program Files\Microsoft SQL Server\MSSQL.1\MSSQL\DATA，但是用户也可以单击右侧的"…"按钮进行设置，推荐保存在用户自己的文件夹下面，而不是采用默认路径。

文件名：新建数据库时没有显示，只有在已经查看建好的数据库时才会有显示，默认与数据库同名，但是数据库文件会加上扩展名".mdf"，日志文件名会加上"_log"和扩展名".ldf"。通过查看数据库属性或者去相应的保存路径查看文件可以发现。

(4) 单击"新建数据库"对话框右下角的"确定"按钮即可。

2. 使用 Transact-SQL 创建数据库

(1) 单击 SSMS 工具栏左上角的"新建查询"按钮，将会打开"查询分析器"窗口，如图 3-5 所示。

图 3-5　"查询分析器"窗口

在"查询分析器"窗口中按语法结构输入创建相关数据库的代码。

(2) 单击"SQL 编辑器"工具栏中的"执行"按钮，会生成相应的数据库。

(3) 在"对象资源管理器"窗格中，右击"数据库"节点，在弹出的快捷菜单中选择"刷新"命令，就可以看到新建的数据库。

(4) 选择"文件"→"SQLQuery1.sql 另存为"命令，打开"另存文件为"对话框，在其中设定保存路径及文件名后即可保存该程序文件。如图 3-6 所示。请注意该步骤非常重要，因为源程序文件需要留着以后备用执行生成新数据库。请注意保持保存文件的习惯。

图 3-6　"另存文件为"对话框

【任务实践】

创建数据库名为 studentdb，要求如下。

(1) 主数据文件：逻辑文件名为 studentdb，物理文件名为 studentdb.mdf，初始大小为 3MB，最大容量为 10MB，增量为 1MB。

(2) 事务日志文件：逻辑文件名为 studentdb_log，物理文件名为 studentdb_log.ldf，初始大小为 1MB，增量为 10%，不限制文件增长。

创建任务要求的数据库 studentdb 数据库有两种方法，即利用 SSMS 创建和 Transact-SQL 创建。

1. 利用 SSMS 创建数据库 studentdb

(1) 打开 SSMS，在"对象资源管理器"窗格中，展开 SQL Server 服务器，右击"数据库"节点，会弹出快捷菜单，如图 3-1 所示。

(2) 在图 3-1 所示快捷菜单中选择"新建数据库"命令，将打开"新建数据库"窗口，如图 3-7 所示。

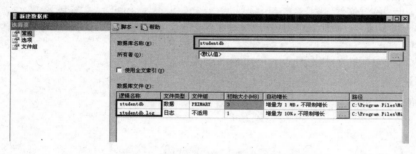

图 3-7 新建 studentdb 数据库窗口

(3) 在图 3-7 所示对话框中的"常规"选择页中设置如下。

① 在"数据库名称"文本框中输入数据库名"studentdb"。

② 逻辑名称按任务要求直接使用默认的"studentdb"和"studentdb_log"即可。

③ 按要求设置为数据文件初始大小为 3MB，最大容量为 10MB，增量为 1MB，如图 3-8 所示。

④ 按要求设置日志文件初始大小为 1MB，增量为 10%，不限制文件增长，如图 3-9 所示。

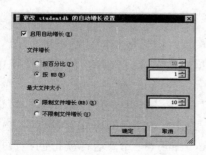

图 3-8 数据文件自动增长设置

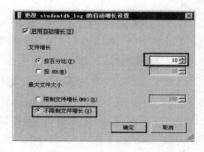

图 3-9 日志文件自动增长设置

⑤ 其余参数没有要求可以自行决定是否设置，建议读者将文件路径设置为自己的文件路径，而不要使用 SQL Server 的默认路径。

(4) 单击"新建数据库"对话框右下角的"确定"按钮即可。

启发思考：

(1) 如果新建数据库时需要改变数据库文件的物理存放路径该怎么做？

(2) 如果新建数据库时额外需要增加次数据文件，实现逻辑文件名为 studentdb1，物理文件名为 studentdb1.ndf，初始大小为 2MB，最大容量为 10MB，增量为 1MB，该如何操作？

2. 利用 Transact-SQL 创建数据库 studentdb

(1) 单击 SSMS 工具栏左上角的"新建查询"按钮，将会打开"查询分析器"窗口，如图 3-5 所示。

在"查询分析器"窗口中输入如下代码：

```
/*例 3-1 创建"学生管理数据库"，数据库名为 studentdb。主数据文件：逻辑文件名为
studentdb，物理文件名为 studentdb.mdf，初始大小为 3MB，最大容量为 10MB，增量为
1MB。事务日志文件：逻辑文件名为 studentdb_log，物理文件名为 studentdb_log.ldf，初
始大小为 1MB，增量为 10%，不限制文件增长。*/
create database studentdb
on                              --数据文件
(
name=studentdb,
filename='C:\Program Files\Microsoft SQL
Server\MSSQL.1\MSSQL\DATA\studentdb.mdf',
size=3,                         --容量默认单位为 MB，如果为 KB,需要注明，下同
maxsize=10,
filegrowth=1
)
log on                          --日志文件
(
name=studentdb_log,
filename='C:\Program Files\Microsoft SQL
Server\MSSQL.1\MSSQL\DATA\studentdb_log.ldf',
size=1,
maxsize=unlimited,              --不限制增长
filegrowth=10%
)
```

(2) 单击"SQL 编辑器"工具栏中的"执行"按钮，会生成相应的数据库。

(3) 在"对象资源管理器"窗格中，右击"数据库"节点，在弹出的快捷菜单中选择"刷新"命令，就可以看到新建的数据库 studentdb 了。

(4) 选择"文件"→"SQLQuery1.sql 另存为"命令，打开"另存文件为"对话框，如图 3-10 所示。在其中设定合适的保存路径，设定要求的文件名即可保存该程序文件。如图 3-10 所示，该创建程序文件就保存为 E:\shujuku\create_db.sql。这样就把创建数据库的程序保存到读者的文件夹下面了。

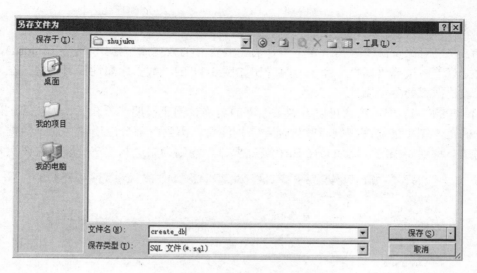

图 3-10　"另存文件为"对话框

启发思考：

(1) 请在"查询分析器"窗口中输入"create database exercisedb"，结果如何？请仔细观察和总结。

(2) 一旦对数据文件和日志文件进行编程，哪些选项必须设置，哪些不需要？

任务二　查看数据库

【任务要求】

查看已经存在的数据库属性。

【知识储备】

数据库在创建完毕之后，往往需要对数据库进行查看，然后对自己需要的信息进行修改。

查看数据库的方式有以下两种。

(1) 通过"数据库属性"对话框可以查看"学生管理数据库"的名称、容量、文件属性以及创建时间等。

(2) 利用 Transact-SQL 语句。

语法结构：

sp_helpdb 数据库名

【任务实施】

可以通过以下两种方式查看已经创建好的数据库。

1. 利用 SSMS 来查看数据库

(1) 在"对象资源管理器"窗格中,右击要查看的数据库节点(本例为 shilidb1),在弹出的快捷菜单中选择"属性"命令。将弹出如图 3-11 的"数据库属性"对话框,在其中可以查看该数据库的各项属性。

(2) 在图 3-11 中,依次可以看到数据库的名称、创建日期、所有者、大小等。但应特别注意的是,图中的排序规则有时候需要特别注意,因为有部分应用软件对于数据库的排序规则是有特别要求的。比如易飞 ERP 就需要排序规则为二进制,在安装时就要注意了。

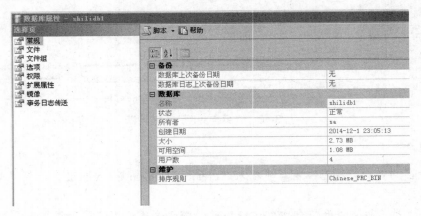

图 3-11 "数据库属性"对话框——"常规"选择页

(3) 在图 3-12 中,可以查看到数据库的逻辑名称、物理路径和文件名等。该对话框和新建时出现的对话框类似。也可以在该对话框中对数据库进行修改。需注意:此处数据库名称为灰色不可用状态,也就意味着不可以进行数据库名称的修改。

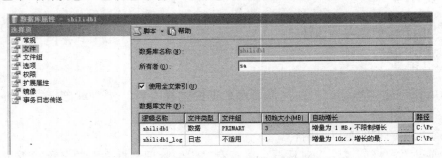

图 3-12 "数据库属性"对话框——"文件"选择页

(4) 在图 3-13 中,可以查看到数据库的其他属性,如"只读"属性等。还有其他选择页中也包含了其他属性,但很少使,所以在此不再赘述。

2. 利用 Transact-SQL 语句来查看数据库

打开"查询分析器"窗口,在其中输入如下语句并执行:

```
--查看数据库 shilidb1
sp_helpdb shilidb1
```

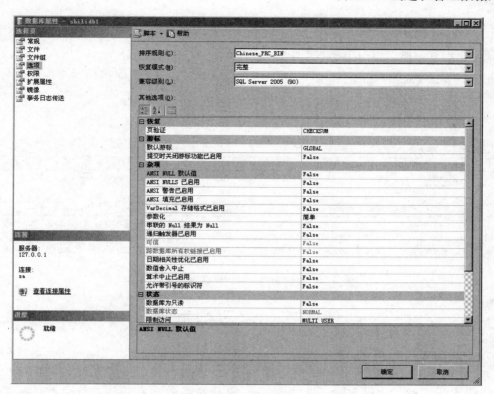

图 3-13　"数据库属性"对话框——"选项"选项页

【任务实践】

查看"学生管理数据库"studentdb。

1. 利用 SSMS 查看数据库 studentdb

在"对象资源管理器"窗格中，找到目标数据库 studentdb，右击并在弹出的快捷菜单中选择"属性"命令。弹出如图 3-14 所示的对话框。可以在对话框中左边的"选择页"列表框中的各个选项中进行选择查看。

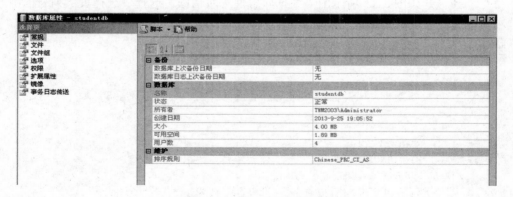

图 3-14　studentdb 数据库属性

2. 利用 Transact-SQL 查看数据库 studentdb

在"查询分析器"窗口中输入如下代码并执行：

```
--例 3-2 查看数据库 shilidb1
sp_helpdb shilidb1
```

结果显示如图 3-15 所示。

	name	db_size	owner	dbid	created	status	compatibility_l
1	studentdb	8.00 MB	sa	14	12 14 2014	Status=ONLINE, Updateability=READ_WRITE, UserAcc...	90

	name	fileid	filename	filegroup	size	maxsize	growth	usage
1	studentdb	1	F:\教材\数据库应用技术案例教程...	PRIMARY	3072 KB	102400 KB	5120 KB	data only
2	studentdb_log	2	F:\教材\数据库应用技术案例教程...	NULL	2048 KB	2147483648 KB	10%	log only
3	studentdb1	3	F:\教材\数据库应用技术案例教程...	PRIMARY	3072 KB	51200 KB	2048 KB	data only

图 3-15　studentdb 数据库属性结果窗口

任务三　修改数据库

【任务要求】

数据库创建好之后有时会不能满足实际项目的需求，要求能熟练地对数据库进行修改。

【知识储备】

修改数据库有以下两种方法。

1. 使用 SSMS 修改数据库

如果需要修改一个数据库，首先需要是一个已经存在的数据库，并且能够查看到其状态。在"对象资源管理器"窗格中右击需要查看的数据库，在弹出的快捷菜单中选择"属性"命令，会打开如图 3-11 所示的"数据库属性"对话框。选择"选择页"列表框中的相关选项可以查看设置的数据库的相关属性。

2. 使用 Transact-SQL 修改数据库

```
ALTER DATABASE database
  {ADD  FILE<数据文件>[,…n][TO  FILEGROUP filegroup_name]
  ADD LOG FILE<日志文件>[,…n]
  [REMOVE FILE 逻辑文件名
  |ADD FILEGROUP 文件组名
  |REMOVE FILEGROUP 文件组名
  |MODIFY FILE <文件属性>
  |MODIFY FILEGROUP 文件组名 {<文件组属性>|NAME=新文件名}
  }
```

其中数据文件和日志文件语法格式如下：

```
(NAME=逻辑文件名
[, FILENAME='物理文件名及路径']
[, SIZE=初始大小]
[, MAXSIZE={最大值| UNLIMITED}]
[, FILEGROWTH= 增量大小)
```

和创建的时候是一样的。总体来说，创建和修改数据库的语法差不多，不同的只是创建使用关键词 CREATE，修改使用关键词 ALTER，其余语法是差不多的。

【任务实施】

修改数据库同样有两种方法：利用 SSMS 进行数据库修改；利用 Transact-SQL 进行修改。

1. 利用 SSMS 修改数据库

(1) 在"对象资源管理器"窗格中右击目标数据库，在弹出的快捷菜单中选择"属性"命令，弹出图 3-12 所示的"数据库属性"对话框。

(2) 在"数据库属性"对话框中，通常情况下需要改变的是初始大小、最大值以及增量大小等，主要涉及和关注的是"数据库属性"对话框中"文件"选择页。其中修改的动作步骤和创建时基本相似。但是请注意该处数据库名称呈现灰色不允许更改。

(3) 同时，"数据库属性"对话框的 "文件"选择页中，还可以实现次数据文件的添加，单击"数据库属性"对话框右下角的"添加"按钮，将会在"数据库文件"列表框中新增一行。在新增行的"逻辑名称"列中输入次数据库的文件名即可，次数据文件可以增加多次，根据数据库数据的容量用户可以自行灵活设定。但是因为日志文件只能有一个，所以，此处的"添加"不适用于日志文件，如图 3-16 所示。

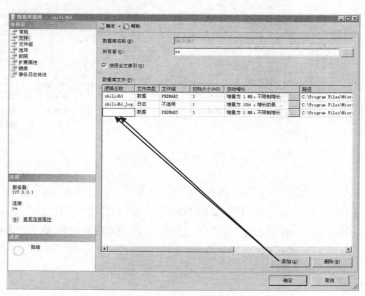

图 3-16　添加次数据文件

2. 利用 Transact-SQL 语句修改数据库

单击 SSMS 工具栏左上角的"新建查询"按钮，将会打开"查询分析器"窗口。在其中输入代码并执行即可：

```
--修改数据库 shilidb1 的最大值和增量
alter database shilidb1
modify file                    --修改文件
(
name=shilidb1,
maxsize=100,                   --修改最大值
filegrowth=5                   --修改增量值
)
```

【任务实践】

修改"学生管理数据库"studentdb，要求如下。

(1) 主数据文件最大容量修改为 100MB，增量变为 5MB。

(2) 增加一个次数据文件，逻辑文件名为 studentdb1，物理文件名为 studentdb1.ndf，初始大小为 3MB，最大容量为 50MB，增长速度为 2MB。

1. 利用 SSMS 修改"学生管理数据库"studentdb

(1) 在"对象资源管理器"窗格中右击目标数据库 studentdb，在弹出的快捷菜单中选择"属性"命令，在弹出的"数据库属性"对话框中切换到"文件"选择页，如图 3-17 所示。

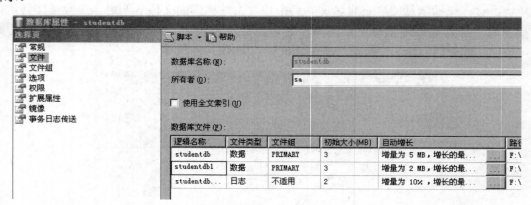

图 3-17 "文件"选择页

(2) 在图 3-17 中，通过"添加"按钮增加"逻辑名称"为 studentdb1 的数据文件，设定它的初始值为 3MB，并且通过单击该文件对应的"自动增长"的"…"按钮，弹出图 3-18 的"更改 studentdb1 的自动增长设置"对话框，设置其最大容量为 50MB，增长速度为 2MB。

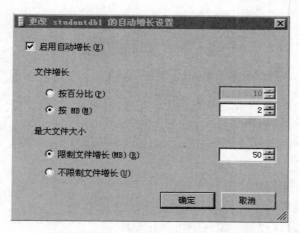

图 3-18 更改 studentdb1 的自动增长设置

(3) 同样通过上述方法将主数据文件最大容量修改为 100MB,增量改为 5MB。

2. 利用 Transact-SQL 修改"学生管理数据库"studentdb

(1) 在"查询分析器"窗口中输入以下代码:

```
--例 3-3   修改主数据文件最大值为 100MB,递增为 5MB
alter database studentdb
modify file                 --修改文件
(
name=studentdb,
maxsize=100,
filegrowth=5
)

/*增加一个次数据文件,逻辑文件名为 studentdb1,物理文件名为 studentdb1.ndf,初始大小
为 3MB,最大容量为 50MB,增长速度为 2MB。*/
alter database studentdb
add file                   --添加文件
(name=studentdb1,
filename='C:\Program Files\Microsoft SQL
Server\MSSQL.1\MSSQL\DATA\studentdb1.ndf',
size=3,
maxsize=50,
filegrowth=2)
```

(2) 单击"SQL 编辑器"工具栏中的"执行"按钮,修改数据库就可以实现了。

(3) 在"对象资源管理器"窗格中,右击 studentdb 节点,在弹出的快捷菜单中选择 "属性"命令,可以查看修改后的数据库 studentdb。

启发思考:

(1) 在修改数据库的时候,数据库的所有信息都可以修改吗?

(2) 如果需要给数据库改名,应该怎么做呢?(提示: 可以在"查询分析器"窗口中输入代码: sp_renamedb 原数据库名,新数据库名)

任务四　删除数据库

【任务要求】

熟练进行删除数据库的操作。

【知识储备】

删除数据库有以下两种方法。

1) 使用 SSMS 删除

直接在"对象资源管理器"窗格中可视化删除。

2) 使用 Transact-SQL 删除

语法结构:

```
DROP database <数据库名>
```

【任务实施】

可用两种方法实现数据库的删除,即利用 SSMS 和 Transact-SQL 来修改。

1. 使用 SSMS 删除数据库

(1) 在"对象资源管理器"窗格中右击需要删除的目标数据库(假设该数据库为 shilidb1),弹出快捷菜单。

(2) 选择快捷菜单中的"删除"命令即可打开"删除对象"对话框。单击"确定"按钮即可,如图 3-19 所示。

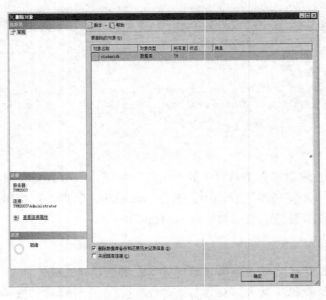

图 3-19　"删除对象"对话框

（3）　右击"对象资源管理器"窗格的"数据库"节点，并在弹出的快捷菜单中选择"刷新"命令即可以查看结果。

2. 使用 Transact-SQL 删除数据库

（1）　在"查询分析器"窗口中输入以下代码：

```
--删除数据库(假定该数据库为 shilidb1)
drop database shilidb1
```

（2）　单击"SQL 编辑器"工具栏中的"执行"按钮，会删除指定的数据库。

【任务实践】

删除数据库 studentdb。

1. 使用 SSMS 删除数据库 studentdb

（1）　在"对象资源管理器"窗格中右击数据库 studentdb，弹出快捷菜单。

（2）　选择快捷菜单中的"删除"命令即可打开"删除对象"对话框。单击"确定"按钮即可，如图 3-19 所示。

2. 利用 Transact-SQL 删除数据库 studentdb

在"查询分析器"窗口中输入以下代码：

```
--例 3-4 删除数据库 studentdb
DROP database studentdb
```

任务五　分离或附加数据库

【任务要求】

熟练实现数据库的分离和附加。

【知识储备】

在 SQL Server 中，只有分离了的数据库文件才能够进行物理移动、复制等操作。

分离数据库可以将数据库与服务器分离，分离后的数据库可以移植到别的服务器上。附加数据库则可以将存放在外存储器的数据库文件加入到 SQL Server 服务器中。

分离和附加数据库都可以通过 SSMS 可视化进行操作。但是在分离数据库的时候，需要确保没有任何用户登录数据库才进行操作。

【任务实施】

1. 分离目标数据库

（1）　在"对象资源管理器"窗格中，右击目标数据库(假定该数据库为 shilidb1)，会弹出如图 3-20 所示的快捷菜单。

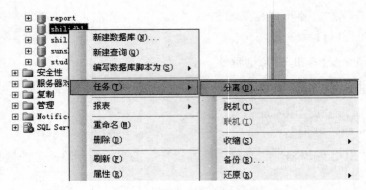

图 3-20   右击 shilidb1 数据库

(2)   在快捷菜单中选择"任务"→"分离"命令，弹出"分离数据库"对话框，如图 3-21 所示，单击右下角的"确定"按钮即可实现。刷新数据库即可查看效果。

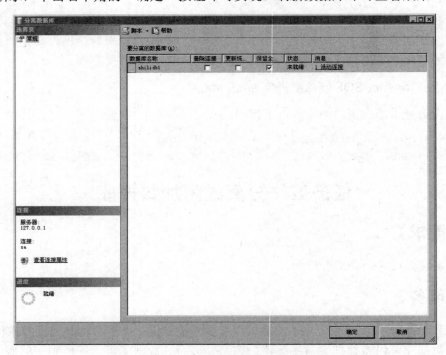

图 3-21   "分离数据库"对话框

"常规"选择页的"要分离的数据库"列表框中各选项说明如下。

- 删除链接：选中可以删除用户连接。
- 更新统计信息：默认情况下，分离数据库将保留过期的优化统计信息。选中该复选框将更新现有的优化统计信息。
- 保留全文目录：默认将保留所有与数据库关联的全文目录。取消选中该复选框将删除全文目录。
- 状态：显示当前数据库的状态，分为"就绪"和"未就绪"两种。

● 消息：数据库的连接状态，如果数据库还有操作，将在此处显示活动连接的个数。

一旦分离成功，该数据库将不再出现在数据库列表中，用户可以对该数据库文件进行任意操作。

2. 附加目标数据库

(1) 在"对象资源管理器"窗格中，右击"数据库"节点，会弹出快捷菜单，如图 3-22 所示。

图 3-22　右击"数据库"节点

(2) 选择快捷菜单中的"附加"命令，将打开"附加数据库"对话框，如图 3-23 所示。

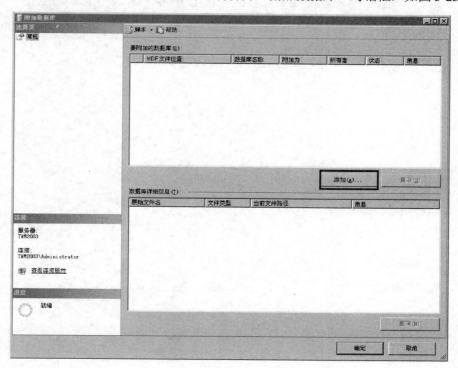

图 3-23　"附加数据库"对话框

(3) 在"附加数据库"对话框中单击"添加"按钮,在打开的"定位数据库文件"对话框中找到所需文件的路径,选中要求的数据库文件,单击"确定"按钮即可。刷新"对象资源管理器"窗格中的"数据库"节点可以查看附加好的数据库。

【任务实践】

分离和附加数据库 studentdb。

1. 分离"学生管理数据库"studentdb

在"对象资源管理器"窗格中,右击数据库 studentdb,在弹出的快捷菜单中选择"任务"→"分离"命令,弹出"分离数据库"对话框,如图 3-24 所示,单击右下角的"确定"按钮即可实现。刷新数据库即可查看到效果。

2. 附加"学生管理数据库"studentdb

(1) 在"对象资源管理器"窗格中,右击"数据库"节点,在弹出的快捷菜单中选择"附加"命令,将打开如图 3-23 所示的"附加数据库"对话框。

(2) 单击"附加数据库"对话框中的"添加"按钮,打开"定位数据库文件"对话框,如图 3-25 所示,找到所需文件的路径,选中要求的 studentdb.mdf 文件,单击"确定"按钮即可。刷新"对象资源管理器"窗格的"数据库"节点即可看到附加成功的数据库。

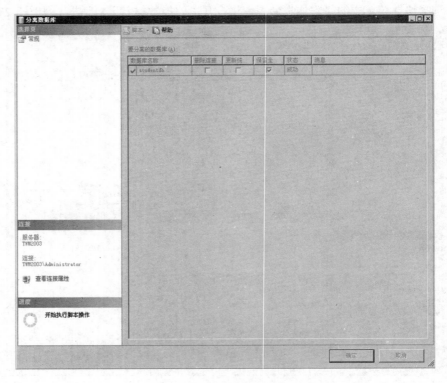

图 3-24 "分离数据库"对话框

图 3-25 定位数据库文件

任务六 备份或还原数据库

【任务要求】

能熟练灵活地进行数据库的备份和还原。

【知识储备】

在数据库的使用过程中，有可能因为存储介质损坏、用户的误操作、数据库服务的崩塌以及黑客的恶意破坏等造成数据库信息的丢失或者破坏，所以需要定期进行数据库备份，以策安全。

数据库备份是指将已有数据库备份副本，以便在系统发生故障后能够及时还原和恢复数据，用来保证数据的安全性。

数据库的备份类型有完整数据库备份、差异数据库备份、事务日志备份和文件及文件组备份4种，如表3-2所示。

表3-2 数据库备份类型

备份类型	描　述
完整数据库备份	默认常用。备份包括表、视图、索引、存储过程以及事务日志等在内的整个数据库，是数据库的完整副本。优点在于保存全部信息，避免遗漏；缺点在于费时并占用相对比较多的存储空间
差异数据库备份	增量备份，仅复制自上一次完整数据库备份之后修改过的数据部分，不使用事务日志。具有备份快恢复迅速的优点，可以很好地弥补完整数据库备份的不足

续表

备份类型	描　述
事务日志备份	该备份只备份事务日志中的数据，记录最近所提交到数据库中的事务信息。因为只备份事务日志，所以备份耗时极少
文件及文件组备份	仅仅备份数据库文件和文件组，并不备份完整数据库。也只能还原已损坏的文件和文件组，而不是整个数据库。一般用于备份大型数据库其中的部分

【任务实施】

1. 备份数据库

(1) 在"对象资源管理器"窗格中，右击需要备份的目标数据库，将弹出右键快捷菜单，选择"任务"→"备份"命令，如图 3-26 所示。可以打开如图 3-27 所示的"备份数据库"对话框。

图 3-26　选择"任务"→"备份"命令

(2) 如果直接使用默认备份文件，直接单击"备份数据库"窗口中的"确定"按钮即可，如图 3-27 所示。

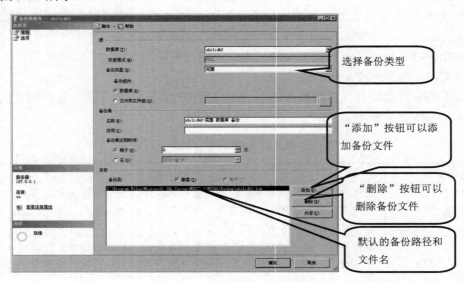

图 3-27　"备份数据库"窗口

（3）如果需要添加备份文件，或者需要更改备份文件，则需要单击"添加"按钮，打开如图 3-28 所示的"选择备份目标"对话框，单击"…"按钮，打开"定位数据库文件"对话框。

（4）在"定位数据库文件"对话框中，选择所需备份文件所在的路径，返回"选择备份目标"对话框，在"文件名"文本框中输入设定的备份数据库文件名，再单击"确定"按钮即可。

2. 还原数据库

（1）在"对象资源管理器"窗格中，右击"数据库"节点，在弹出的快捷菜单中选择"还原数据库"命令，如图 3-29 所示，弹出如图 3-30 所示的"还原数据库"窗口。

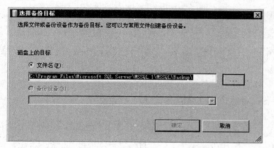

图 3-28　"选择备份目标"对话框

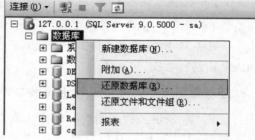

图 3-29　快捷菜单

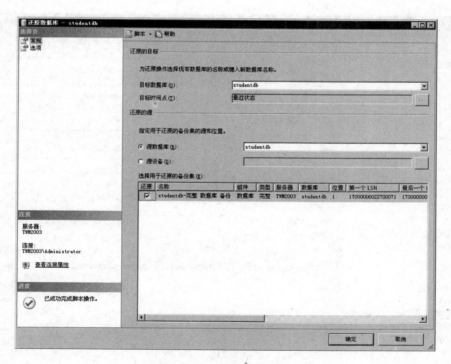

图 3-30　"还原数据库"窗口

（2）在图 3-30 所示的对话框中按要求进行设置即可。

【任务实践】

备份或还原"学生管理数据库"studentdb,要求如下。

(1) 完整数据库备份。

(2) 备份文件保存为 studentdb.bak,并保存在 E 盘根目录下。

(3) 还原数据库 studentdb。

实践步骤如下。

1. 完整备份"学生管理数据库"studentdb

(1) 在"对象资源管理器"窗格中,右击 studentdb 数据库节点,在弹出的快捷菜单中选择"任务"→"备份"命令,开启数据库 studentdb 的备份操作。

(2) 在图 3-31 中的"备份类型"下拉列表框选择"完整"选项,并且单击 "添加"按钮打开图 3-32 所示的"定位数据库文件"对话框中设置备份文件名"studentdb"、类型"*.bak"和路径"E:\"即可。

2. 还原数据库 studentdb,利用备份文件 studentdb.bak

(1) 在"对象资源管理器"窗格中,右击"数据库"节点,在弹出的快捷菜单中选择"还原数据库"命令,开启数据库还原操作。弹出如图 3-33 所示的"还原数据库"窗口。

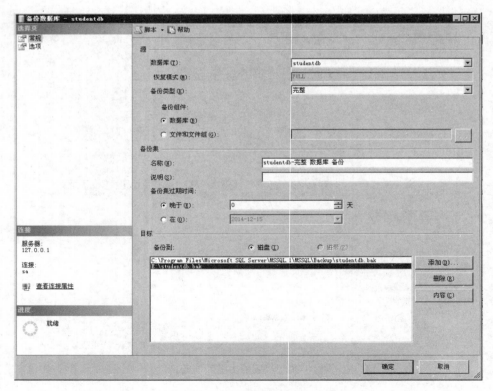

图 3-31 "备份数据库"窗口

图 3-32　"定位数据库文件"窗口

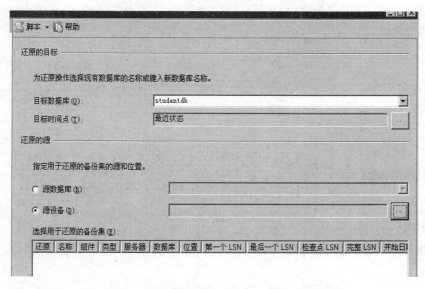

图 3-33　"还原数据库"窗口的"常规"选择页

　　(2)　在该选择页的"还原的源"选项组中选中"源设备"单选按钮，单击右侧的"…"按钮，在打开的"指定备份"对话框中单击"添加"按钮，添加所需要的备份文件，如图 3-34 所示。

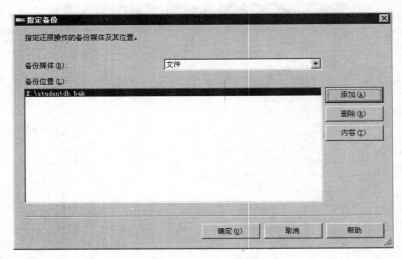

图 3-34 指定备份路径

(3) 在选择页中按照需求进行选择，切换到"选项"选择页，如图 3-35 所示。选中"覆盖现有数据库"复选框，然后单击"确定"按钮即可。

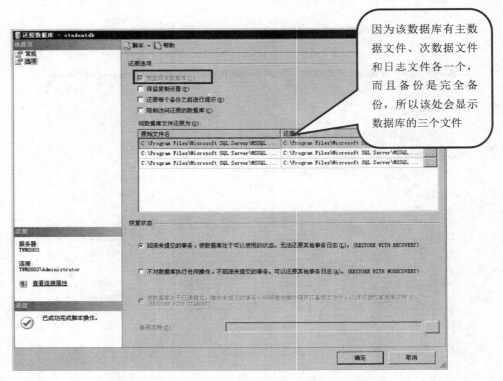

图 3-35 "还原数据库"窗口——"选项"选择页

注意：上述实例主要都是针对完整数据库的备份和还原而言，其他数据库的备份和还原类似于完整数据库备份。最好是根据备份的特点按照实际需求结合起来备份。

项 目 小 结

本项目介绍了数据库的创建、查看、修改、删除的操作，并且讲述了数据库的分离和附加以及备份和还原的操作，数据库的这些基本操作都非常重要，要求读者熟练掌握利用 SSMS 和 Transact-SQL 语句来进行数据库的创建和管理。

上 机 实 训

创建和管理图书管理数据库

实训背景

数据库是数据库管理系统里面的核心内容，是最基本的操作对象之一。必须首先创建数据库，并能够对数据库熟练进行维护，才能进入以后的使用流程。

实训内容和要求

（1）使用 SSMS 和 Transact-SQL 创建与管理图书管理数据库，具体要求如下。

① 数据库名称为 liberarydb。数据库文件按要求存放在自己的文件夹中。

② 主数据文件：逻辑文件名为 liberarydb，物理文件名为 liberarydb，初始容量为 5MB，最大容量为 50MB，递增量为 10%。

③ 事务日志文件：逻辑文件名为 liberarydb_log，物理文件名为 liberarydb_log.ldf，初始容量为 2MB，最大容量为 20MB，递增量为 1MB。

（2）使用 SSMS 和 Transact-SQL 修改图书管理数据库，具体要求如下：主数据文件的最大容量改为 100MB，递增量为 15%。

（3）使用 SSMS 和 Transact-SQL 删除图书管理数据库。

（4）使用 SSMS 备份和还原图书管理数据库。

（5）使用 SSMS 分离和附加图书管理数据库。

实训步骤

（1）建立一个文件夹并正确地命名，比如 "E:\shujuku"。数据库的物理文件保存在该文件夹下面，并且所有的程序也保存在该文件夹下，以便后续使用。要注意这点很重要。

（2）使用 SSMS 创建图书管理数据库，设置相应参数，数据库文件存放在上述文件夹。

（3）使用 SSMS 修改图书管理数据库，修改为要求的参数。

（4）使用 SSMS 删除图书管理库。

（5）使用 Transact-SQL 语句按参数创建图书管理数据库，物理文件的路径设定为自己的文件夹，并且把 Transact-SQL 程序保存在自己的文件夹。

（6）使用 Transact-SQL 语句按参数修改图书管理数据库，并把 Transact-SQL 程序保存在自己的文件夹。

（7）使用 Transact-SQL 语句删除图书管理数据库。

(8) 执行(5)、(6)保存的 Transact-SQL 程序，重新创建和修改图书管理数据库。(因为到第(7)步为止，数据库已经被删除没有了，所以为了执行后面的操作，需要重新生成数据库)

(9) 使用 SSMS 完全备份图书管理数据库，备份文件保存在自己的文件夹中。

(10) 使用 SSMS 还原图书管理数据库。

(11) 使用 SSMS 分离图书管理数据库。

(12) 使用 SSMS 附加图书管理数据库。

注意：在实训的过程中要随时关注文件夹内容的变化，注意文件的扩展名等。

习　　题

一、选择题

1. 下列关于数据库文件和文件组的描述中，正确是(　　)。
   A. 有且仅有一个主数据文件　　　　B. 可以有多个主数据文件
   C. 次数据文件必须有　　　　　　　D. 主数据文件可以没有

2. 日志文件是用于记录(　　)。
   A. 数据操作　　　　　　　　　　　B. 每个事务所有更新操作和事务执行状态
   C. 程序执行的全过程　　　　　　　D. 程序执行的结果

3. 查看数据库的系统存储过程是(　　)。
   A. sp_rename　　　　　　　　　　　B. sp_helpdb
   C. p_ms　　　　　　　　　　　　　D. p_north

二、填空题

1. 主数据文件的扩展名是_____，次数据文件的扩展名是_____，事务日志文件的扩展名是_____。

2. 数据库的备份类型包含_____、_____、_____以及文件及文件组备份4种。

3. 创建、修改、删除数据库对象的语句分别 create database、_____ 、_____。

三、简答题

1. 数据库对象有哪些？

2. 有哪4种系统数据库？分别有什么作用？

项目四

创建和管理数据库表

项目导入

通过前面的项目，读者已经创建好了需要的数据库，那么，接下来就可以进行重要的数据库对象——表的操作了。因为即使用户创建好了自己所需的数据库，还是无法保存数据，还必须在该数据库中创建用来存储数据的容器，也就是表。表是数据库中至关重要的对象，是用来存储用户数据和操控数据的逻辑结构的，如何设计有效的数据库表非常重要。

在本项目中，以"学生管理数据库系统"作为案例，介绍学生管理数据库表的理论知识，包括创建和管理表，设计表的完整性等，并且进行实践。

项目分析

在关系数据库中，表是一个二维结构，也就是由行和列组成，每一行都是该实体的一个完整描述，每一列是对该实体的一种属性的描述。创建表的时候就需要首先仔细考虑表列的结构，包括列名、数据类型以及列的取值范围等。另外，关系数据库中的数据的完整性是必须重点考虑的。

能力目标

- 能全面考虑实际情况，制定设计整体思路。
- 能应用表的基本知识以及完整性进行表的设计。
- 能熟练利用 SSMS 和 Transact-SQL 进行表的设计、实施和维护工作。
- 能熟练利用 SSMS 和 Transact-SQL 进行设计和管理索引，提高查询速度。
- 培养实际处理问题的能力。

知识目标

- 能使用 SSMS 和 Transact-SQL 语句创建和管理数据库表。
- 能使用 SSMS 和 Transact-SQL 语句实现完整性的约束。
- 能使用 SSMS 和 Transact-SQL 语句创建和管理索引。

任务一 创建数据库表

【任务要求】

利用 SSMS 和 Transact-SQL 语句创建数据表。

【知识储备】

1. 表的概念

数据表是数据库的基本单位，用来存储实体集和实体间联系的数据，数据在表中按二维结构(行和列)形式进行组织和排列。行是用来存储关系的元组，每一行代表一条唯一的记录；列也称为字段，用来存储关系的属性，每一列代表记录中的一个字段。创建数据表的过程，就是利用具体的 DBMS 作为工具(本文中采用 SQL Server 2005)实现关系模型到物理模型的转换的过程。

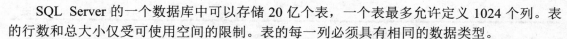

SQL Server 的一个数据库中可以存储 20 亿个表，一个表最多允许定义 1024 个列。表的行数和总大小仅受可使用空间的限制。表的每一列必须具有相同的数据类型。

数据表的创建、查看、修改、删除是 SQL Server 的最基本操作，是进行数据库管理与开发的基础。

在一个数据库中，允许多个用户创建表。创建表的用户称为该表的所有者。因此，表的名称能够体现数据库、用户和表名三个方面的信息。语法结构如下：

```
database_name.owner.table_name
```

数据表有以下特点。

- 一个表最多有 1024 列。
- 表中的行必须唯一。
- 表中的列名称必须唯一，不同的表中，列名可以相同。
- 表中字段(列)不可再分。
- 表的单列值必须具有相同的数据类型。
- 表中行、列位置可以互换。

2．表的数据类型

定义数据表列时必须指定列的数据类型。在 SQL Server 中，有丰富的系统定义的数据类型可以供用户选择，并且也提供用户自定义的数据类型的功能。

系统定义的数据类型主要有字符型、Unicode 字符型、数值型、货币型、时间/日期型等，如表 4-1 所示。

表 4-1　数据类型表

类　　型	系统数据类型	固定长度 (字节)	描　　述
字符型	char(n)		定长字符型。n 为数据长度，最多可达 8000 个字符。不够设定长度补空格
	varchar(n)		变长字符型。n 为数据长度，最多可达 8000 个字符。不够设定长度不补空格。预设为 1
	varchar(max)		大值变长字符型。最多可达 $2^{31}-1$ 个字符
	text		变长文本型。最多可达 2GB 字符数据
Unicode 字符型	nchar(n)		定长 Unicode 字符型。最多可达 4000 个字符
	nvarchar(n)		变长 Unicode 字符型。最多可达 4000 个字符
	nvarchar(max)		大值变长 Unicode 字符型。最多可达 $2^{31}-1$ 个字符
	ntext		变长 Unicode 文本型。最多 2GB 字符数据
整数型	tinyint	1 字节	微整型。$0\sim2^8-1$ 的所有数字
	smallint	2 字节	短整型。$-2^{15}\sim2^{15}-1$ 的所有数字
	int	4 字节	整型。$-2^{31}\sim2^{31}-1$ 的所有数字
	bigint	8 字节	长整型。$-2^{63}\sim2^{63}-1$ 的所有数字

续表

类　型	系统数据类型	固定长度 (字节)	描　述
小数型	decimal(p,s)	5～17 字节	固定精度和比例的数字。允许从$-10^{38}+1$ 到 $10^{38}-1$ 之间的数字。 p 参数指示可以存储的最大位数(小数点左侧和右侧)。p 必须是 1～38 之间的值。默认是 18。 s 参数指示小数点右侧存储的最大位数。s 必须是 0～p 之间的值。默认是 0
	numeric(p,s)	5～17 字节	固定精度和比例的数字。允许从$-10^{38}+1$ 到 $10^{38}-1$ 之间的数字。 p 参数指示可以存储的最大位数(小数点左侧和右侧)。p 必须是 1～38 之间的值。默认是 18。 s 参数指示小数点右侧存储的最大位数。s 必须是 0～p 之间的值。默认是 0
浮点型	float(n)	8 字节	从-1.79E+308 到 1.79E+308 的浮动精度数字数据。参数 n 指示该字段保存 4 字节还是 8 字节。float(24)保存 4 字节，而 float(53)保存 8 字节。n 的默认值是 53
	real	4 字节	从-3.40E+38 到 3.40E+38 的浮动精度数字数据
货币类型	smallmoney	4 字节	介于-214 748.3648 和 214 748.3647 之间的货币数据
	money	8 字节	介于-922 337 203 685 477.5808 和 922 337 203 685 477.5807 之间的货币数据
日期型	datetime	8 字节	从 1753 年 1 月 1 日到 9999 年 12 月 31 日，精度为 3.33 毫秒
	smalldatetime	4 字节	从 1900 年 1 月 1 日到 2079 年 6 月 6 日，精度为 1 分钟
	date	3 字节	仅存储日期。从 0001 年 1 月 1 日到 9999 年 12 月 31 日
二进制	binary(n)		固定长度的二进制数据。最多 8000 字节
	varbinary(n)		可变长度的二进制数据。最多 8000 字节
	varbinary(max)		可变长度的二进制数据。最多 2GB 字节
	image		可变长度的二进制数据。最多 2GB

3. 创建数据表的方法

创建数据表时需要确定以下内容。

- 表中需要的列以及每一列的类型(必要时还要有长度)。
- 列是否可以为空。
- 是否需要在列上使用约束、默认值和规则。
- 需要使用什么样的索引。
- 哪些列作为主键。

创建数据表有以下两种方法。

1) 利用 SSMS 创建数据库表

(1) 展开"对象资源管理器"窗格的 studentdb 节点，右击"表"节点，在弹出的快捷菜单中选择"新建表"命令，打开如图 4-1 所示的"表设计器"窗口。

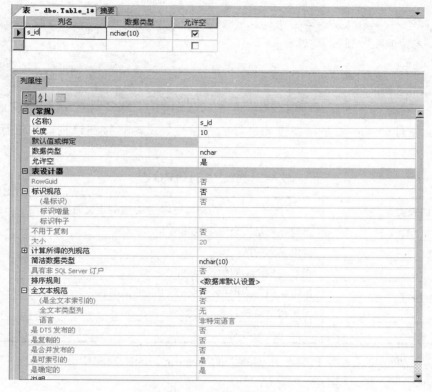

图 4-1　"表设计器"窗口

(2) 在"列属性"选项卡中有许多的选项，在具体创建表的时候需要进行相应的设置。

名称：列名，也称为字段名，是必须设定的内容。

长度：所选定的需要设置的数据类型的长度，有些数据类型不需要特别设置。比如整型数据类型等。

默认值或绑定：如果在插入数据的时候不在此列输入数据，则将自动显示为默认值。

标识规范：该项是用来设定自动填充内容，也就是实现等差数列的功能，标识规范可以有效地防止用户手工输入的错误问题。在需要用到自动填充功能的时候，前提条件是设置数据类型为整数型，然后在"(是标识)"处设置为"是"。"标识增量"用来设定该数列的公差，"标识种子"用来设定该等差数列的初始值。举例：比如某个表中有一个列名为"序号"，并且能够实现每增加一条记录序号自动加 1，初始序号为 10。则需要完成几个方面：将数据类型设置为整型 int；在"标识规范"中将"(是标识)"设置为"是"；"标识增量"中输入 1，"标识种子"中输入 10。

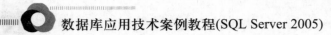

2) 利用 Transact-SQL 语句创建数据库表

数据库表的创建不仅可以利用 SSMS 可视化创建，而且也可以通过 Transact-SQL 语句灵活地创建。利用 Transact-SQL 语句进行数据库表的创建是程序员必须掌握的基本知识。语法结构如下：

```
CREATE TABLE 表名
 (列名 1  数据类型 列级完整性约束，
  列名 2 数据类型 列级完整性约束，
       …
       列名 n 类型 约束，
  表级完整性约束，…
 );
```

列级完整性约束主要是指在该列进行的完整性定义，直接在该列后面进行设定，如表 4-2 所示。

表 4-2　列级完整性约束描述

约束类型	功能描述(直接在该列定义时描述)
NULL/NOT NULL	指定该列是否允许空值/非空值
DEFAULT	指定该列的默认值
CHECK	指定列数值的取值范围
PRIMARY KEY	指定主码，适用单一列作为主码的情况
UNIQUE	用来指定应具有唯一值的列
FOREIGN KEY	外码，用来参照主码

表级完整性约束主要是指只要在创建表的 Transact-SQL 语句中就可以，并不在设定的那一列的后面，如表 4-3 所示。

表 4-3　表级完整性约束

约束类型	功能描述(直接在该列定义时描述)
CHECK(逻辑表达式)	指定含有多个列数值的取值范围
PRIMARY KEY(列名 1,列名 2…)	指定主码，可以适用多列组合作为主码的情况
UNIQUE(列名 1,列名 2…)	可以用来指定多个列进行唯一值设定
FOREIGN KEY	外码，可以多个列名组合

【任务实施】

利用 SSMS 和 Transact-SQL 创建如表 4-4 所示的职工信息表。

表 4-4　职工信息表

列　名	数据类型	宽　度	完　整　性	说　明
职工号	Char	12	主键	
姓名	Char	8	不允许空	

续表

列 名	数据类型	宽 度	完 整 性	说 明
性别	char	2		
年龄	tinyint			

1. 利用 SSMS 创建职工信息表

(1) 展开"对象资源管理器"窗格中的 studentdb 节点，右击"表"支点，在弹出的快捷菜单中选择"新建表"命令，如图 4-2 所示。

(2) 在打开的"表设计器"窗口中按要求输入相应的列内容，保存即可，如图 4-3 所示。

图 4-2 表的快捷菜单

图 4-3 "表设计器"窗口

2. 利用 Transact-SQL 创建职工信息表

在"查询分析器"窗口中输入以下程序，单击工具栏中的"执行"按钮即可。

```
Use studentdb                    --在数据库 studentdb 中创建表
Go                               --批处理
Create table 职工信息表            --创建表 tb_student
(职工号 char(12) primary key,
姓名 char(8) not null,
性别 char(2),
年龄 tinyint)
```

【任务实践】

利用 SSMS 和 Transact-SQL 语句创建下列各数据库表，要求如表 4-5～表 4-11 所示。

表 4-5 tb_student (学生信息表)

列 名	数据类型	宽 度	完 整 性	说 明
S_id	Char	12	主键	学号
S_name	Char	8	不允许空	姓名
S_sex	char	2	默认值'男'，只能输入'男'或者'女'	性别
S_birthday	smalldatetime			出生日期
S_enterdate	smalldatetime			入学日期
S_edusys	tinyint			学制

列 名	数据类型	宽 度	完整性	说 明
S_telephone	char	11		联系电话
s_address	nvarchar	50		家庭住址
C_id	Char	10	外键	班号
h_id	char	10	外键	宿舍号

表 4-6 tb_class (班级信息表)

列 名	数据类型	宽 度	完整性	说 明
c_id	Char	10	主键	班级号
c_name	nchar	10	不允许空	班级名称
d_id	Char	10	外键	院系号
C_number	tinyint			人数
T_id	char	10	外键	班主任教师号

表 4-7 tb_teacher (教师信息表)

列 名	数据类型	宽 度	完整性	说 明
t_id	Char	10	主键	教师号
t_name	char	8	不允许空	教师姓名
t_sex	Char	2	默认值'男', 只能输入'男'或者'女'	教师性别
t_telephone	char	11		教师电话
t_professional	nchar	6		教师职称
d_id	Char	10	外键	院系号

表 4-8 tb_department (院系信息表)

列 名	数据类型	宽 度	完整性	说 明
d_id	Char	10	主键	院系号
d_name	nchar	10	不允许空	院系名称
d_telephone	char	11		院系电话

表 4-9 tb_hostel(宿舍信息表)

列 名	数据类型	宽 度	完整性	说 明
h_id	Char	10	主键	宿舍号
h_number	smallint			宿舍容量
h_telephone	char	11		宿舍电话

表 4-10　tb_course (课程信息表)

列　名	数据类型	宽　度	完　整　性	说　明
course_id	Char	10	主键	课程号
course_name	nchar	10	不允许空	课程名称
Course_cred	Decimal	(2,1)	1.0～6.0 之间取值	学分
Course_peri	tinyint			学时
Course_term	tinyint			学期
Course_type	nchar	6		课程类型

表 4-11　tb_grade (成绩信息表)

列　名	数据类型	宽　度	完　整　性	说　明
s_id	Char	12	主键、外键	学号
course_id	char	10		课程号
score	tinyint		0～100 之间取值	考试分数

1. 利用 SSMS 创建数据库表

创建表可以按照以下步骤进行。以创建表 tb_student 为例。(暂不考虑上述各表的完整性)

(1) 打开 SSMS，在"对象资源管理器"窗格中，展开 SQL Server 服务器，右击树形结构的 studentdb 中的"表"节点，在弹出的快捷菜单中选择"新建表"命令，打开"表设计器"窗口，如图 4-4 所示。

图 4-4　"表设计器"窗口

(2) 在其中输入表中所需列名和数据类型，以及是否允许空。

(3) 保存表，名字为 tb_student。

(4) 重复上述(1)、(2)、(3)三个步骤，分别将其余各表创建完毕。

注意：目前只是完成了基本的数据库表的创建，没有考虑完整性的约束。为了保证数据库数据的完整性，需要进一步开展数据库完整性的设置工作。

2. 利用 Transact-SQL 语句创建数据库表

(1) 打开"查询分析器"窗口，在其中输入代码。

下列以创建表 tb_student 为例。(暂不考虑上述各表的完整性)

```
--例 4-1 创建数据库表 tb_student
Use studentdb                  --在数据库 studentdb 中创建表
Go                             --批处理
Create table tb_student        --创建表 tb_student
(S_id char(12),
S_name char(8),
S_sex char(2),
S_birthday smalldatetime,
S_enterdate smalldatetime,
S_edusys tinyint,
S_telephone char(11),
S_address nvarchar(50),
C_id char(10),
H_id char(10))
```

(2) 单击工具栏中的"执行"按钮即可。执行成功后将在"对象资源管理器"窗格显示生成的表 tb_student，如果有误，会有提示。

(3) 将程序保存为 tb_student.sql，该脚本程序可以在以后多次执行。

注意：

● 程序中可用 "--" 来注释，也可以使用 "/* */"，建议单行注释可以采用 "--"，语句块可以采用 "/* */"注释；增加注释是编程者需要养成的好习惯。

● 表中参数用 "," 分隔。

(4) 创建表 tb_course、tb_grade。

```
--例 4-2 创建数据库表 b_course、tb_grade
Use studentdb
Go
Create table tb_course               --创建表 tb_course
(course_id char(10),
Course_name nchar(10),
Course_cred decimal(2,1),
Course_peri tinyint,
Course_term tinyint,
Course_type nchar(6))
Go                                   --批处理，代表上一批次程序结束
Create table tb_grade                --创建表 tb_grade
(s_id char(12),
Course_id char(10),
Score tinyint)
```

依此，可以使用程序创建剩下的表。目前，没有进行完整性的约束，所以用户可以自行输入任意符合数据类型和宽度的数值，其余没有任何限制。很显然，不符合关系数据库的内涵。

任务二　设计表数据完整性

【任务要求】

能够利用 SSMS 实现表数据的实体完整性、参照完整性以及用户定义的完整性。

【知识储备】

为了保证数据库信息的完整性，DBMS 必须提供一种功能来保证数据库中的数据是正确的，避免由于不符合语义的错误数据的输入和输出。检查数据库中数据是否满足规定的条件称为"完整性检查"。数据库中数据应满足的条件称为"完整性约束条件"，有时也称为完整性规则。

1. 数据完整性分类

数据完整性可以分为域完整性、实体完整性、参照完整性和用户自定义完整性 4 种。

1)　域完整性

域完整性也称为列完整性，使基本表的列输入有效，也就是指列数据必须符合列所定义的数据类型、格式，数据取值范围必须符合定义的范围，比如：定义性别字段为字符型，而且规定只能取值为"男"或者"女"，那么进行列数值输入的时候必须只能是输入"男"或者"女"，其余数据类型或者字符都不允许。

2)　实体完整性

实体完整性也称为表完整性，用来约束现实世界中的实体是可区分的，即它们具有唯一性标识。实体完整性要求表中必须有一个主关键字，该主关键字用来保证表中记录的唯一性并且不能为空值。

实体完整性语法规则：若属性 A 是基本关系 R 的主属性，则属性 A 不能取空值。

表 4-12 为关系 R(学生)，其中学号为主属性。很显然，如果学号为空，那么该元组将变得不符合规范而且没有什么意义，并且如果重复的话也会带来非常致命的影响，因为年龄、系名和年级是非常容易重复的内容，导致的直接结果就是产生大量的冗余和错误。

表 4-12　关系 R(学生)表

学　号	年　龄	系　名	年　级
2013004	19	计算机	2013
2013006	20	计算机	2013
2013008	18	轮机	2013

用实体完整性可以防止主属性为控制的元组输入到数据库中去，是保证数据库完整性的重要举措之一。

3) 参照完整性

参照完整性也称为引用完整性，是针对表与表之间的联系而言的，是用来维护表之间的数据一致性的一种有效手段和方法，用来约束具有参照关系的两个表中，尤其是在输入或者删除记录时，外码(外键)的值或者为空，否则必须和对应主码(主键)的数据保持一致。

参照完整性主要包含下列三个方面内容。

● 关系间的引用。

● 外码(外键)。

● 参照完整性规则。

(1) 关系间的引用：实体与实体之间往往存在联系，包含 $1:1$、$1:n$、$n:m$，实体取值信息会受到另外相关联实体的制约。

例如：学生和系别实体之间存在多对一的联系。

● 学生(学号，姓名，性别，年龄，系别号)

● 系别(系别号，系别名称)

很显然，系别关系先于学生关系产生，学生的系别号必须引用已经存在的有效的系别号，而不能随意创建和使用。这就是关系间的引用问题。

(2) 外码(外键)语法规则：设 F 是基本关系 R 的一个或一组属性，但不是关系 R 的码。如果 F 与基本关系 S 的主码 Ks 相对应，则称 F 是基本关系 R 的外码。基本关系 R 称为参照关系，基本关系 S 称为被参照关系或目标关系。例如：

● 学生(学号，姓名，性别，年龄，系别号)

● 系别(系别号，系别名称)

其中，"系别"关系就是被参照关系，"系别号"为主码，"学生"关系为被参照关系，需要参照"系别"关系的"系别号"内容，其中"系别号"为外码。

外码注意事项：

● 关系 R 和 S 不一定是不同的关系，同一个关系也可以。

● 目标关系 S 的主码 Ks 和参照关系的外码 F 必须定义在同一个域上，也就是说数据类型和字符宽度一定要保持一致。

● 外码并不一定要与相应的主码同名。

● 当外码与相应的主码属于不同关系时，为了便于识别，往往给它们取同样的名字，尤其是对于初学者。

(3) 参照完整性规则：主要是用来设定外码和主码之间的引用规则。

规则：若属性(或属性组)F 是基本关系 R 的外码，它与基本关系 S 的主码 Ks 相对应(基本关系 R 和 S 不一定是不同的关系)，则对于 R 中每个元组在 F 上的值必须为两种情况之一：取空值(F 的每个属性值均为空值)；等于 S 中某个元组的主码值，如图 4-5 所示。

"学生"关系中的"系别号"可以空着，否则就只能取"系别"关系中的"系别号"的那几个值，如果需要输入其他的值，那就必须先在"系别"关系输入该值后，"学生"关系才可以使用，如表 4-13 所示。

系别

系 别 号	系 别 名
1	计算机
2	航海
3	轮机

学生

学 号	姓 名	性 别	年 龄	系 别 号
2013004	张三	男	19	1
2013006	李四	男	20	
2013008	王五	女	18	2

图 4-5　"系别"与"学生"表的参照关系

表 4-13　约束类型及功能描述

完整性类型	约束类型	完整性功能描述
域完整性(用户自定义完整性)	DEFAULT(默认)	设定列的默认值，在插入数据的时候，如果没有明确输入列数值，则该列的值自动保存为默认值
	CHECK(检查)	指定列的取值范围，或指定列数据的约束条件
实体完整性	PRIMARY KEY(主码)	指定主码，确保主码唯一而且不允许为空值
	UNIQUE(唯一值)	用来指定应具有唯一值的列，防止出现重复冗余，比如手机号码等
参照完整性	FOREIGN KEY(外码)	定义外码、被参照表和其主码的值相对应

4)　用户自定义完整性

用户自定义完整性可实现实际应用中的特殊需求，帮助企业或公司按自身的管理或业务规则设定数据的特殊表示形式等。

【任务实施】

可以通过两种方式进行表的完整性的设置。

注意：利用 SSMS 设计表的完整性必须进入"表设计器"窗口进行。

右击需要设计的数据表，将打开"表设计器"窗口。右击表设计器区域，将弹出如图 4-6 所示右键菜单。通过该右键菜单可以设置表的完整性，而在窗口的"列属性"选项卡中可以设置默认值。各命令含义如下。

图 4-6　"表设计器"右键菜单

设置主键：该菜单项可以用来设置主码，实现实体完整性。

关系：该菜单项可以设置外键，设置表与表之间的关系，实现参照完整性或者称为引用完整性。选择图 4-6 中的"关系"命令,将弹出如图 4-7 所示的"外键关系"对话框。单击"表和列规范"选项,将弹出"表和列"对话框,如图 4-8 所示。

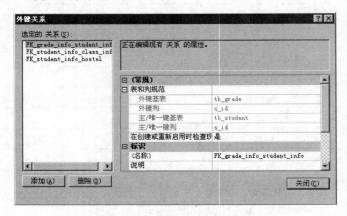

图 4-7 "外键关系"对话框

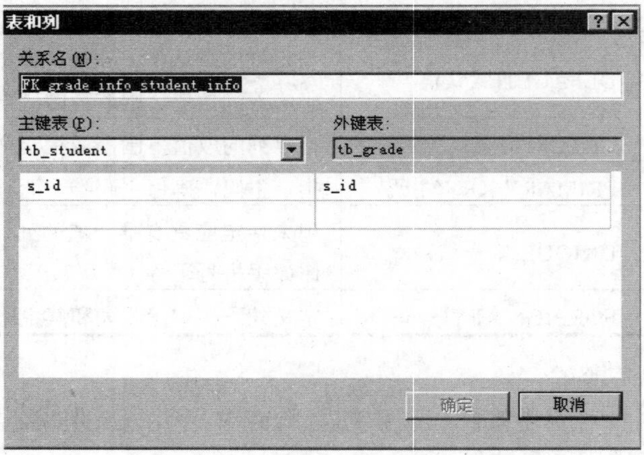

图 4-8 "表和列"对话框

索引/键:可以编辑现有主/唯一键或者索引的值,实现实体完整性,如图 4-9 所示。

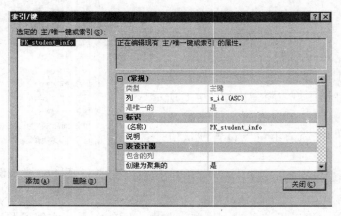

图 4-9 "索引/键"对话框

CHECK 约束：设置列数值的取值范围和约束条件，实现域完整性，如图 4-10 和图 4-11 所示。

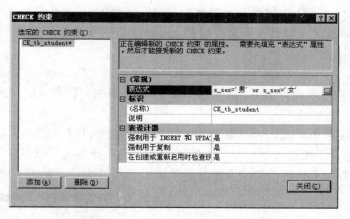

图 4-10 "CHECK 约束"对话框

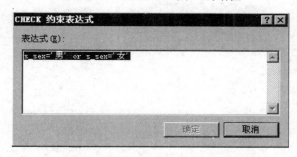

图 4-11 "CHECK 约束表达式"对话框

默认值或者绑定：在没有明确该列值的时候，该列的值保存为默认值，如图 4-12 所示。

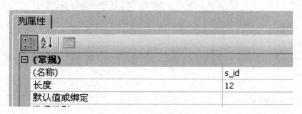

图 4-12 设置默认值

【任务实践】

表的完整性的设计从实体完整性、参照完整性以及用户自定义的完整性三个方面进行。在该任务实践中，主要是对 studentdb 数据库中的 tb_student、tb_course、tb_grade 这三个表来进行的。其余表的完整性可以自行去进行设计。

1. 实体完整性设计

完成实体完整性设计主要是通过主键来实现的，通过实体完整性的设置可以保证记录或者元组的唯一性。以学生信息表 tb_student 和成绩信息表 tb_grade 作为实例说明。要求如下。

tb_student：sid 作为主键；

tb_grade：sid、cid 联合起来作为主键。

注意：单一字段的主键设置和多字段的主键设置有何不同？

实体完整性设置步骤如下。

(1) 设置 tb_sutdent 的主键：这是一个单一字段的主键，选中需要设置主键的字段 s_id，在 s_id 字段上右击，会弹出右键菜单，选择其中的"设置主键"命令就可以了，如图 4-13 所示。

除了使用右键菜单方式，也可以使用其他的方式进行设置。首先单击需要设置主键的字段 sid，然后选择"表设计器"菜单中的"设置主键"命令也可以，如图 4-14 所示。或者利用"表设计器"工具栏中的"设置主键"按钮可以实现，如图 4-15 所示。

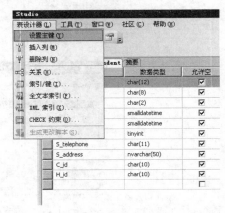

图 4-13 右键菜单"设置主键"命令　　　图 4-14 "表设计器"菜单的"设置主键"命令

图 4-15 "表设计器"工具栏中的"设置主键"按钮

注意：上述三种方式都可以实现单一字段主键的设置。至于选择哪种，可以根据读者自己的习惯。

(2) tb_grade 主键的设置：这是一个多重字段的主键。首先一只手按住 Ctrl 键，另一只手操作鼠标，将需要设置为主键的所有字段或者列全部选中，在该题中需要通过按住 Ctrl 键，然后用鼠标选择需要同时设置为主键的两个字段"s_id"和"course_id"，然后可以如同单字段设置主键一样，可以利用右键菜单，或者利用"表设计器"菜单中的"设置主键"命令，或者利用"表设计器"工具栏中的"设置主键"按钮可以实现，如图 4-16 所示。

(3) 其余各关系的主键设置依此操作。

重要提示：

● 关键就在于需要事先将需要设置主键的列全部选中再操作，一定不能选中一个字段操作一次，选中一个字段再操作一次，这样永远只能设置一个字段为主键的。

● 在创建好主键之后，在"对象资源管理器"窗格中，展开 tb_grade 的"列"和

"键"，将可以在"列"中发现被设置主键的列 s_id 和 course_id 的左边出现金色的钥匙形状，同时在"键"中可以发现创建的主键名，而且也有主键的图示的金色的钥匙形状，如图 4-17 所示。

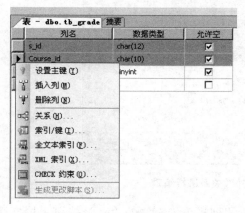

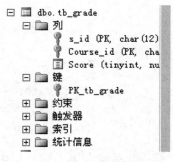

图 4-16　设置主键　　　　　　　　图 4-17　设置主键完成

2. 参照完整性设计

要求：设置学生信息表 tb_student 和成绩表 tb_grade 之间的参照完整性。

从前面内容可知，参照完整性设计可以通过主键和外键来实现。主键和外键可以不同名，但是二者必须处于同一个域，也就是说二者的数据类型和宽度必须一致。

学生信息表 tb_student 已经建立好主键，只要有学生入学就已经在该表中具备记录了。而成绩表 tb_grade 必须在学生选修完课程后才有记录的，所以成绩表 tb_grade 中的学号 sid 必须参考学生信息表 tb_student 的学号 sid 的内容。设置参照完整性也就是设置外键的过程，需要成绩表 tb_grade 的 sid 设置为外键，该外键参考学生信息表 tb_student 的学号 sid。步骤如下。

(1) 打开成绩表 tb_grade 的"表设计器"窗口，进入表的设计状态，然后在"表设计器"窗口中右击，弹出右键菜单，如图 4-18 所示。

(2) 选择右键菜单的"关系"命令，将打开如图 4-19 的"外键关系"对话框。

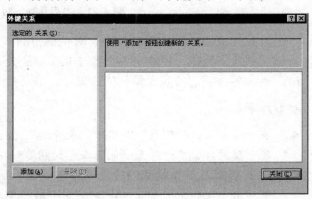

图 4-18　右键菜单　　　　　　　　图 4-19　"外键关系"对话框

(3) 单击"外键关系"对话框中的"添加"按钮，将开始对外键关系进行编辑，如图 4-20 所示，将生成默认的临时关系名。

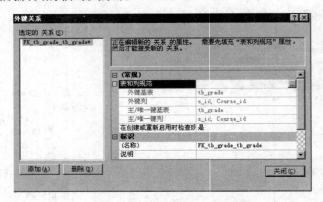

图 4-20　对外键关系进行编辑

(4) 单击"外键关系"对话框中的"表和列规范"右边的"…"按钮，将打开"表和列"对话框，如图 4-21 所示。在其中可以设置"关系名""主键表"tb_student 和主键 s_id 字段。"外键表"处不可以设置，因为我们是在该表中来设置关系，自定将定位该表为参照表。但是外键字段照样可以进行设置。

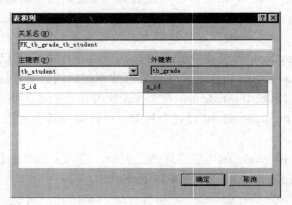

图 4-21　"表和列"对话框

(5) 设置完成后，单击"表和列"对话框中的"确定"按钮，关闭"外键关系"对话框，外键关系建立完成，也就是说已经建立了参照关系，保存即可。

(6) 其余各关系的参照完整性依此操作。

重要提示：

● 在"对象资源管理器"窗格中，展开 tb_grade 的"键"，将可以在"键"中可以发现创建的外键名，并且会显示灰色的钥匙形状。主键呈现的是金黄色的钥匙形状。

● 设置参照完整性时必须分清楚参照关系和被参照关系，以及所涉及的主键和外键，并且主键和外键必须要满足同一域的要求。

● 进行外键设置时建议命名为自己需要的名字，名字最好所见即所得。

请思考：参照完整性是用来约束外键字段的内容为空或者是只能取主键中已经有的内容，目前所涉及的只是控制了外键的输入，也就是说主键内容可以控制外键内容(在外键内容非空的情况下)，如果主键内容在删除或者修改的时候需要同步修改外键的内容，该怎么办呢？(提示：在目前利用 SSMS 的可视化操作情况下，可在"外键关系"表中操作)

3. 用户定义的完整性设计

要求：设置 tb_student "s_sex"的默认值为"男"；设置 tb_grade 的"score"列的值只能是"0～100"之间。

(1) 设置学生信息表 tb_student 的列"s_sex"的默认值为"男"。在 SSMS 左边的"对象资源管理器"窗格中，右击需要操作的学生信息表 tb_student，将弹出如图 4-22 所示的右键菜单。

(2) 在上述右键菜单中选择"设计"命令，将进入学生信息表 tb_student 的"表设计器"窗口。选择需要设置的列 s_sex，在下面的对应的列属性的"默认值或绑定"后面直接输入"男"就可以了(注意：只需要输入汉字"男"即可，单引号会自动生成，默认是字符型的数据)。在输入记录的时候，如果不输入 s_sex 值，将自动产生"男"的数值，否则，就需要自行输入需要的允许输入的值，如图 4-23 所示。

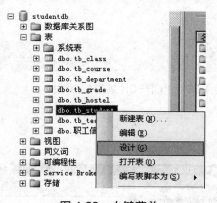

图 4-22　右键菜单

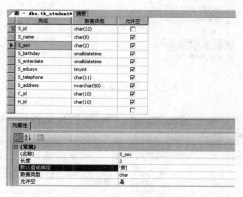

图 4-23　设置列属性

(3) 设置成绩信息表 tb_grade 的约束，设置该表的 score 列的值只能是"0～100"之间。在 SSMS 左边的"对象资源管理器"窗格中，右击需要操作的成绩信息表 tb_grade，将弹出如图 4-24 所示的右键菜单。

(4) 在上述右键菜单中选择"设计"命令，将进入学生信息表 tb_grade 的"表设计器"窗口。在该表设计器中右击，弹出右键菜单，如图 4-25 所示。

(5) 选择"CHECK 约束"命令，将打开"CHECK 约束"对话框，如图 4-26 所示。

(6) 单击对话框中的"添加"按钮，将产生一个约束的临时名，可以对该约束进行设置，如图 4-27 所示。

(7) 单击 "表达式"右边的"…"按钮。在打开的"CHECK 约束表达式"对话框的列表框中输入表达式" score>=0 and score<=100 "。单击"确定"按钮即可。关闭"CHECK 约束"设置框。至此，该约束设置完毕。在进行该列数据输入的时候必须遵从

该约束，不能输入超出 0～100 的数值，如图 4-28 所示。

图 4-24　右键菜单

图 4-25　右键菜单

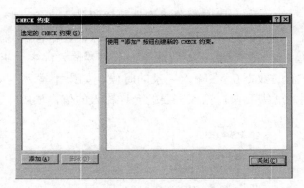

图 4-26　"CHECK 约束"对话框

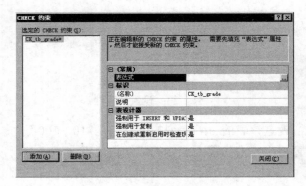

图 4-27　添加约束并进行设置

图 4-28　输入约束表达式

(8) 其余的关系的用户定义的完整性依此设置即可。

任务三　修改数据库表

【任务要求】

能够熟练对已经创建好的表按照需求进行修改。

【知识储备】

表在创建以后，并不一定满足要求，很多时候需要对表进行一定的修改。可以利用以下两种方式对数据表进行修改。

- 利用 SSMS 进行可视化修改。
- 利用 Transact-SQL 语句编程修改。

1. 利用 SSMS 进行修改

(1) 利用 SSMS 修改表也是在"表设计器"窗口中进行的。在 SSMS 左边的"对象资源管理器"窗格中，右击需要修改的数据表，将弹出如图 4-24 所示的右键菜单。

(2) 在右键菜单中选择"设计"命令进入"表设计器"窗口，在其中进行相应的修改即可。操作步骤和方式类似于表的创建。其实，该部分操作在任务二中已经得到了充分的体现。

2. 利用 Transact-SQL 语句修改表

利用 Transact-SQL 进行表的修改非常灵活。

(1) 修改表的基本语法如下：

```
ALTER TABLE table_name
    { [ ALTER COLUMN column_name
    {new_data_type[(precision[,scale])]][NULL|NOT NULL]
    |{ADD|DROP}ROWGUIDCOL}]
    | ADD  { [<column_definition>]
    |column_name AS computed_column_expression}[,…n]
    | [ WITH CHECK | WITH NOCHECK ]
    | ADD  { <table_constraint>}[,…n]
    | DROP { [CONSTRAINT]constraint_name
            | COLUMN column } [ , …n ]
    | { CHECK | NOCHECK } CONSTRAINT
       {ALL|constraint_name[,…n]}
    }
```

修改表的语法结构说明如表 4-14 所示。

表 4-14　修改表的语法结构说明

参 数 名	参 数 意 义
table_name	需要修改的数据库表的名称
COLUMN	列
ROWGUIDCOL	返回行全局唯一标识列，需要实现制定
CHECK	对于已有数据用新约束进行验证，NOCHECK 为不进行检查
CONSTRAINT	约束
ADD	添加
ALTER	修改
DROP	删除

(2) 参考常用表元素，简化的修改表的语法如下：

```
ALTER table 需要修改的表名
    (ALTER COLUMN 需要修改的列名 列的新定义,
    ADD 列名1 类型 约束,
    DROP 列名,
    ADD CONSTRAINT 约束名 约束细则,
    DROP CONSTRAINT  约束名,
    …
    )
```

参考常用表元素，简化的修改表的语法结构如表 4-15 所示。

表 4-15　简化的修改表的语法结构说明

参 数 名	参数意义
ALTER COLUMN	对已经有的列，修改列的定义，包括数据类型、宽度和完整性等
ADD 列名1 类型 约束	增加新的列，需要定义数据类型宽度和完整性等
DROP 列名	删除已经有的列
ADD CONSTRAINT 约束名 约束细则	添加约束
DROP CONSTRAINT 约束名	删除约束

【任务实施】

修改 studentdb 数据库中的职工信息表，将年龄设置为"18～65"。

1. 利用 SSMS 进行修改

该部分步骤可以参考任务二中的实践过程或者本任务中的任务实践，在此不多描述，主要还是重点强化使用 Transact-SQL 语句进行操作。

2. 利用 Transact-SQL 语句进行修改

```
--修改 studentdb 数据库中的职工信息表，年龄设置为"～65"
use studentdb
go
alter table 职工信息表
add constraint ck_nl check(年龄>=18 and 年龄<=65)
```

【任务实践】

修改学生管理数据库 studentdb 中的表，要求如下。

(1) 给学生信息表 tb_student 添加一个列"s_email"，数据类型为可变字符型 varchar，宽度为 30。添加一个列"s_bz"，数据类型和宽度为 nvarchar(50)。

(2) 修改学生信息表 tb_student 的"s_name"列的宽度为 30。

(3) 删除 tb_student 的列"s_bz"。

(4) 给学生信息表 tb_student 的列"s_sex"的约束，命名为 ck_xb，约束性别只能取

"男"或者"女"。

(5) 删除学生信息表 tb_student 的约束 ck_xb。

1. 使用 SSMS 修改 studentdb 中的表

完成上述要求，可以按照以下步骤进行。

(1) 在"对象资源管理器"窗格中右击需要修改的表，在弹出的快捷菜单中选择"修改"命令，进入表设计器状态。如图 4-29 所示，直接在其中进行相应的添加就可以了。

(2) 类似于(1)的操作，在如图 4-30 所示的"表设计器"窗口中直接进行修改即可。

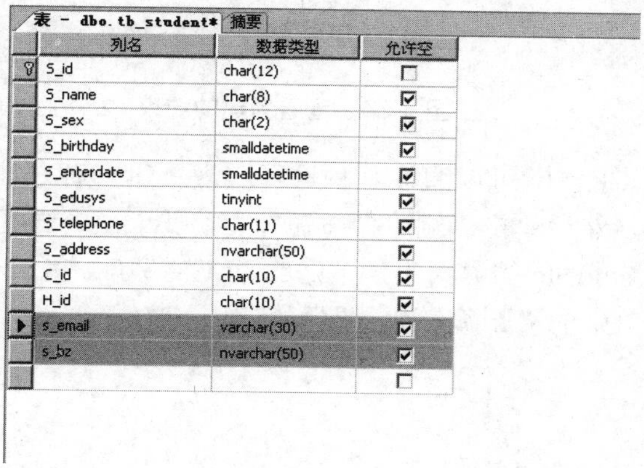

图 4-29　"表设计器"窗口 　　　　　　　图 4-30　修改字段值

(3) 在学生信息表 tb_student 的表设计器中，右击需要删除的列 s_bz，在弹出的快捷菜单中选择"删除列"命令即可实现，如图 4-31 所示。

(4) 依然在学生信息表 tb_student 的表设计器中实现，右击"表设计器"窗口中的任何一列，在弹出的快捷菜单中选择"CHECK 约束"命令，将弹出如图 4-32 所示的"CHECK 约束"对话框，单击"添加"按钮，然后在"(名称)"后面的文本框中改名为规定的约束名"CK_xb"，单击表达式后面的"..."按钮，在弹出的"CHECK 约束表达式"对话框中输入图 4-33 所示的约束表达式"s_sex='男' or s_sex='女'"，单击"确定"按钮，关闭"CHECK 约束"对话框，则约束设置完毕。创建完毕，在"对象资源管理器"窗格中表 tb_student 的"约束"节点会出现新建的约束 CK_xb，如图 4-34 所示。

图 4-31　"删除列"命令

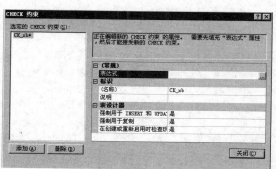

图 4-32　"CHECK 约束"对话框

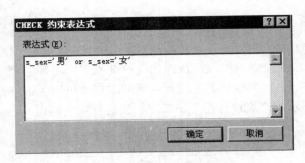

图 4-33　输入约束表达式

图 4-34　查看新建的约束

(5) 删除学生信息表 tb_student 的约束 CK_xb 可以通过几种途径实现：第一种是在"CHECK 约束"对话框中选择 CK_xb 约束，然后单击"删除"按钮即可。第二种方式可以在"对象资源管理器"窗格中，选中表 tb_student 的"约束"下的约束 CK_xb，右击该约束将弹出如图 4-35 右键菜单，选择右键菜单中的"删除"命令即可实现。

图 4-35　右键菜单

总结：利用 SSMS 可视化修改很容易实现，基本和新建的时候差不多，都是在"表设计器"窗口中进行的。

2. 使用 Transact-SQL 修改 studentdb 中的表

实现上述要求，可以按照以下步骤进行。

(1) 单击工具栏中的"新建查询"按钮，进入"查询分析器"窗口，在"查询分析器"窗口中输入如下代码：

```
--给学生信息表 tb_student 添加一个列"s_email"，数据类型为可变字符型 varchar，宽度
为 30。添加一个列"s_bz"，数据类型和宽度为 nvarchar(50)
use studentdb                          --在 studentdb 数据库中操作
go                                     --执行下一批次
alter table tb_student
    add s_email varchar(30)            --添加 s_email 列
go
alter table tb_student
    add s_bz nvarchar(50)             '--添加 s_bz 列
--修改学生信息表 tb_student 的"s_name"列的宽度为 30
```

```
use studentdb                          --在 studentdb 数据库中操作
go                                     --执行下一批次
alter table tb_student
    alter column s_name char(30)       --修改 s_name 列

--删除 tb_student 的列 "s_bz"
use studentdb                          --在 studentdb 数据库中操作
go                                     --执行下一批次
alter table tb_student
    drop column s_bz                   --删除 s_bz 列

--给学生信息表的列 "s_sex" 的添加约束，命名为 CK_xb，约束性别只能取 "男" 或 "女"
use studentdb                          --在 studentdb 数据库中操作
go                                     --执行下一批次
alter table tb_student
    add  constraint CK_xb check(s_sex='男' or s_sex='女')    --添加约束 CK_xb

--删除学生信息表 tb_student 的约束 CK_xb
use studentdb                          --在 studentdb 数据库中操作
go                                     --执行下一批次
alter table tb_student
    drop  constraint CK_xb             --删除约束
```

（2）单击工具栏中的"执行"按钮即可。利用 Transact-SQL 语句可以很方便地修改表的属性。

任务四　删除数据库表

【任务要求】

熟练进行删除数据库表的操作。

【知识储备】

删除表也是数据库操作中的一项内容，删除表的时候会将表本身以及其中的内容一起删除掉，所以要慎重操作。

删除表有两种操作方式。

● 利用 SSMS 可视化删除。

● 利用 Transact-SQL 语句编程删除。

1）使用 SSMS 删除数据库表

直接在"对象资源管理器"窗格中可视化删除。

2）使用 Transact-SQL 删除数据库表

语法结构：

```
DROP table  <数据库表名>
```

【任务实施】

用两种方法实现数据库的删除：利用 SSMS 和 Transact-SQL 来删除。

1. 使用 SSMS 删除数据库表

(1) 在"对象资源管理器"窗格中右击需要删除的目标数据库表，将弹出如图 4-36 所示的右键菜单。

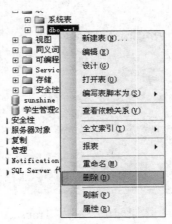

图 4-36　右键菜单

(2) 选择右键菜单中的"删除"命令，按要求操作即可。

(3) 刷新"对象资源管理器"窗格中的目标数据库的"表"节点可以查看结果。

2. 使用 Transact-SQL 删除数据库表

利用 Transact-SQL 编程进行删除操作非常简单方便，而且会更灵活。

(1) 在"查询分析器"窗口中输入以下代码：

```
--删除数据库表(假定该表为数据库 shilidb1 中的 xs1)
use shilidb1
go
drop table xs1
```

(2) 单击工具栏中的"执行"按钮，会删除指定的数据库表。

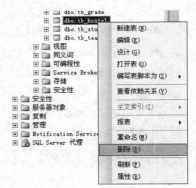

【任务实践】

删除数据库 studentdb 中的宿舍信息表 tb_hostel。

1. 使用 SSMS 删除表 tb_hostel

(1) 在"对象资源管理器"窗格中右击数据库 studentdb 中的表 tb_hostel，弹出快捷菜单，如图 4-37 所示。

(2) 选择右键菜单中的"删除"命令即可删除。

图 4-37　右键菜单

2. 利用 Transact-SQL 删除表 tb_hostel

在"查询分析器"窗口中输入以下代码：

```
--删除表 tb_hostel
use studnetdb
go
drop table tb_hostel
```

任务五　创建和管理索引

【任务要求】

熟练创建和管理索引，提高检索速度。

【知识储备】

我们在很久以前就已经在使用索引，享受它的好处了。最典型的就是我们查新华字典，使用索引可以很快地查到我们所需要查询的汉字。再比如去图书馆借书，通常也是通过对图书的书目进行图书的查找，这样可以快速便捷地找到图书。很显然，索引可以帮助提高操作速度。

索引是一种组织表数据的有效方式。索引主要具有以下优点：提高数据库表的查找速度；可以保证列的唯一性，帮助实现数据完整性。

1. 索引的概念

索引是数据库中的一个非常重要的数据库对象，索引是一个单独的物理结构，它是数据表中的一列或者多列按照一定的排列顺序组成，它的实质是一些逻辑指针清单。能够提供迅速查找表中行的能力。

基本表文件和索引文件一起构成了数据库系统的内模式。

索引可以创建在任意数据表或者视图的列上面。

2. 索引的分类

按照结构，索引主要分为聚集索引(clustered)和非聚集索引(nonclustered)。聚集索引根据键值对行进行排序，每个表只能有一个聚集索引。聚集索引相比非聚集索引能够提供更快的查询能力。索引表如图 4-38 所示。

聚集索引和非聚集索引都是 B-树的结构，都包含数据页和索引页，其中索引页存放索引码和指针，数据页存放表记录。一旦创建主键，就默认创建一个聚集索引。聚集索引的创建要先于非聚集索引。

按照实现的功能来分，还有一个重要的索引概念：唯一索引。唯一索引可以确保索引键不包含重复的值。聚集索引和非聚集索引都可以是唯一索引。一旦创建主键(primary key)或者实施了唯一性约束(unique)，就默认创建了唯一索引。

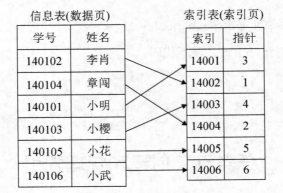

图 4-38　索引表

3. 索引创建原则

虽然索引的创建可以帮助提高查询速度，但是同样也要付出多占用磁盘空间的代价，所以需要权衡利弊。

通常，下列情况下建议创建索引。

● 经常需要查询和搜索的列。

● 主键或外键列。

● 经常用在连接的列。

● 经常使用在 WHERE 子句中的列。

● 经常需要排序的列。

● 值唯一的列。

下列情况不太适合创建索引。

● 查询中很少使用的列。

● 只有很少唯一数据值，包含太多重复值的列。

● 数据类型为 TEXT、NTEXT、IMAGE 或 BIT 等的列。

● 修改性能远远大于检索性能的列。

4. 索引创建和管理方法

1) 创建索引

创建索引有两种方法：利用 SSMS 可视化创建索引；利用 Transact-SQL 语句创建索引。

(1) 利用 SSMS 创建索引。

利用此方法创建索引很简单，和前面章节的创建数据库等的操作相差不大，具体例子可以参考任务实施中的例子。

(2) 利用 Transact-SQL 语句创建索引。

利用 Transact-SQL 语句进行索引的创建是程序员需要重点掌握的基本知识。比可视化操作更加灵活实用。语法结构如下：

```
CREATE [UNIQUE][CLUSTERED|NONCLUSTERED] INDEX 索引名
  ON 表名或者视图名(列名[ASC|DESC][, …n])
```

创建索引语法结构说明如表 4-16 所示。

表 4-16 创建索引语法结构说明

参 数 名	参数意义
UNIQUE	创建的索引是唯一索引
CLUSTERED	创建的索引为聚集索引
NONCLUSTERED	创建的索引为非聚集索引
ASC	升序
DESC	降序

完整复杂的索引创建语法可以参考联机帮助，里面有非常详尽的完整的描述。

2) 修改索引

索引创建完毕后，随着数据的变更操作可能有时还需要重新生成或者组织索引，甚至是修改或者禁用索引。

(1) 使用 SSMS 修改索引。

在"对象资源管理器"窗格中，展开需要修改的索引所在的表节点，找到需要修改的索引，右击该索引可以弹出如图 4-39 的右键菜单，根据需要选择右键菜单中的"重新生成""重新组织"或者"禁用"命令就可以可视化实现索引的修改操作了。

(2) 利用 Transact-SQL 修改索引。

利用 Transact-SQL 可以很灵活地实现，语法结构如下：

```
ALTER INDEX 索引名 ON 表或者视图 REBUILD|REORGANIZE|DISABLE
```

修改索引语法结构说明如表 4-17 所示。

表 4-17 修改索引语法结构说明

参 数 名	参数意义
ALTER	修改索引
REBUILD	重新生成索引
REORGANIZE	重新组织索引
DISABLE	禁用

3) 查看索引

查看索引可以利用"对象资源管理器"窗格行操作，也可以利用 Transact-SQL 语句编程实现。

(1) 利用 SSMS 查看索引。

在"对象资源管理器"窗格中，展开需要修改的索引所在的表节点，找到需要查看的索引，右击该索引可以弹出如图 4-40 的右键菜单。

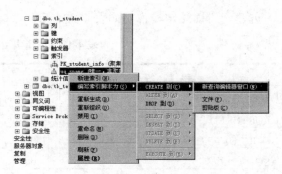

图 4-39 右键菜单　　　　　　　　　　图 4-40　右键菜单

选择"编写索引脚本为"→"CREATE 到"→"新查询编辑器窗口"命令，会在"查询分析器"窗口中显示索引的内容，如图 4-41 所示。

```
TM2003.stu...QLQuery1.sql 摘要
USE [studentdb]
GO
/****** 对象:  Index [uq_sname]    脚本日期: 03/18/2014 22:00:31 ******/
CREATE UNIQUE NONCLUSTERED INDEX [uq_sname] ON [dbo].[tb_student]
(
    [s_name] ASC
) WITH (SORT_IN_TEMPDB = OFF, DROP_EXISTING = OFF, IGNORE_DUP_KEY = OFF, ONLINE = OFF) ON [PRIMARY]
```

图 4-41　显示索引的内容

(2)　利用 Transact-SQL 查看索引。

语法结构如下：

`[exec] sp_helpindex 表名或者视图名`

上述语句中 exec 可使用也可以省略。该语句可以实现查看指定表或者视图的所有索引。

4)　删除索引

删除索引也可以利用 SSMS 可视化操作和 Transact-SQL 语句编程实现。

(1)　利用 SSMS 可视化操作。

在"对象资源管理器"窗格中，展开需要删除的索引所在的表节点，找到需要查看的索引，右击该索引可以弹出如图 4-42 的右键菜单。

图 4-42　右键菜单

选择的"删除"命令就可以删除相应的索引。

(2) 利用 Transact-SQL 语句删除索引。

利用 Transact-SQL 语句可以很方便地实现删除索引的操作。语法结构如下:

```
DROP INDEX 表名或者视图名.索引名
```

【任务实施】

对职工信息表的索引进行操作和管理,要求如下。

(1) 查看职工信息表的索引。

(2) 为职工信息表的姓名列创建一个非聚集索引,并再次查看职工信息表的索引。

1. 利用 SSMS 进行操作

(1) 依次展开"对象资源管理器"\"数据库"\"职工信息表"\"索引"节点,会出现如图 4-43 所示的索引,图中显示因为在创建职工信息表的时候,在职工号列创建了主键,所以会自动生成一个聚集索引。

(2) 依次展开"对象资源管理器"\"数据库"\"职工信息表"\"索引"节点,右击该节点,在弹出的快捷菜单中选择"新建索引"命令,打开"新建索引"对话框。在对话框中输入"索引名称"为 ix_xm,在"索引类型"下拉列表框中选择"非聚集"选项,并通过"添加"按钮添加所需要的"姓名"列,最后单击"确定"按钮即可实现索引的创建。重复(1)的操作就可以看到在"索引"节点下增加的 ix_xm 索引,如图 4-44 所示。

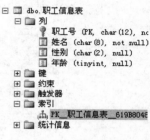

图 4-43 查看索引

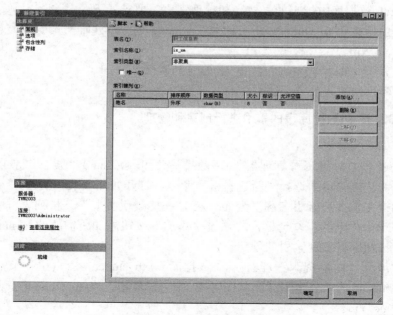

图 4-44 添加索引设置

2. 利用 Transact-SQL 语句操作

程序如下：

```
use studentdb
go
--查看职工信息表的索引
sp_helpindex 职工信息表
go
--创建非聚集索引
create nonclustered index ix_xm
on 职工信息表(姓名)
go
--再次查看职工信息表的索引
sp_helpindex 职工信息表
```

执行后会出现如图 4-45 所示结果。

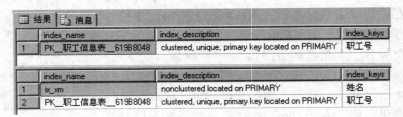

图 4-45　创建索引结果

【任务实践】

为 studentdb 数据库中指定的表建立和管理索引，要求如下。

(1) 在学生信息表 tb_student 的学生姓名 s_name 列上创建唯一索引，该索引为非聚集索引，命名为 uq_xm。

(2) 管理索引，查看学生信息表 tb_student 的索引。

(3) 删除学生信息表 tb_student 的 uq_xm 索引。

1. 利用 SSMS 对数据库表的索引进行创建和管理

可以按照如下步骤进行。

(1) 依次展开"对象资源管理器"\"数据库"\tb_student\"索引"节点，右击该节点，并在弹出的快捷菜单中选择"新建索引"命令，打开如图 4-46 所示的"新建索引"对话框。在对话框中输入"索引名称"为 uq_xm，在"索引类型"下拉列表框中选择"非聚集"选项，并选中"唯一"复选框，并通过"添加"按钮添加所需要的 s_name 列，最后单击"确定"按钮即可实现索引的创建。

(2) 依次展开"对象资源管理器"\"数据库"\tb_student\"索引"节点，就可以查看索引表 tb_student 的所有索引了。从图 4-47 中可以看出，表 tb_student 有两个索引，包括主键索引和 uq_xm。

(3) 依次展开"对象资源管理器"\"数据库"\tb_student\"索引"节点，右击索引

uq_xm，弹出如图 4-48 所示的右键菜单。在该右键菜单中选择"删除"命令即可实现删除操作。

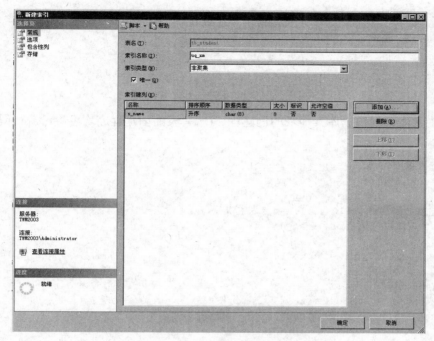

图 4-46 "新建索引"对话框

图 4-47 查看索引

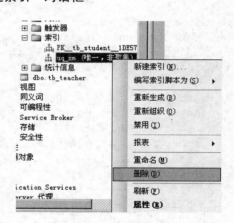

图 4-48 右键菜单

2. 利用 Transact-SQL 实现索引的创建和管理

程序如下：

```
--在 tb_student 的 s_name 列上创建唯一非聚集索引，索引名为 uq_xm
use studentdb
go
create unique nonclustered index uq_xm
on tb_student(s_name)
```

```
--查看学生信息表 tb_student 的索引
use studentdb
go
sp_helpindex tb_student
--删除学生信息表 tb_student 的 uq_xm 索引
use studentdb
go
drop index tb_student.uq_xm
```

附录:

以下为学生管理数据库其他表的创建程序(所有表的创建程序均可参考源代码的相应程序文件)。

```
--创建数据库表
use studentdb
go
--创建宿舍信息表 tb_hostel,h_id 为主键
create table tb_hostel
(
h_id char(10) primary key,                        --宿舍号，为主键 primary key
h_number smallint,                                --宿舍容量
h_telephone char(11))                             --宿舍电话
--创建院系信息表 tb_department,d_id 为主键，d_name 不允许空
create table tb_department
(
d_id char(10) primary key,                        --院系号，为主键 primary key
d_name nchar(10) not null,                        --院系名称，非空
d_telephone char(11))                             --院系电话
--创建表 tb_teacher, t_id 为主键, t_name 不为空, t_sex 默认值为男,
--并且只能取男或者女, d_id 是参考 tb_department 的 d_id 的外键。
create table tb_teacher
(
t_id char(10) primary key,                        --教师号，主键 primary key
t_name char(8) not null,                          --教师姓名，非空
t_sex char(2) default'男'                          --性别，默认男，只能男或女
    check(t_sex='男' or t_sex='女'),
t_telephone char(11),                             --教师电话
t_professional nchar(6),                          --教师职称
--外键，参照 tb_department 的 d_id
d_id char(10) references tb_department(d_id))
--创建班级信息表 tb_class,c_id 为主键, c_name 不允许空, d_id 是外键参照
--tb_department 的 d_id, t_id 是外键参照 tb_teacher 的 t_id
create table tb_class
(
c_id char(10) primary key,                        --班级号
c_name nchar(10) not null,                        --班级名称
d_id char(10) references tb_department(d_id),     --院系号
c_number tinyint,                                 --班级人数
t_id char(10) references tb_teacher(t_id))

...
```

项　目　小　结

本项目主要介绍了数据库表的创建、修改、删除以及表的完整性和索引的操作，读者需要重点掌握表的创建、管理以及表数据完整性的设置，能够熟练利用 SSMS 和 Transact-SQL 语句进行相关操作。

上　机　实　训

创建和管理图书管理数据库表

实训背景

数据库表是数据在数据库管理系统保存的基本载体，是数据库管理系统最基本的操作对象之一。数据库表的创建和管理非常重要。

实训内容和要求

(1) 使用 SSMS 可视化和 Transact-SQL 语句创建和管理表，要求如下。

① 利用 SSMS 和 Transact-SQL 创建下列各表(见表 4-18～表 4-23)。

表 4-18　tb_book(图书表)

列　名	数据类型	长　度	完　整　性	说　明
book_id	nvarChar	30	主键	图书编号
Book_name	nvarChar	50	不允许空	图书名称
author	varchar	50		作者
Book_type	nchar	10	外键	图书类型号
price	smallmoney			单价
ISBN	nvarChar	50		ISBN 号
Press_id	nchar	30	外键	出版社编号
Publish_date	smalldatetime			出版时间
Book_number	int			存量
Total_number	int			总库存
Onboard_date	smalldatetime			上架时间
bookself	nchar	30		书架号
remark	nvarchar	50	默认值 "正常"	备注

表 4-19　tb_booktype (图书类型表)

列　名	数据类型	长　度	完　整　性	说　明
Type_id	nChar	10	主键	图书类型号
booktype_name	nchar	10	不允许空	图书类型名称

表 4-20   tb_borrow (图书借阅表)

列　名	数据类型	长　度	完　整　性	说　明
id	int		主键(标识种子，增量为 1)	借阅序号
Reader_id	varchar	50	不允许空，外键	读者编号
Book_id	nvarchar	30	不允许空，外键	图书编号
Borrow_date	datetime			借书日期
Return_date	datetime			应还日期
Areturn_date	datetime			归还日期
status	varchar	50	默认值"借出"	借阅状态

表 4-21   tb_press (出版社表)

列　名	数据类型	长　度	完　整　性	说　明
press_id	nChar	30	主键	出版社编号
press_name	nvarchar	50	不允许空	出版社名称
telephone	varchar	30		出版社联系电话
Address	nvarchar	50		出版社地址

表 4-22   tb_reader(读者表)

列　名	数据类型	长　度	完　整　性	说　明
reader_id	varChar	50	主键	读者编号
reader_name	nvarchar	50	不允许空	读者姓名
reader_sex	char	2	默认值'男'，只能取值为'男'或者'女'	读者性别
Reader_type	nchar	10	外键	读者类型号
id_number	varchar	30		证件号码
telephone	varchar	20		联系电话
status	nchar	6	默认值"正常"	状态

表 4-23   tb_readertype (读者类型表)

列　名	数据类型	长　度	完　整　性	说　明
rtype_id	nChar	10	主键	读者类型号
rtype_name	nchar	10	不允许空	读者类型名称
borrow_number	tinyint		不能超过 10	最大图书借阅数
borrow_period	tinyint		不超过半年	最长借期

　　注意：在同一数据库下面创建同名表的时候需要先删除原来的表；编程过程中应注意表的创建顺序，以及列完整性约束和表完整性约束的区别。

② 查看各表，仔细观察各个表结构、主码、外码、默认值和检查约束等。

③ 自行设计修改表的操作，可以增加或者减少列，增减长度，以及约束修改等。

④ 自行创建一个临时表，利用 SSMS 和 Transact-SQL 删除。

(2) 使用 SSMS 和 Transact-SQL 创建和修改图书管理数据库的表索引，具体要求如下。

① 利用 SSMS 可视化和 Transact-SQL 给 tb_book 的 Book_name 创建非聚集的唯一索引。

② 看各个表的索引，并且查看各个索引分别是属于聚集索引还是非聚集索引。请归纳哪些是自动生成，哪些需要手工创建。

③ 利用 SSMS 可视化和 Transact-SQL 删除①的索引。(请自行练习主码自动生成的聚集索引能否删除)

实训步骤

(1) 利用 SSMS 创建所需要的数据库表。创建的过程中一定注意各个表创建的顺序并自行总结。

(2) 利用 SSMS 查看各个表的结构，包括实体完整性、参照完整性以及用户自定义的完整性。

(3) 利用 SSMS 修改表的结构和约束。

(4) 利用 SSMS 删除所创建的临时表。

(5) 利用 SSMS 创建和修改图书管理数据库的索引。

(6) 利用 Transact-SQL 语句按要求创建所需要的各个数据库表。

(7) 利用 Transact-SQL 语句灵活创建所需要的数据库表。在编程的过程中，请注意尽量给相应的对象命名，避免系统自动生成名字。比如，创建主键后，如果不给主键命名，程序执行后，系统会自动赋予该主键一个名字，但是这种名字并不便于用户操作使用。

(8) 利用 Transact-SQL 修改表的结构。

(9) 利用 Transact-SQL 进行删除临时表的操作。

(10) 利用 Transact-SQL 管理索引。

请思考：如果表或者索引已经存在，还能够创建吗？如果表或者索引并不存在，能够执行删除操作吗？该怎么办为好？能不能事先进行判断后才进行操作呢？

习　　题

一、选择题

1. 关系表中的每一横行称为一个( )。
   A. 元组　　　　B. 字段　　　　C. 属性　　　　D. 码
2. 在 SQL 中 PRIMARY KEY 起( )作用。
   A. 定义主码　　　　　　　　B. 定义外部码
   C. 定义处部码的参照表　　　　D. 确定主码类型
3. 下述 SQL 命令中，不能够定义列完整性约束条件的是( )。

    A. NOT NULL 短语   B. UNIQUE 短语

    C. CHECK 短语   D. HAVING 短语

4. 日志文件的作用是记录(　　)。

    A. 数据操作   B. 每个事务所有更新操作和事务执行状态

    C. 程序执行的全过程   D. 程序执行的结果

5. 关于外键和相应的主键之间的关系，下列正确的是(　　)。

    A. 外键不需要与相应的主键同名

    B. 外键必须要与相应的主键同名

    C. 外键必须要与相应的主键同名而且唯一

    D. 外键必须要与相应的主键同名，但并不一定唯一

6. 利用 Transact-SQL 编程创建表的时候，需要用到下列(　　)。

    A. CREATE INDEX   B. CREATE DATABASE

    C. CREATE TABLE   D. CREATE VIEW

7. 数据库创建索引的好处是(　　)。

    A. 加快查询速度   B. 创建唯一索引

    C. 提高安全性能   D. 实现关系完整性

8. 以下索引的描述，不正确的是(　　)。

    A. 一个表只能创建一个索引

    B. 一个表可以创建多个索引

    C. 索引的创建会付出一定的"代价"

    D. 索引可以提高检索速度

9. 下面数据类型中，(　　)不可以存储数据 300。

    A. int   B. bigint   C. tinyint   D. smallint

10. 字符型数据类型是(　　)。

    A. datetime   B. int   C. nchar   D. smallmoney

11. 删除表的命令是(　　)。

    A. delete   B. drop   C. clear   D. remove

二、填空题

1. 一个表最多可以有_____个聚集索引。

2. 索引主要分为_____索引和_____索引两大类。

3. 数据的完整性主要有域完整性、_____完整性、_____完整性和用户自定义完整性。

4. 使用 Transact-SQL 创建和管理数据库表，分别对应的指令是：创建表：_____，修改表：_____，删除表：_____。

5. 当在一个表上面指定了主键之后，则系统将在主键列上自动建立一个_____索引。

6. 组合主键是指定义为主键的列有_____或者多个。

7. 当向表中现有的列建立主键的时候，必须保证该列数据_____。

8. _____完整性可以用来保证数据库表的记录唯一。

9. 要保证相关数据表的一致性，必须实现参照完整性，就需要关联_____键和_____键。

10. 当在某一列上定义了唯一性约束后会自动创建一个_____索引。

三、简答题

1. 数据库表的完整性包含哪几类？请分别说明。

2. 索引有什么好处？创建索引的场合一般有哪些？

项目五

编辑数据库表记录

项目导入

在前面的项目中，读者已经创建了数据库表，但是在完成数据库表的创建后，表中是没有记录的，对数据库的基本操作是基于对表中记录的操作，所以建表后的首要任务是向表中插入记录，添加新数据时也要向表中插入记录。另外，当表的记录不满足要求或有过时的历史信息，还需对记录进行修改或删除。

当需在不同数据库之间迁移数据，或者将数据从 SQL Server 向其他数据格式文件之间进行数据转换时，需实现对大量数据的导入和导出操作。

本项目以"学生管理数据库系统"为案例，介绍数据库表记录的插入、更新和删除的可视化操作和基本语句，从而实现学生管理数据库中表数据的更新，以及表数据的导入和导出。

项目分析

编辑学生管理数据库表记录，如增加或更新表中的记录，是后续实现学生管理数据库各功能的前提。学生管理数据库表记录的插入、修改和删除可直接通过 SSMS 完成，也可通过 Transact-SQL 实现。

要将学生管理数据库的数据转换为别的数据库文件或其他数据文件时，可使用 SQL Server 提供的导入和导出功能实现。

能力目标

● 能对表数据实现插入、更新、删除等操作。
● 实现 SQL Server 与其他数据库或其他数据文件之间进行数据共享。

知识目标

● 熟练使用 SSMS 和 Transact-SQL 语句向表中添加记录。
● 熟练使用 SSMS 和 Transact-SQL 语句修改表中的记录。
● 熟练使用 SSMS 和 Transact-SQL 语句删除表中的记录。
● 熟练掌握表中记录的导入和导出。

任务一　插 入 记 录

【任务要求】

能够利用 SSMS 和 Transact-SQL 语句向表中插入数据。

【知识储备】

向表中插入记录的方法如下。

1. 使用 SSMS 插入记录

通过 SSMS 插入记录为可视化操作。启动 SSMS，在对象资源管理器中，依次展开 SQL Server 服务器\"数据库"节点，在自己所创建的数据库中找到待插入表，右击该表，在弹出的快捷菜单中选择"打开表"命令，便可进行数据的添加工作。

2. 使用 INSERT 语句插入记录

使用 INSERT 语句插入记录的基本语法格式如下：

```
INSERT [ INTO] { table_or_view_name }
{
    [ ( column_list ) ]
    { VALUES ( { DEFAULT | NULL | expression } [ ,…n ] ) | derived_table }
}
```

该语法结构中各参数含义如表 5-1 所示。

表 5-1   插入记录语法说明

参 数 名	参数意义
INTO	可选关键字，用在 INSERT 和目标表或视图之间
table_or_view_name	待插入记录的表或视图的名称
(column_list)	待插入记录的表字段名列表，需用括号将 column_list 括起来，各字段用逗号分隔
VALUES	引入待插入的数据值的列表
DEFAULT	使用列的默认值作为字段的值。若该列不存在默认值，且该列允许为空值，则插入 NULL
expression	常量、变量或表达式
derived_table	有效的 SELECT 语句，该 SELECT 语句的结果集为待插入数据

【任务实施】

使用 SSMS 和 Transact-SQL 两种方法向课程信息表 tb_course 中插入一条新记录。

1. 使用 SSMS 添加记录

使用 SSMS 添加记录操作步骤如下。

(1) 启动 SSMS，在对象资源管理器中，依次展开 SQL Server 服务器\数据库\studentdb\表节点，找到 tb_course 表。右击 tb_course 表，在弹出的快捷菜单中选择"打开表"命令，如图 5-1 所示。

(2) 在打开的 tb_course 表中可以插入数据，如图 5-2 所示。在表空行上根据表的字段的数据类型等插入一条或多条记录。

图 5-1 选择"打开表"命令

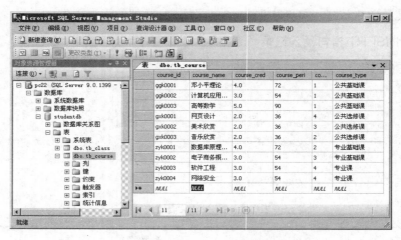

图 5-2　对 tb_course 表插入记录

2. 使用 INSERT 语句插入记录

单击 SSMS 工具栏左上角的"新建查询"按钮，打开"查询分析器"窗口，在"查询分析器"窗口中输入代码：

```
/*向课程信息表tb_course插入一条新记录*/
INSERT tb_course(course_id, course_name, course_cred, course_peri,
course_term, course_type)
VALUES('zyk0005','数据结构',4,72,2,'专业课')
```

对于字符型和日期型值，插入时要加单引号，如这里的'数据结构'。执行该命令后，tb_course 表中插入一条新记录。可通过 SELECT 语句或前述的打开表操作查看插入的数据。

当对表中所有字段插入数据且 VALUES 中各值的顺序与表结构中字段的顺序一致时，可省略字段名列表。在此情况下，上述脚本可改为：

```
INSERT tb_course VALUES('zyk0005','数据结构',4,72,2,'专业课')
```

如果 VALUES 中各值与表中各列的顺序不一致或只对部分字段插入数据，则 INSERT 语句中必须使用字段名列表，且字段名列表和 VALUES 中各值的顺序要一一对应。例如：

```
INSERT tb_course(course_id, course_cred, course_name)
VALUES('zyk0006', 4, 'JAVA程序设计')
```

执行命令后，打开表，如图 5-3 所示。

	zyk0003	软件工程	3.0	54	4	专业课
	zyk0004	网络安全	3.0	54	4	专业课
	zyk0005	数据结构	4.0	72	2	专业课
▶	zyk0006	JAVA程序设计	4.0	NULL	NULL	NULL
*	NULL	NULL	NULL	NULL	NULL	NULL

图 5-3　对 tb_course 表插入 zyk0006 记录

这里只对课程名称、课程号以及学分赋值，学时、学期、课程类型等字段允许为空，故显示为 NULL。如字段在表结构中设置为不能为空，则该字段必须插入数据。

启发思考：

(1)　在向表插入数据时，如插入的新记录的主键值已存在，会如何？请思考原因。

(2)　若某字段定义为标识列，请问如何向该表插入数据？

【任务实践】

对学生管理数据库表进行插入记录的实践操作，要求如下。

用多种方法实现向表 tb_teacher 中插入新记录的操作。

实践步骤如下。

1. 直接添加新记录

向表 tb_teacher 中插入新的记录，新教师的教师号为"10008"，姓名为"王杰"，性别为"男"，教师电话为"13311111117"，教师职称为"副教授"，院系号为"6"。

1)　使用 SSMS 向表 tb_teacher 中添加记录

启动 SSMS，按照前述的方法在 studentdb 数据库中找到表 tb_teacher。右击，在弹出的快捷菜单中选择"打开表"命令，在表空行上根据要求输入各字段的值，按下 Enter 键会出现如图 5-4 所示的提示。

图 5-4　使用 SSMS 插入记录

没有正确插入记录的原因是外键约束引起的冲突。tb_teacher 表的 d_id 为外键，它的取值参照表 tb_department 中 d_id 的值。通过查询发现表 tb_department 中没有 d_id 为 6 的值，所以应先在表 tb_department 中插入 d_id 为 6 的值，然后再插入新教师的记录。

2)　使用 INSERT 语句添加记录

参考本项目任务三的方法删除之前新插入的新教师记录和表 tb_department 中 d_id 为 6 的值，使用 INSERT 语句重新添加。根据前面的分析，先在表 tb_department 中插入 d_id 为 6 的值，然后再插入新教师的记录。

单击 SSMS 工具栏左上角的"新建查询"按钮，打开"查询分析器"窗口，在"查询分析器"窗口中输入代码：

```
/*向表 tb_teacher 中插入新的记录，新教师的教师号为"10008"，姓名为"王杰"，性别为
"男"，教师电话为"13311111117"，教师职称为"副教授"，院系号为"6"*/
use studentdb
go
```

```
INSERT tb_department VALUES(6,'航务工程系','32086666')
INSERT tb_teacher VALUES('10008','王杰','男','133311111117','副教授','6')
```

执行该命令后可查询到要插入的记录。

2. 带 SELECT 子句的 INSERT 语句

前面所介绍的 INSERT 语句一次只能插入一条记录，使用带有 SELECT 子句的 INSERT 语句可以将从表或视图查询的结果集一次插入到指定的表中，实现一次添加多条记录。

如要将表 tb_course 中所有公共基础课导出到表公共基础课程表 tb_comcourse 中，首先创建表 tb_comcourse，令其结构和 tb_course 相同，然后使用带 SELECT 的 INSERT 语句插入满足条件的所有记录，在查询分析器输入代码：

```
/*将公共基础课的记录插入 tb_comcourse*/
use studentdb
go
SELECT * INTO tb_comcourse FROM tb_course WHERE 2=1;
INSERT INTO tb_comcourse SELECT * FROM tb_course WHERE course_type LIKE
'公共基础课%'
```

查询结果如图 5-5 所示。

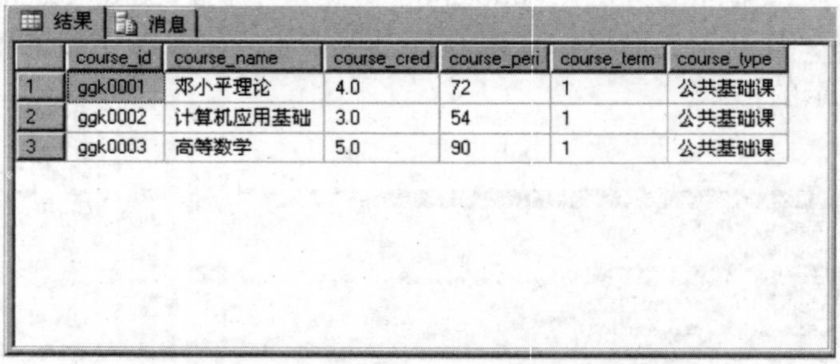

	course_id	course_name	course_cred	course_peri	course_term	course_type
1	ggk0001	邓小平理论	4.0	72	1	公共基础课
2	ggk0002	计算机应用基础	3.0	54	1	公共基础课
3	ggk0003	高等数学	5.0	90	1	公共基础课

图 5-5　查询 tb_comcourse 结果集

任务二　更　新　记　录

【任务要求】

根据要求修改数据库中表的记录。

【知识储备】

在操作数据库时，当数据发生变化后，需要对表中相应的记录作修改。
更新记录的方法如下。

1. 使用 SSMS 更新记录

通过 SSMS 更新记录为可视化操作，和插入记录的方法步骤相同，在打开表后更新相应的值即可。

2. 使用 UPDATE 语句更新记录

使用 UPDATE 语句更新记录的基本语法格式如下：

```
UPDATE {table_or_view_name}
SET {column_name = { expression | DEFAULT | NULL }} [ ,…n ]
[ WHERE { <search_condition> }]
```

该语法格式中各参数含义如表 5-2 所示。

表 5-2　UPDATE 语句各参数含义

参 数 名	参数意义
table_or_view_name	待更新记录的表或视图的名称
SET	指定要更新的列或变量名称的列表
column_name	要更新数据的字段名
expression	单个值的常量、变量或表达式，用于更新字段的值
DEFAULT	用字段所定义的默认值修改该字段的现有值
search_condition	更新的行所满足的条件

【任务实施】

使用 SSMS 和 Transact-SQL 两种方法更新课程信息表 tb_course 中的记录。

1. 使用 SSMS 更新记录

使用 SSMS 更新记录的操作步骤如下。

启动 SSMS，在对象资源管理器中，依次展开 SQL Server 数据库\"数据库"\studentdb\"表"节点，找到 tb_course 表。右击该表，在弹出的快捷菜单中选择"打开表"，将鼠标定位到要修改记录所在行的某列，然后单击进行修改，如图 5-6 所示。

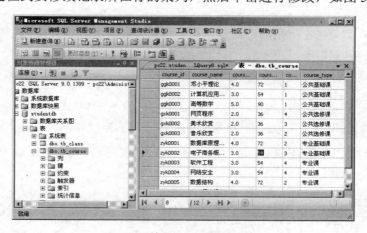

图 5-6　使用 SSMS 更新记录

2. 使用 Transact-SQL 更新记录

要求将课程信息表 tb_course 中课程名称为"数据结构"的记录修改为 3 学分，54 学时。单击 SSMS 工具栏左上角的"新建查询"按钮，打开"查询分析器"窗口，在查询分

析器中输入代码:

```
/*将课程信息表 tb_course 中课程名称为数据结构的记录修改为 3 学分, 54 学时*/
UPDATE tb_course SET course_cred = 3, course_peri = 54 WHERE course_name
= '数据结构'
```

执行该命令后,tb_course 表中课程名称为"数据结构"的记录将被修改。可通过 SELECT 语句或前述"打开表"操作查看更新后的数据,如图 5-7 所示。

zyk0001	数据库原理与应用	4.0	72	2	专业基础课
zyk0002	电子商务概论	3.0	54	3	专业基础课
zyk0003	软件工程	3.0	54	4	专业课
zyk0004	网络安全	3.0	54	4	专业课
zyk0005	数据结构	3.0	54	2	专业课

图 5-7 使用 UPDATE 语句对 tb_course 表进行修改

启发思考:

如果对记录的更新违反了数据库完整性的约束条件,执行 UPDATE 语句会如何?

【任务实践】

对学生管理数据库进行更新记录的实践操作,要求实现以下操作。

将学生信息表 tb_student 中班级名称为"13 软件技术 1 班"记录的入学日期修改为 "2013-9-7"。

学生信息表 tb_student 中没有"班级名称"字段,但有"班号"字段 C_id,班级信息表 tb_class 中有"班级名称"字段,即更新的条件来自班级信息表 tb_class,可采用带子查询的修改语句完成。首先通过表 tb_class 查询班级名称为"13 软件技术 1 班"的班号,然后根据班号修改表 tb_student 中该班号的入学日期。

实践步骤如下。

单击 SSMS 工具栏左上角的"新建查询"按钮,打开"查询分析器"窗口,在"查询分析器"窗口中输入代码:

```
/*将学生信息表 tb_student 中班级名称为"13 软件技术 1 班"的记录的入学日期修改为
"2013-9-7"*/
UPDATE tb_student SET s_enterdate = '2013-9-7'
WHERE c_id = (SELECT c_id FROM tb_class  WHERE c_name = '13 软件技术 1 班')
```

执行该命令后,通过 SELECT 语句或前述"打开表"操作查看更新后的数据,如图 5-8 所示。

	s_id	s_name	s_sex	s_birthday	s_enterdate	s_edusys	s_telephone	s_address	c_id
1	201315030101	li	男	1994-04-26 00:00:00	2013-09-07 00:00:00	3	13211111111	广东广州	2013150
2	201315030102	李四	男	1994-02-08 00:00:00	2013-09-07 00:00:00	3	13211111112	广东珠海	2013150
3	201315030103	张梅	女	1995-01-05 00:00:00	2013-09-07 00:00:00	3	15933333333	广东梅州	2013150
4	201315030201	李响	男	1995-05-01 00:00:00	2013-09-01 00:00:00	3	15911111111	广东珠海	2013150

图 5-8 更新"入学日期"后结果集

任务三 删 除 记 录

【任务要求】

删除表中不需要或过时的历史记录。

【知识储备】

随着表中记录的不断增加，会出现不再需要的或过时的数据，这些记录会占用数据库的空间，并影响表查询和修改的效率，可以将其删除。

删除记录的方法如下。

1. 使用 SSMS 删除记录

通过 SSMS 删除记录为可视化操作，和插入记录的方法步骤类似，在打开表后删除相应的记录即可。

2. 使用 DELETE 语句删除记录

使用 DELETE 语句删除记录的基本语法格式如下：

```
DELETE [ FROM ] { table_or_view_name }  [ WHERE { <search_condition> } ]
```

该语法格式中各参数含义如表 5-3 所示。

表 5-3 DELETE 语句各参数含义

参 数 名	参数意义
FROM	可选关键字，用在 DELETE 和目标表或视图之间
table_or_view_name	待删除记录的表或视图的名称
WHERE	指定删除条件的关键字，若无 WHERE 子句，则删除表中所有记录
search_condition	对表或视图删除记录的条件描述

【任务实施】

使用 SSMS 和 Transact-SQL 两种方法删除课程信息表 tb_course 中的部分记录。

1. 使用 SSMS 删除记录

使用 SSMS 删除记录的操作步骤如下。

启动 SSMS，在对象资源管理器中，依次展开 SQL Server 数据库\"数据库"\studentdb\"表"节点，找到 tb_course 表。右击 tb_course 表，在弹出的快捷菜单中选择"打开表"命令，将鼠标定位到要删除记录所在行，右击，在弹出的快捷菜单中选择"删除"命令(可通过 Ctrl 键或 Shift 键选择多行)，如图 5-9 所示。

ggk0001	邓小平理论	4.0			1	公共基础课
ggk0002	计算机应用基...	3.0			1	公共基础课
ggk0003	高等数学	5.0			1	公共基础课
gxk0001	网页设计	2.0			4	公共选修课
gxk0002	美术欣赏	2.0			3	公共选修课
gxk0003	音乐欣赏	2.0			2	公共选修课
zyk0001	数据库原理与...	4.0			2	专业基础课
zyk0002	电子商务概论	3.0			3	专业基础课
zyk0003	软件工程	3.0		54	4	专业课
zyk0004	网络安全	3.0		54	4	专业课

右键菜单:执行 SQL(X)、剪切(T)、复制(Y)、粘贴(P)、删除(D)、窗格(N)、清除结果(L)

图 5-9 使用 SSMS 删除记录

2. 使用 Transact-SQL 删除记录

我们将课程信息表 tb_course 中课程名称为"高等数学"的记录删除。单击 SSMS 工具栏左上角的"新建查询"按钮,打开"查询分析器"窗口,在"查询分析器"窗口中输入代码:

```
/*将课程信息表 tb_course 中课程名称为"高等数学"的记录删除*/
DELETE FROM tb_course WHERE course_name = '高等数学'
```

执行该命令后,tb_course 表中课程名称为"高等数学"的记录被删除。可通过 SELECT 语句或前述"打开表"操作查看删除后表中的记录。

DELETE 语句中若无 WHERE 子句,则删除表中所有记录,且该语句只能删除整行数据,不能删除单个列的值。

【任务实践】

删除数据可以使用 DELETE 和 TRUNCATE TABLE 来实现,要求如下。

(1) 删除表中部分记录。

(2) 删除表中所有记录。

1. 删除表中部分记录

删除宿舍表 tb_hostel 中宿舍号为"1101"的记录。操作步骤如下。

根据前面的介绍,单击 SSMS 工具栏左上角的"新建查询"按钮,打开"查询分析器"窗口,在"查询分析器"窗口中输入代码:

```
DELETE tb_hostel WHERE h_id = '1101'
```

执行该命令后,提示的报错信息为:

DELETE 语句与 REFERENCE 约束"FK__tb_student__h_id__21B6055D"冲突。该冲突发生于数据库"studentdb",表"dbo.tb_student",column 'h_id'。语句已终止。

这是由于宿舍号为"1101"的宿舍,在外键表学生信息表 tb_student 中有引用不能删除。若要删除宿舍号为"1101"的记录,可如下实现。

```
/*删除宿舍表 tb_hostel 中宿舍号为"1101"的记录*/
UPDATE tb_student SET h_id = '1103' WHERE h_id = '1101'
DELETE tb_hostel WHERE h_id = '1101'
```

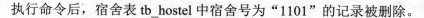

执行命令后，宿舍表 tb_hostel 中宿舍号为"1101"的记录被删除。

2. 使用 TRUNCATE TABLE 语句删除表中数据

TRUNCATE TABLE 语句也可删除记录。其语法格式如下：

```
TRUNCATE TABLE table_name
```

table_name 为待删除记录的表。TRUNCATE TABLE 可删除表中所有的记录。
如删除表"tb_公共课表"中的所有记录：

```
TRUNCATE TABLE tb_公共课表
```

TRUNCATE TABLE 语句和 DELETE 语句都不删除表结构。TRUNCATE TABLE 是通过释放存储表数据的数据页来删除表中的数据，只在事务日志中记录页的释放操作，删除数据不可恢复；而 DELETE 语句将删除的操作记录存放在事务日志中，可以通过事务日志来恢复数据。

任务四　数据的导入和导出

【任务要求】

将数据库表导出为电子表格文件；将电子表格文件导入到数据库中。

【知识储备】

在使用数据库系统或进行数据库应用系统开发时，经常需要进行数据的导入和导出操作。数据的导出可借助 SQL Server 的"导出数据"向导将数据库的表导出为电子表格文件、文本文件、Access 等其他数据格式文件等。数据的导入借助 SQL Server 的"导入数据"向导可以将其他数据库文件、电子表格文件等导入 SQL Server 数据库中。

【任务实施】

1. 将表导出为电子表格文件

(1) 启动 SSMS，在对象资源管理器中，依次展开 SQL Server 服务器\"数据库"\studentdb 节点。右击 studentdb 数据库，在弹出的快捷菜单中依次选择"任务"→"导出数据"命令，如图 5-10 所示。

(2) 在弹出的"欢迎使用 SQL Server 导入和导出向导"界面中单击"下一步"按钮，如图 5-11 所示。

(3) 弹出如图 5-12 所示的"选择数据源"界面。

"数据源"为要导出数据的数据源，这里导出 SQL Server 中数据，保持默认的 SQL Native Client 选项即可。数据源下拉列表框中列出了各种数据源，如 Microsoft Access、Micro→soft Excel 等。

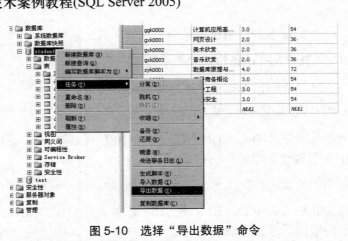

图 5-10　选择"导出数据"命令

图 5-11　"欢迎使用 SQL Server 导入和导出向导"界面

图 5-12　"选择数据源"界面

"服务器名称"为数据库所在的服务器名称。

"身份验证"应选择合适的验证方式模式。

"数据库"为要导出的数据库，可通过下拉列表框进行选择，这里选择 studentdb 数据库。

(4) 单击"下一步"按钮，弹出如图 5-13 所示的"选择目标"界面。

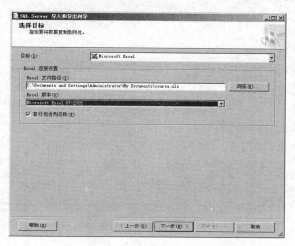

图 5-13 "选择目标"界面

"目标"为要导出的数据类型，这里选择 Microsoft Excel 选项。

"Excel 文件路径"为要导出的电子表格文件路径，可通过单击"浏览"按钮进行选择，这里将导出文件命名为"course.xls"。

"Excel 版本"为电子表格的版本，这里选择 Microsoft Excel 97-2005 选项。

(5) 单击"下一步"按钮，弹出如图 5-14 所示的"指定表复制或查询"界面。指定是从数据源复制一个或多个表或视图的数据，还是通过编写 SQL 查询语句对复制操作的源数据进行筛选，这里选中"复制一个或多个表或视图的数据"单选按钮。

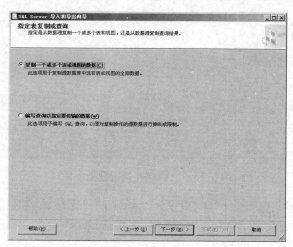

图 5-14 "指定表复制或查询"界面

(6) 单击"下一步"按钮，弹出如图 5-15 所示的"选择源表和源视图"界面。选择所要导出的表或视图，这里选择表 tb_course。可单击"预览"按钮预览数据。

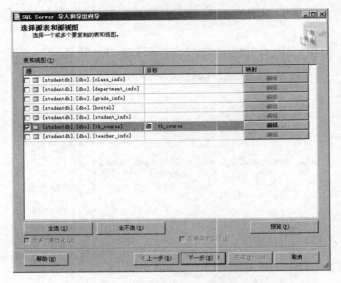

图 5-15 "选择源表和源视图"界面

(7) 单击"下一步"按钮，弹出如图 5-16 所示的"保存并执行包"界面，选中"立即执行"复选框。

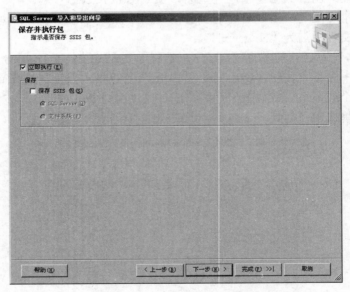

图 5-16 "保存并执行包"界面

(8) 单击"下一步"按钮，弹出如图 5-17 所示的"完成该向导"界面，单击"完成"按钮完成将 SQL Server 数据导出为电子表格文件 course.xls，并进入如图 5-18 所示的"执行成功"界面。

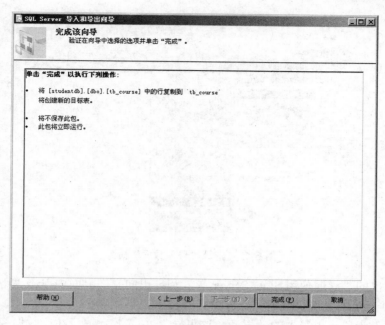

图 5-17　"完成该向导"界面

图 5-18　"执行成功"界面

2. 将电子表格文件导入数据库

(1) 启动 SSMS，在对象资源管理器中，依次展开 SQL Server 服务器\"数据库"\
studentdb 节点。右击 studentdb 节点，在弹出的快捷菜单中依次选择"任务"→"导入数
据"命令，如图 5-19 所示。

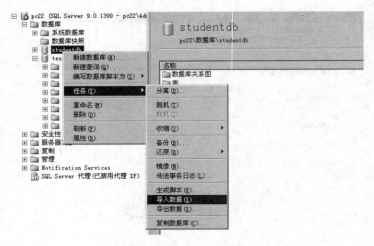

图 5-19 选择"导入数据"命令

(2) 在弹出的"欢迎使用 SQL Server 导入和导出向导"界面中单击"下一步"按钮，弹出如图 5-20 所示的"选择数据源"界面。

"数据源"为要导入数据的数据源，这里导入 Excel 数据，在"数据源"下拉列表框中选择 Microsoft Excel 选项；在"Excel 文件路径"文本框中设置 Excel 文件所在的路径，单击"浏览"按钮选择要导入的文件；"Excel 版本"可以按照读者的要求自行选择，这里选择默认的 Microsoft Excel 97-2005 选项。

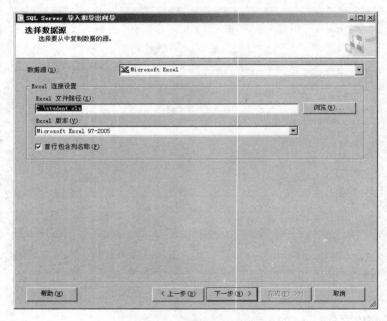

图 5-20 "选择数据源"界面

(3) 单击"下一步"按钮，弹出如图 5-21 所示的"选择目标"界面。

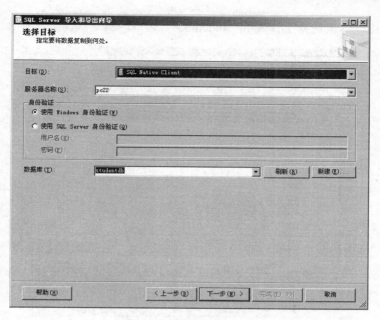

图 5-21 "选择目标"界面

"目标"为要导入的数据类型，我们将 Excel 文件导入 SQL Server 数据库，这里选择 SQL Native Client 选项。"服务器名称"为导入数据库所在的服务器名称。"身份验证"选择合适的验证模式。"数据库"为要导入的数据库名称，这里选择 studentdb 选项。

（4）单击"下一步"按钮，弹出如图 5-22 所示的"指定表复制或查询"界面，保持默认设置，即选中"复制一个或多个表或视图的数据"单选按钮。

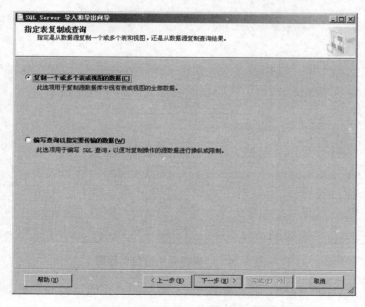

图 5-22 "指定表复制或查询"界面

（5）单击"下一步"按钮，弹出如图 5-23 所示的"选择源表和源视图"界面，选择要导入的表或视图，这里选择工作表 bf_student$。

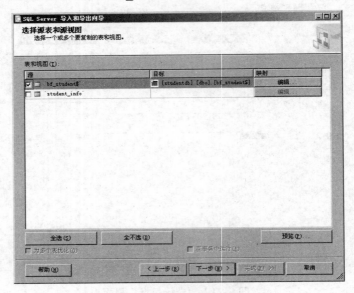

图 5-23 "选择源表和源视图"界面

(6) 单击"下一步"按钮，弹出如图 5-24 所示的"保存并执行包"界面。

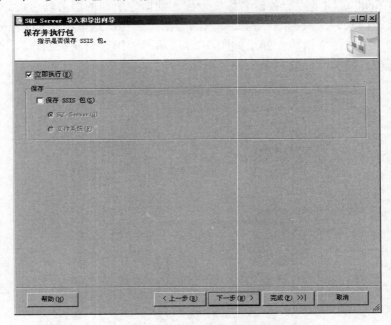

图 5-24 "保存并执行包"界面

(7) 单击"下一步"按钮，弹出如图 5-25 所示的"完成该向导"界面。单击"完成"按钮，完成 Excel 文件向数据库的导入任务。

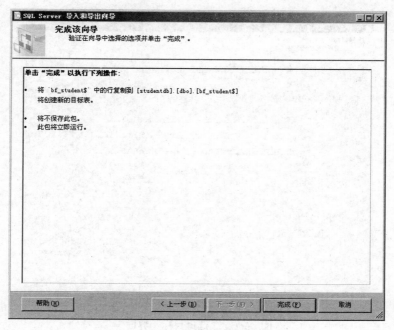

图 5-25 "完成该向导"界面

(8) 在对象资源管理器中单击 studentdb 节点下的"表"节点，在展开的表中可查看从 Excel 导入的表，如图 5-26 所示。

图 5-26 查看导入的表

【任务实践】

将数据库 studentdb 文件导出为 Access 数据库文件 studentdb.mdb；将 Access 数据库文件导入 SQL Server 数据库中。

1. 将 SQL 数据库文件导出为 Access 数据库

导出的步骤和数据库表导出为电子表格文件类似，关键的步骤如下。

(1) 按照前述的方法打开"SQL Server 导入和导出向导"对话框，数据源采用默认的 SQL Native Client 选项，数据库为 studentdb，如图 5-27 所示。在"选择目标"界面中，在"目标"下拉列表框中选择 Microsoft Access 选项，单击"文件名"文本框右侧的"浏览"按钮，选择导出的文件 studentdb.mdb，该文件需提前创建好。

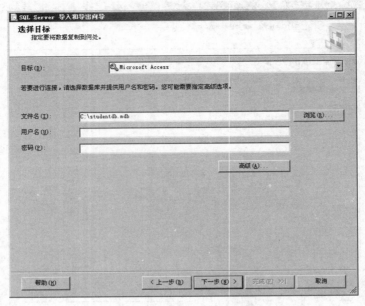

图 5-27 "选择目标"界面

(2) 单击"下一步"按钮,弹出如图 5-14 所示的"指定表复制或查询"界面,采用默认选项。

(3) 单击"下一步"按钮,弹出如图 5-28 所示的"选择源表和源视图"界面,选择所要导出的表或视图。

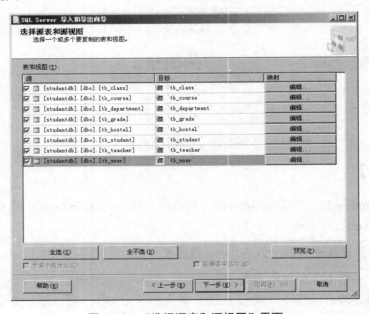

图 5-28 "选择源表和源视图"界面

(4) 单击"下一步"按钮,弹出"保存并执行包"界面,后续步骤和导出电子表格文件相同。执行成功后,打开文件 studentdb.mdb,如图 5-29 所示。

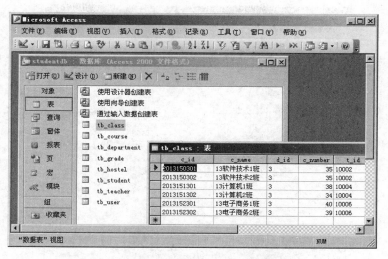

图 5-29　导出后的 studentdb.mdb 数据库

2. 将 Access 数据库文件导入 SQL 数据库中

导入的步骤和将电子表格文件导入到 SQL 数据库中类似，其中关键的步骤如下。

(1) 打开"SQL Server 导入和导出向导"对话框，数据源选择 Microsoft Access 选项，在"文件名"文本框中设置要导入的文件，这里选择刚导出的 studentdb.mdb 文件，如图 5-30 所示。

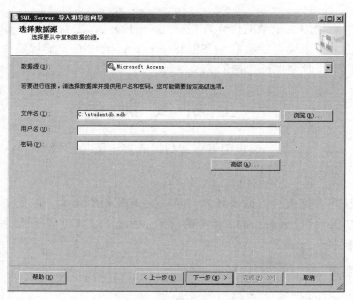

图 5-30　"选择数据源"界面

(2) 单击"下一步"按钮，在"选择目标"界面的"目标"下拉列表框中保持默认的选项 SQL Native Client，数据库改为 studentFromAccess(单击"数据库"下拉列表框右侧的"新建"按钮创建)，如图 5-31 所示。

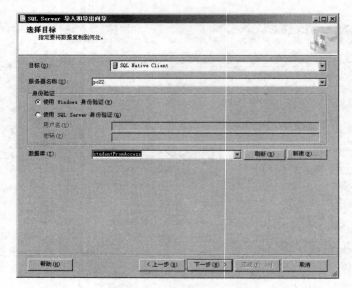

图 5-31　"选择目标"界面

(3)　单击"下一步"按钮，后续步骤和导入电子表格文件类似，打开 SQL Server 可查看导入的数据库 studentFromAccess。

项 目 小 结

本项目介绍了数据库表记录的操作，包括记录的插入、更新和删除等，并且也介绍了数据的导入和导出，要求读者能够利用 SSMS 和 Transact-SQL 语句熟练地进行记录的插入、更新和删除，操作时要保证数据的完整性。

上 机 实 训

编辑图书管理数据库表记录

实训背景

图书管理数据库在建表后，需要插入记录、更新及删除记录，以便进行后续的工作，要求能够使用 SSMS 和 Transact-SQL 语句两种方法插入、更新和删除记录，并能根据要求实现数据的导入和导出。

实训内容和要求

打开数据库 librarydb，完成下列实训内容。

(1)　使用 SSMS 和 Transact-SQL 命令编辑图书管理数据库表记录，具体要求如下。

①　分别利用 SSMS 和 Transact-SQL 命令向图书管理数据库的各表插入记录，注意插入数据要保证数据库数据的完整性。

②　根据需要利用 SSMS 或 Transact-SQL 命令修改图书管理数据库表的记录，注意修

改的数据要保证数据库数据的完整性。

③　利用 SSMS 或 Transact-SQL 命令删除图书管理数据库表中不再需要的记录。

(2)　使用 SQL Server 的"导出数据"向导将表 tb_borrow 中记录导出到电子表格文件中。

实训步骤

(1)　附加数据库 librarydb 到 SQL Server 服务器中。

(2)　使用 SSMS 向图书管理数据库各表添加数据，请注意数据完整性的要求。

(3)　使用 Transact-SQL 命令向图书管理数据库各表添加数据，添加的数据要满足数据的完整性约束。

(4)　根据需要使用 SSMS 修改图书管理数据库中表数据，同样请注意数据完整性的要求。

(5)　使用 Transact-SQL 命令修改图书管理数据库表的数据，修改的数据要满足数据完整性约束。更新数据时要注意表之间的参照完整性约束。试着更新表 tb_booktype 中某一图书类型名称的 type_id，并级联修改表 tb_book 中的 book_type 值。

(6)　使用 SSMS 删除图书管理数据库中表数据，请注意数据完整性的要求。

(7)　使用 Transact-SQL 命令删除图书管理数据库中表的数据，删除数据时要注意表之间的参照完整性约束。试着删除表 tb_readertype 中数据会怎样，分析所提示信息。若要将数据库 librarydb 中各表的数据清空，要如何操作？

(8)　利用 SQL Server 的"导出数据"向导将表 tb_borrow 中的记录导出为 Excel文件。

注意：请密切关注各类数据完整性约束，如果数据库表之间有外键约束，还要注意插入、删除和修改顺序。在插入记录时需要先插入主键的数据后，外键才能够插入数据成功；在删除记录的时候，需要先删除外键表的数据，才可以删除主键表的数据；同样，在更新记录的时候，还需要注意能否级联修改的情况。总之，一定要注意数据完整性的要求，按照数据参照完整性规则的要求进行操作。

习　题

一、选择题

1. 在 Transact-SQL 语法中，用来插入数据的命令是(　　)，用于修改数据的命令是(　　)。

　　　A. INSERT　UPDATE　　　　　　　　B. UPDATE　INSERT
　　　C. DELETE　UPDATE　　　　　　　　D. CREATE　UPDATE

2. 现有员工表 staff，列分别为 "s_id" (int)、"s_name" (varchar)、"s_sex(char)"、"s_tel" (varchar)。其中 s_id 为编号，s_name 为姓名，s_sex 为性别，s_tel 为电话。使用INSERT 语句向 staff 表插入数据，以下语句错误的是(　　)。

　　　A. INSERT staff values('1001','张三','男','13311111111')

　　　B. INSERT staff(s_id,s_name,s_sex,s_tel) values('1001','张三','男','13311111111')

C. INSERT staff(s_id,s_name) values('1001','张三')

D. INSERT staff values('1001','张三')

二、填空题

1. _____命令和_____命令均可删除表中的数据，但_____命令删除数据后不可恢复，而_____ 命令可以通过事务日志来恢复数据。

2. 对选择题第 2 小题中的员工表 staff，若要将编号为 1001 的记录的"姓名"和"性别"分别修改为"李颖"和"女"，则修改的 SQL 语句为_____。

三、简答题

1. 简述 DELETE 语句和 TRUNCATE TABLE 语句的异同点。

2. 简述 SQL Server 中数据的导入和导出方法。

项目六

数据查询

项目导入

在前面的项目中，读者已经掌握了数据库的基本知识，也学会了创建和管理数据库以及数据库表等，并且已经插入了相关的数据进行保存。保存数据是为了以后更好地使用，用户根据特定的需求，从数据库中收集有用数据的操作称为查询。通过查询，用户可以浏览数据库的数据，也可以更新数据库的信息。查询是 SQL 的核心。用户的最终目的是通过数据库的数据查询得到所需要的数据进行分析和统计，从而指导自己的决策。

学生管理数据库系统的信息量比较多，需要设计众多的查询浏览和分析统计数据，数据查询是数据库应用技术中一个非常核心的部分。

本项目以"学生管理数据库系统"为案例，介绍学生管理数据库中数据查询的知识。

项目分析

数据库的功能不仅仅是储存数据，更需要能够根据自己的需要查询数据，分析和统计数据，以便进行相应的决策，因此应培养熟练使用数据库的能力。

查询是数据库一个非常核心的功能，是数据库中最常用的操作。可以说，只要是需要使用数据库，就会用到查询。

SQL 使用方便灵活，功能强大，易学易用，现在基本的关系数据库比如 DB2、SQL Server、Oracle 等都使用 SQL，同时各数据库产品厂商也根据具体的需要推出各自支持 SQL 的软件，并且实现扩充功能，SQL Server 进行扩充使用的是 Transact-SQL，我们简称为 T-SQL。

SQL 标准中的 SELECT 语句是数据库应用最广泛和最重要的语句之一。用户可以利用 SELECT 语句根据自己的需要进行灵活查询。SELECT 语句是一种嵌入式的语言，可以嵌入到任何高级语言中访问数据库。

Transact-SQL 的 SELECT 语句从一个或者多个表或视图中检索记录，使用时只需输入一条 SELECT 语句，查询情况将在结果窗口中显示。可以编辑或打印这些结果，并且把它们保存在非数据库文件中。

查询可以分为基本查询、连接查询、子查询和集合查询。

能力目标

- 能从整个项目出发，分析系统需求。
- 能根据实际情况设计查询。
- 能够实现用户的基本查询。
- 能熟练利用查询功能对数据进行分析和统计。
- 综合运用所学理论知识和技能，实现多表查询操作。
- 培养综合处理问题的能力。

知识目标

- 能熟练掌握查询常用的语句和语法。
- 能熟练使用 SELECT 语句进行各类查询。

- 能熟练利用连接查询实现多表查询操作。
- 能够实现子查询和联合查询。

任务一 基本查询

【任务要求】

能够熟练掌握基本查询的知识，熟练进行基本的投影查询、选择查询以及统计查询等。

【知识储备】

1. SQL 语言

SQL(Structured Query Language，结构化查询语言)是关系数据库的标准语言，对关系模型的发展和商用 DBMS 的研制起着重要的作用。SQL 是介乎于关系代数和元组演算之间的一种语言。SQL 的核心内容包括：数据定义、数据查询、数据更新和嵌入式 SQL。

SQL 从功能上可以分为 4 部分：数据查询(Data Query)、数据操纵(Data Manipulation)、数据定义(Data Definition)和数据控制(Data Control)。

数据查询语言：即 SQL DQL，用于进行数据的查询操作，常用 SELECT 保留字。

数据定义语言：即 SQL DDL，用于定义 SQL 模式、基本表、视图、索引等结构。

数据操纵语言：即 SQL DML。数据操纵分为插入、删除和修改三种操作，这三种操作读者可以查看项目五的内容。

数据控制语言：即 SQL DCL，这一部分包括对基本表和视图的授权、完整性规则的描述、事务控制等内容。

SQL 的核心部分相当于关系代数，同时又具有关系代数所没有的许多特点，如聚集、数据库更新等。

SQL 语法结构如表 6-1 所示。

表 6-1 SQL 语法结构

功 能	关 键 词
数据库查询	SELECT
数据操纵	INSERT，UPDATE，DELETE
数据定义	CREATE，DROP
数据控制	GRANT，REVOKE

表 6-2 的内容读者可以结合前面所学项目内容加以实践验证，本项目主要涉及的是数据查询的内容。

表 6-2　SQL 基本语句

操作对象	操作方式及程序		
	创　建	删　除	修　改
数据库	CREATE DATABASE	DROP DATABASE	
表	CREATE TABLE	DROP TABLE	ALTER TABLE
索引	CREATE INDEX	DROP INDEX	
视图	CREATE VIEW	DROP VIEW	

2. SELECT 查询语句

SELECT 查询语句由许多子句构成，可以对一个表或多个表或者多个视图按照一定的条件和需求进行查询，并可以根据需要产生新表，该新表可以显示出来并且保存起来。在进行查询时还可以实现统计的功能。

1) SELECT…FROM…WHERE 句型

前面大家已经学过，在关系代数的运算中，各种运算并一定仅仅单一出现，通常是结合起来进行的，下列表达式最常用：

$$\prod A_1,\cdots,A_n(\sigma F(R_1\times\cdots\times R_m))$$

其中，R_1，$\cdots$，R_m 为关系，F 代表筛选条件表达式，A_1，$\cdots$，A_n 为属性。

由此，SQL 得出了下列结构：

```
SELECT  A1,…,An
FROM  R1,…,Rm
WHERE  F
```

很显然，上述结构是为关系运算服务的，其中筛选条件 F 逻辑表达式，在条件查询中会进行详细的讲解。

2) 基本语法结构

语法结构如下：

```
SELECT [ALL|DISTINCT] [TOP n [PERCENT]] 需要查询的列名或列表达式序列
[INTO 新表名]
FROM 基本表名或视图列表
[ WHERE  查询条件表达式]
[ GROUP BY 分组列的列名表]
[ HAVING  组条件表达式]
[ ORDER BY  排序列的列名表达式 [ ASC|DESC ]
```

语法结构说明如表 6-3 所示。

表 6-3　语法结构说明

参数名或符号	参数或符号意义
SELECT	查询，是 SQL 语句的核心内容，后面设定需要查询的列名序列或列表达式。序列是形容可以包含多个列名或者表达式，各个列名或者表达式之间用逗号隔开
ALL|DISTINCT	全部记录(可包含重复)/去除重复行的记录

参数名或符号	参数或符号意义
TOP n	返回查询结果集的前 n 条记录
PERCENT	和 TOP n 配合使用，指定输出结果集中的前百分之 n 条记录
INTO	查询的结果集生成一个新表，后跟新表名
FROM	指定查询结果集的来源，后跟基本表或者视图列表
WHERE	指定查询条件，后面直接设定具体的条件表达式
GROUP BY	指定分组的列，后面直接设定分组的列名
HAVING	指定分组里面设定的条件，该项工作的前提是一定要事先有分组
ORDER BY	指定排序，后面直接指定排序的列名，ASC 为升序，DESC 为降序
[]	表示该子句为可选子句
		表示该符号左右选项只能选其一

该语法结构的含义如下。

按照 WHERE 子句设定的查询条件，从 FROM 子句指定的基本表或视图中筛选出满足条件的记录或元组，再按 SELECT 子句中指定的需要查询的列名或者表达式，选出记录或者元组中的属性值形成结果，以表格形式显示。如果涉及分组，那么将按 GROUP 子句中指定列的值进行分组，同时提取满足 HAVING 子句中组条件表达式的那些元组。 ORDER 子句对输出的内容进行排序，按附加说明 ASC 升序排列，或按 DESC 降序排列，默认是升序。

3. 简单查询

简单查询主要是指直接查询结果，且是单表查询或者无源查询。

1)　无源查询

无源查询是指没有数据表或者视图来源的查询。主要功能可以用于直接显示或者改名。只有 SELECT 子句。

语法结构：

```
SELECT 常量表达式
```

2)　查询所有的列

查询所有的列需要用到通配符"*"。

语法结构：

```
SELECT * FROM 基本表名或者视图名
```

3)　查询部分列

查询部分列需要在 SELECT 子句后显示所需要的列名表达式。

语法结构：

```
SELECT 列名序列 FROM 基本表名或者视图名
```

4) 去除重复记录

在查询中有时候会查询出重复记录，默认会全部显示，如果需要去除重复记录，需要用到 DISTINCT 关键字。

语法结构：

```
SELECT DISTINCT 列名序列 n FROM 基本表名或者视图名
```

5) 给列标题取别名

很多时候，显示的列标题并不符合用户的需求，所以，给列标题取别名也是时常发生的事情。需要用到"="或者"AS"关键字。有以下两种方法。

(1) 用"="：新列名=旧列名。

(2) 用"AS"：旧列名 as 新列名。

语法结构：

```
SELECT 新列名=旧列名 FROM 基本表名或者视图名
```

或

```
SELECT 旧列名 AS 新列名 FROM 基本表名或者视图名
```

6) 限制返回结果集的记录行

如果不是显示所有的结果集，而是需要限定行数的时候，可以使用 TOP n [PERCENT] 的方式。如果省略 PERCENT，则返回结果集的前 n 行记录。如果使用 PERCENT，则返回结果集的 n%条记录。

语法结构：

```
SELECT TOP n [PERCENT] 列名序列
FROM 基本表名或者视图名
```

7) 查询结果排序

需要对查询结果进行排序显示的时候，需要用到 ORDER BY。使用 ORDER BY 子句可以按一个或多个列排序，其中排序方式分为升序 ASC 和降序 DESC，默认为升序。

注意：如果排序列中含有空值，执行升序 ASC 排列时排序列为空值的元组最后显示，反之降序 DESC 排列时排序列为空值的元组最先显示。

语法结构：

```
SELECT TOP n [PERCENT] 列名序列
FROM 基本表名或者视图名
ORDER BY 排序列名表达式 [ASC|DESC]
```

4. 条件查询

条件查询是指需要用到 WHERE 子句。WHERE 子句中可以用到以下运算符和表达式，如表 6-4 所示。

表6-4　运算符或表达式及其说明

运算符或表达式	说　明
关系运算符	<、 <= 、>、 >= 、 <> 、 !=
逻辑运算符	AND、OR、NOT
谓词	EXISTS、ALL、SOME、UNIQUE
集合运算符	IN、NOT　IN
聚合函数	AVG、MIN、MAX、SUM、COUNT
空值	IS NULL、IS NOT NULL
模式匹配	LIKE、NOT LIKE
范围说明	BETWEEN AND、NOT BETWEEN AND
嵌套	一个 SELECT 语句嵌入到上层 SELECT 语句中

1)　比较查询

在比较查询中，需要使用关系运算符<、 <= 、>、 >= 、 <> 、 !=，形成的关系表达式称为查询条件。

语法结构：

```
SELECT 列名序列
FROM 基本表名或者视图名
WHERE 关系表达式
```

2)　范围查询

在范围查询中，需要进行范围限定的时候可使用范围说明表达式 BETWEEN…AND 或者 NOT BETWEEN…AND。如果需要查询某个区间的结果集用到 BETWEEN…AND。

语法结构：

```
SELECT 列名序列
FROM 基本表名或者视图名
WHERE 列名 BETWEEN 初始值 AND 终值
```

其实该表达式也可以用>=和<=的关系表达式替代。

反之，如果在某个范围之外，则需要用到 NOT BETWEEN…AND。

3)　列表查询

在列表查询中，需要用到集合运算符 IN 或者 NOT IN，IN 实际上是从集合中取元素值形成条件表达式。

语法结构：

```
SELECT 列名序列
FROM 基本表名或者视图名
WHERE 列名 IN(集合元素 1,集合元素 2,…,集合元素 n)
```

反之，NOT IN 是指条件表达式用到的值不属于该集合。

4)　模糊查询

模糊查询需要用到模式匹配符 LIKE 或者 NOT LIKE，LIKE 关键词一定要和通配符相匹配。通配符表如表 6-5 所示。

表 6-5　通配符及其说明

通　配　符	说　明
%	表示零个或者连续多个字符组成的字符串
_	代表任意单个字符或者汉字
[]	用来指定范围，比如[A-Z]表示指定为 A～Z 区间内的任意单个字符
[^]	表示不属于指定范围的，比如[^A-Z]表示不属于 A～Z 区间内的任意单个字符

如果需要查找满足某个模糊条件，则需要用到 LIKE 和通配符进行操作。
语法结构：

```
SELECT 列名序列
FROM 基本表名或者视图名
WHERE 列名 LIKE '<匹配字符串>'
```

反之，就需要用到 NOT LIKE。NOT 是指引出一个条件，将值取反。

5)　空值查询

进行空值查询的时候，需要用到 IS NULL。
语法结构：

```
SELECT 列名序列
FROM 基本表名或者视图名
WHERE 列名 IS NULL
```

反之，如果查询非空值，就使用 IS NOT NULL。

6)　多重条件查询

进行多重条件查询的时候，需要用到逻辑运算符 AND 或者 OR。AND 和 OR 可以用来连接多个查询条件。如果是条件同时成立，则需要用到 AND。
语法结构：

```
SELECT 列名序列
FROM 基本表名或者视图名
WHERE 条件1  AND 条件2  AND 条件N
```

反之，如果条件不同时成立，则用 OR 来连接多个条件。

5. 统计查询

统计查询主要需要使用聚合函数，聚合函数如表 6-6 所示。

表 6-6　聚合函数及其功能描述

函　数　名	描　述
AVG	计算查询结果的平均值
COUNT	统计查询结果集中行的数目(不含空值的行)，唯一能用于 text、ntext 或 image 数据类型的函数

续表

函 数 名	描　　述
COUNT(*)	统计查询结果集中行的数目(含空值的行)
MAX	查询结果集中的最大值，不能用于数据类型是 bit 的字段
MIN	查询结果集中的最小值，不能用于数据类型是 bit 的字段
SUM	查询结果集中数据的总和

聚合函数的参数为列名或者列名表达式，能对列名表达式上的值进行统计。默认情况下，会对聚合函数指定列的所有值进行统计，可以保持默认，也可以用 ALL 代替。如果需要对聚合函数指定列的值(去除重复)进行统计，则需要用 DISTINCT 对列进行设置。

1)　整表统计

对整个表的数据进行统计的时候，需要用到聚合函数，按照所需选择相应的聚合函数，设定是否去除重复值即可。

语法结构：

```
SELECT 函数名([ALL|DISTINCT] 列名表达式|*)
FROM 基本表名或者视图名
```

在进行统计的时候，可以使用多个聚合函数进行统计，也可以设置别名，还可以设置条件和排序，可以参照前面的例子，请大家自行模仿即可。

注意：该种情况下，每个聚合函数只能返回一个单一的值。

2)　分组统计

对整个表进行统计的情况有时候并不能满足实际要求，经常需要进行分组统计，也就是说需要返回多个结果，这就需要用到 GROUP BY。

语法结构：

```
SELECT 函数名([ALL|DISTINCT] 列名表达式|*)
FROM 基本表名或者视图名
WHERE 查询条件表达式
GROUP BY 列名表
```

请注意：

● 该种情况下，每个分组都会出现一个统计结果。

● 在 GROUP BY 中出现的字段，必须出现在 SELECT 后面。

● SELECT 后出现的字段，必须是聚合函数调用的字段，或者是出现在 GROUP BY 语句中，否则将出错。

● 如果有 WHERE 语句，WHERE 语句需要放在 GROUP BY 之前。

● GROUP BY 后面可以有多个分组字段。

● 如果 GROUP BY 有多个分组字段，各字段之间用逗号分隔，分组的顺序是从右到左。

3)　分组条件统计

如果需要设置分组后的条件，则需要配合 HAVING 子句使用。HAVING 后的组条件表达式常用列函数作为条件，列函数不允许出现在 WHERE 子句中。

语法结构：

```
SELECT [ALL|DISTINCT] [TOP n [PERCENT]] 需要查询的列名或列表达式序列
[INTO 新表名]
FROM 基本表名或视图列表
WHERE    查询条件表达式
GROUP BY 分组列的列名表
HAVING    组条件表达式
```

请注意：

- HAVING 子句只能出现在 GROUP BY 子句后。
- HAVING 后面可设置多个条件。
- HAVING 子句可以使用任何出现在 SELECT 列表中的字段。
- WHERE 用在 FROM 之后，只有满足 WHERE 条件的记录才可以参与分组计算。WHERE 出现在分组之前。
- HAVING 用在 GROUP BY 之后，是对分组之后的结果进行筛选。HAVING 出现在分组之后。
- HAVING 可以在条件中包含聚合函数，WHERE 不能包括。

【任务实施】

在进行基本查询操作的时候，按照语法结构和用户需求实现即可，可以分为三大类。

1. 实现学生管理数据库系统数据的简单查询

(1) 用无源查询显示电话号码"15916668888"。

(2) 查询学生信息表 tb_student 的所有列。

(3) 查询学生信息表 tb_student 的学号 s_id、姓名 s_name、性别 s_sex、联系电话 s_telephone。

(4) 查询学生信息表 tb_student 的所有班号，注意需要去掉重复值。

2. 实现学生管理数据库系统数据的条件查询

(1) 查询成绩信息表 tb_grade 中大于等于 85 的记录。

(2) 查询学生信息表 tb_student 中所有姓李的学生记录。

3. 实现学生管理数据库系统数据的统计查询

在成绩信息表 tb_grade 中统计考试总人次。

打开查询分析器窗口，输入程序并执行操作，实施步骤如下。

1) 实施简单查询

(1) 用无源查询显示电话号码"15916668888"。输入代码：

```
use studentdb
go
select '15916668888'          --无源查询，只有SELECT 语句
```

查询结果如图 6-1 所示。

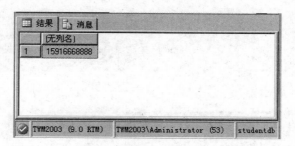

图 6-1　查询显示电话号码

(2)　查询学生信息表 tb_student 的所有列。输入代码：

```
use studentdb
go
select * from tb_student          -- *表示投影查询所有的列
```

查询结果如图 6-2 所示。

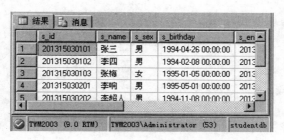

图 6-2　查询所有列

(3)　查询学生信息表 tb_student 的学号 s_id、姓名 s_name、性别 s_sex、联系电话 s_telephone。输入代码：

```
use studentdb
go
select s_id,s_name,s_sex,s_telephone        --查询部分列时，多个列名用","隔开
from tb_student
```

查询结果如图 6-3 所示。

图 6-3　查询部分列

(4)　查询学生信息表 tb_student 的所有班号，注意需要去掉重复值。输入代码：

```
use studentdb
go
select distinct c_id          --查询班号，用 DISTINCT 去掉重复值
from tb_student
```

查询结果如图 6-4 所示。

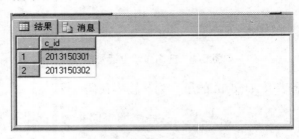

图 6-4　查询班号

2)　实施条件查询

(1)　查询出成绩信息表 tb_grade 中大于等于 85 的记录。

该查询涉及比较，所以一定需要用到关系运算符。输入代码：

```
use studentdb
go
select *
from tb_grade
where score>=85                          --查询条件规定成绩大于等于 85
```

查询结果如图 6-5 所示。

	s_id	course_id	score
1	201315030101	ggk0002	86
2	201315030101	gxk0001	85
3	201315030101	zyk0001	88
4	201315030102	ggk0002	90
5	201315030102	zyk0002	93
6	201315030103	ggk0002	95

TWM2003 (9.0 RTM)　TWM2003\Administrator (52)　studentdb

图 6-5　查询成绩大于等于 85 的记录

(2)　查询学生信息表 tb_student 中所有姓李的学生记录。

这是一个模糊查询，不能使用等号进行精确查询，需要使用 LIKE 配合通配符使用。输入代码：

```
use studentdb
go
select *
from tb_student
where s_name like '李%'                     --姓李的学生
```

查询结果如图 6-6 所示。

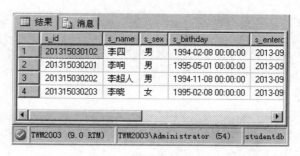

图 6-6 查询姓李的学生

3) 实施统计查询

要求在成绩信息表 tb_grade 中统计考试总人次。

只要出现一个有效的分数就可以认为有学生参加了某个课程的考试。可以使用 COUNT 聚合函数。输入代码：

```
use studentdb
go
select count(score)              --统计所有成绩，没有去重复值
from tb_grade


--统计参加考试的学生人数(一个学生可以考试很多门，需要去重复值)(扩展要求题目)
use studentdb
go
select count(distinct s_id)      --统计考生人数，去重复值
from tb_grade
```

查询结果如图 6-7 所示。

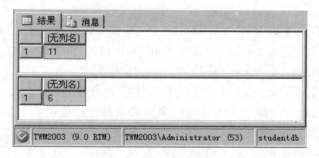

图 6-7 统计考试总人次

上述查询结果不尽如人意，因为标题那里都是"无列名"，可以将"无列名"通过别名的形式修改。改进程序如下：

```
--统计考试总人数，并指定列名
use studentdb
go
select count(score) 考试总人次                    --统计所有成绩，没有去重复值
from tb_grade

--统计参加考试的学生人数(一个学生可以考试很多门，需要去重复值)
```

```
use studentdb
go
select count(distinct s_id) 考生人数          --统计所有成绩,去重复值
from tb_grade
```

查询结果如图6-8所示。

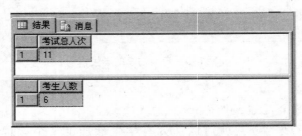

图6-8　统计考试总人数并指定列名

该显示清楚明白,所以前面章节讲述的内容大家要灵活运用。后面统计查询请大家都注意使用别名来明确显示结果。

【任务实践】

实现学生管理数据库系统数据的基本查询,要求如下。

(1) 查询学生信息表 tb_student 的 s_id、s_name、s_sex、s_telephone,并显示列标题为"学号""姓名""性别""联系电话"。

(2) 查询学生信息表 tb_student 的前5条记录。

(3) 查询学生信息表 tb_student 的 s_id、s_name、s_sex、s_telephone,并按学号降序排列。

(4) 查询成绩信息表 tb_grade 中成绩在 60~90 分(含60分和90分)的记录。

(5) 查询学生信息表 tb_student 中宿舍号 h_id 为 1101 和 1102 的学生记录。

(6) 查询学生信息表 tb_student 中所有姓李的学生记录。

(7) 查询学生信息表 tb_student 中还没有安排宿舍的学生记录。

(8) 在成绩信息表 tb_grade 中统计每门课程的最高分和最低分、总成绩和平均成绩。

(9) 在成绩信息表 tb_grade 中查询学生平均成绩大于85的记录。

分析实践要求,可以发现(1)~(3)是简单查询,(4)~(7)是条件查询,(8)~(9)是统计查询。

1. 基本查询

操作步骤如下。

(1) 查询学生信息表 tb_student 的 s_id、s_name、s_sex、s_telephone,并显示列标题为"学号""姓名""性别""联系电话"。

该查询可以使用两种方式实现别名:旧列名 [AS] 新列名;新列名=旧列名。输入代码:

```
/*查询学生信息表 tb_student 的 s_id、s_name、s_sex、s_telephone,并显示列标题为学
  号、姓名、性别、联系电话 */
use studentdb
```

```
go
--别名可以采用"旧列名 as 新列名"的形式，as 也可以省略
select s_id as 学号,s_name as 姓名,s_sex as 性别,s_telephone 联系电话
from tb_student
```

或

```
use studentdb
go
--别名可以采用"新列名=旧列名"形式设置
select  学号=s_id,姓名=s_name,性别=s_sex,联系电话=s_telephone
from tb_student
```

查询结果如图 6-9 所示。

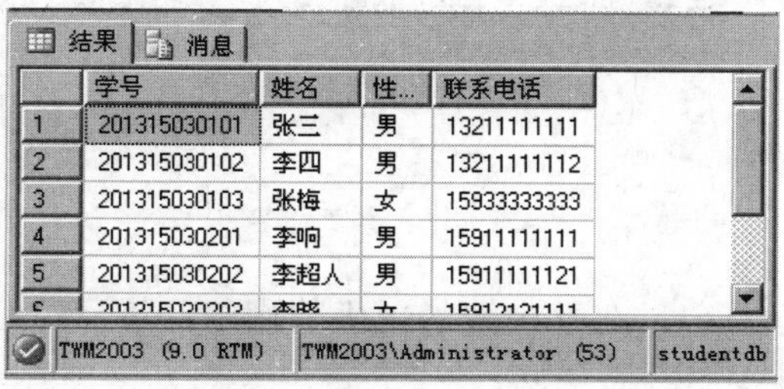

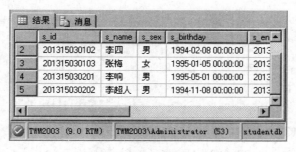

图 6-9　查询部分列

(2) 查询学生信息表 **tb_student** 的前 5 条记录。输入代码：

```
--查询学生信息表tb_student的前5条记录
use studentdb
go
select top 5  *      --查询前5条记录，用top 5表示，*代表所有列
from tb_student
```

查询结果如图 6-10 所示。

图 6-10　查询前 5 条记录

(3) 查询学生信息表 tb_student 的 s_id、s_name、s_sex、s_telephone，并按学号降序排列。输入代码：

```
/*查询学生信息表tb_student的s_id、s_name、s_sex、s_telephone，并按学号降序排列 */
use studentdb
go
```

```
select s_id,s_name,s_sex,s_telephone    --查询部分列时，多个列名用","隔开
from tb_student
--排序用 order by 子句，对 s_id 排序，desc 为降序
order by s_id desc
```

查询结果如图 6-11 所示。

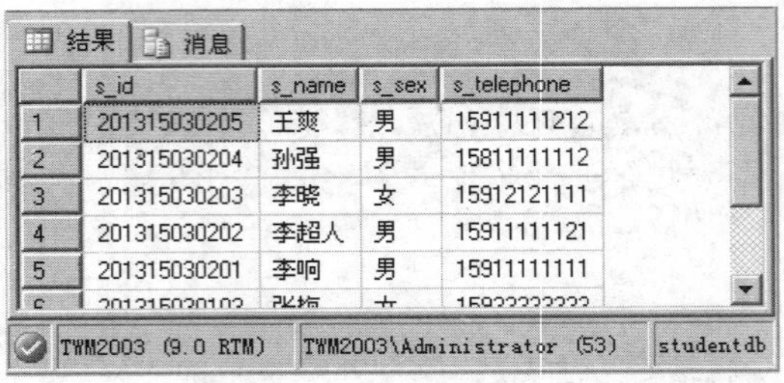

图 6-11　按学号降序排列

2. 条件查询

操作步骤如下。

打开"查询分析器"窗口，在其中输入正确的程序，然后执行即可，但是注意在该类查询中，一定会使用条件 WHERE 子句。

(1)　查询成绩信息表 tb_grade 中成绩在 60～90 分(分和 90 分)的记录。

该查询涉及一个范围，可以使用 BETWEEN…AND，可以使用比较关系运算符。输入代码：

```
--查询成绩信息表 tb_grade 中成绩在 60～90 分(含 60 分和 90 分)的记录
use studentdb
go
select *
from tb_grade
where score between 60 and 90   --查询条件规定成绩在 60～90 分之间
```

或

```
use studentdb
go
select *
from tb_grade
where score>=60 and score<=90   --用关系运算符也可以实现
```

查询结果如图 6-12 所示。

(2)　查询学生信息表 tb_student 中宿舍号 h_id 为 1101 和 1102 的学生记录。

可使用集合运算符 IN 进行操作，1101 和 1102 为集合元素。输入代码：

```
--查询学生信息表 tb_student 中宿舍号 h_id 为 1101 和 1102 的学生记录
use studentdb
go
select *
from tb_student
```

```
where h_id in('1101','1102')      --宿舍号只能取集合元素 1101 和 1102
```

查询结果如图 6-13 所示。

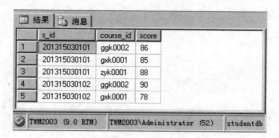

图 6-12　查询成绩在 60～90 分的记录

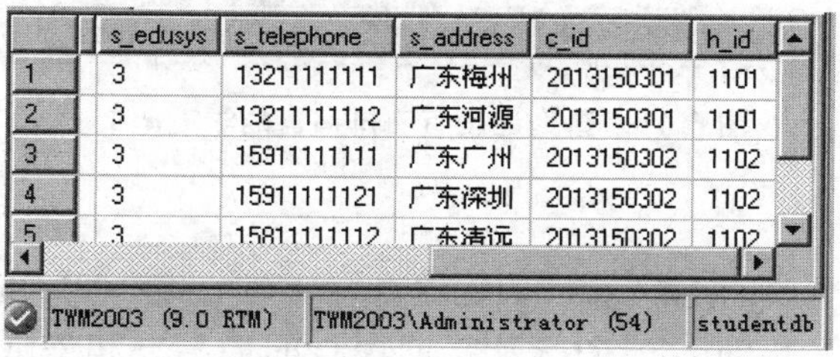

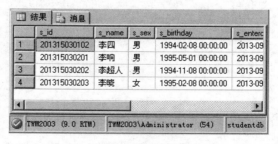

图 6-13　查询宿舍号 h_id 为 1101 和 1102 的记录

(3)　查询学生信息表 tb_student 中所有姓李的学生记录。

这是一个模糊查询，不能使用等号进行精确查询，需要使用 LIKE 配合通配符使用。
输入代码：

```
--查询学生信息表 tb_student 中所有姓李的学生记录
use studentdb
go
select *
from tb_student
where s_name like '李%'      --姓李的学生
```

查询结果如图 6-14 所示。

图 6-14　查询所有姓李的学生记录

(4)　查询学生信息表 tb_student 中还没有安排宿舍的学生记录。

```
--查询学生信息表 tb_student 中还没有安排宿舍的学生记录
use studentdb
```

```
go
select *
from tb_student
where h_id is null          --没有安排宿舍,为空
```

查询结果如图 6-15 所示。

图 6-15 查询还没有安排宿舍的学生记录

3. 统计查询

在"查询分析器"窗口中输入相应的程序。统计查询需要使用到聚合函数。

(1) 在成绩信息表 tb_grade 中统计每门课程的最高分和最低分以及总成绩和平均成绩。

该查询是按每门课程进行查询,很显然有分组,而且是按照课程分组,需要用到 GROUP BY,并且还需要用到聚合函数 MAX、MIN、SUM、AVG。输入代码:

```
/*在成绩信息表tb_grade中统计每门课程的最高分和最低分以及总成绩和平均成绩*/
use studentdb
go
select course_id 课程号,max(score) 最高分,min(score)最低分,sum(score) 总成
绩,avg(score) 平均成绩          --分组统计,分组字段必须出现在select后面
from tb_grade
group by course_id
```

查询结果如图 6-16 所示。

	课程号	最高	最低	总成	平均成绩
1	ggk0002	95	86	271	90
2	gxk0001	85	78	163	81
3	zyk0001	95	58	333	83
4	zyk0002	96	93	189	94

图 6-16 统计每门课程的最高分和最低分以及总成绩和平均成绩

(2) 在成绩信息表 tb_grade 中查询学生平均成绩大于 85 的记录。

在该查询中,需要先使用聚合函数作为比较条件,因此不能使用 WHERE 子句,且必须使用 HAVING 子句,HAVING 子句使用的前提是必须有分组,需要使用 GROUP BY 子句,而且很显然这里是按学生分组的。输入代码:

```
--在成绩信息表tb_grade中查询学生平均成绩大于85的记录
```

```
use studentdb
go
select s_id 学号,avg(score) 平均成绩  --分组统计,分组字段必须出现在 select 后面
from tb_grade
group by s_id
having avg(score)>85                        --聚合函数只能用于 having 子句中
```

查询结果如图 6-17 所示。

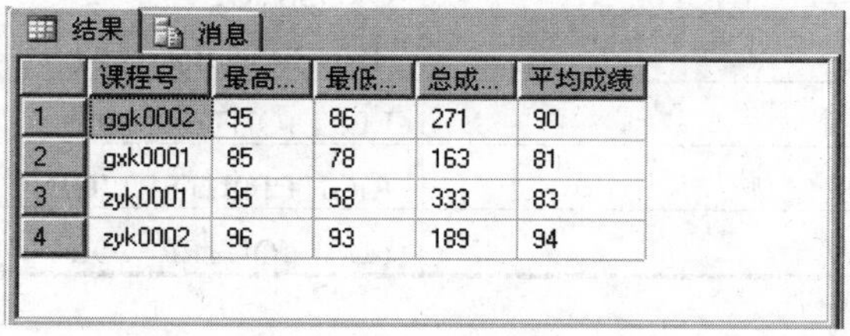

	课程号	最高…	最低…	总成…	平均成绩
1	ggk0002	95	86	271	90
2	gxk0001	85	78	163	81
3	zyk0001	95	58	333	83
4	zyk0002	96	93	189	94

图 6-17   查询平均成绩大于 85 的记录

任务二   连 接 查 询

【任务要求】

能够熟练掌握连接查询的知识,熟练进行各种连接查询。

【知识储备】

关系数据库中,基本上关系与关系之间存在着联系,并且信息的查询也往往涉及彼此相联系的很多关系。在 SQL Server 查询语句中,一个 SELECT 语句可以连接的表的最大数目是 64。通常情况下,一个 SELECT 语句最多连接 8~10 个表。

1. SQL Server 支持的连接查询的语法结构

在 SQL Server 中,连接查询可以有以下两种语法形式。

1) 早期的 SQL Server 形式。

```
Select 表名.列名 1 [,…n]
From 表名 1[,…n]
Where {查询条件 AND|OR 连接条件| [,…n]}
```

2) ANSI 形式

```
Select 表名.列名 1 [,…n]
From {表名 1[连接类型] join 表名 2 on 连接条件}[,…n]
Where 查询条件
```

早期的 SQL Server 形式一般用于内连接。

2. 连接查询的类型

连接查询主要包括内连接、外连接和交叉连接，如表 6-7 所示。

表 6-7　连接查询类型及关键词

连接类型		关 键 词
交叉连接		CROSS JOIN
内连接		[INNER] JOIN
外连接	左外连接	LEFT [OUTER] JOIN
	右外连接	RIGHT [OUTER] JOIN
	全外连接	FULL [OUTER] JOIN

注意

- INNER JOIN 型的连接 SQL Server 的默认连接，可以缩写为 JOIN。
- 连接查询涉及多表，所以，一定存在主键和外键。
- 连接查询如果不可避免地存在重复的列名，任何重复的列名前都必须用表名限定，用"表名.列名"的形式表示，其余不重复的列名可以不加表名限定，也可以使用表名限定，使列名看起来更清晰。

1) 交叉连接

交叉连接也称为非限制连接。其实也就是广义的笛卡儿积连接。这种连接方式得到的记录行数为两个连接表记录行数的乘积。不会使用 WHERE 子句，会产生大量的结果。这种查询很少使用。

语法结构有以下两种。

第一种语法结果：

```
Select 表名1.列名1 [,…n],… 表名2.列名1[,…n]
From 表名1,表名2
```

第二种语法结果：

```
Select 表名1.列名1 [,…n],… 表名2.列名1[,…n]
From 表名1 CROSS JOIN 表名2
```

2) 内连接

内连接是指多个表通过连接条件中共享的列的相等值进行的匹配连接(该列是被连接的表共有的)。内连接只返回连接表中满足连接条件的元组或记录。

内连接最常用的就是自然连接。自然连接是一种特殊的等值连接。等值连接是指连接运算符是"="的一种连接运算。它是从关系 R 与 S 的广义笛卡儿积中选取 A、B 属性值相等的那些元组。自然连接是在广义笛卡儿积 R×S 中选出同名属性上符合相等条件的元组，再进行投影，去掉重复的同名属性，组成新的关系。

语法结构：

```
Select 表名1.列名1 [,…n],… 表名2.列名1[,…n]
```

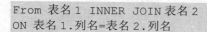

```
From 表名 1 INNER JOIN 表名 2
ON 表名 1.列名=表名 2.列名
```

或

```
Select 表名 1.列名 1 [,…n],… 表名 2.列名 1[,…n]
From 表名 1 ,表名 2
WHERE 表名 1.列名=表名 2.列名 AND 查询条件
```

注意：

● SQL Server 默认是内连接[INNER] JOIN。

● 在 Select 中选择列表中指定结果集中要显示的列名。

● 在连接条件中不要使用空值，空值和其他任何值都不等。

3）自连接

表的连接不仅仅可以在不同的表之间进行，还可以实现单表自身的连接运算。也就是说一个表和自己进行连接运算，称为自连接。这种连接也能方便地帮助用户实现一些信息的查询筛选。自连接实际是内连接的一种特殊形式。

在进行自连接的时候，有以下注意事项。

● 为了将一个表模拟成两个表，必须在自连接中对表指定别名，形成两个副本，也就是说形成两个表。

● 自连接容易生成重复记录，可以使用 WHERE 子句消除重复记录。

语法结构：

```
Select 表名 1.列名 1 [,…n],… 表名 2.列名 1[,…n]
From 表名 AS 表名 1 INNER JOIN 表名 AS 表名 2
ON 表名 1.列名=表名 2.列名
```

4）外连接

外连接以指定表为连接主体，可以将主体表中不满足连接条件的记录显示出来。根据主体表的不同，可以把外连接分为左外连接、右外连接和全外连接。和 JOIN 相比较，在 JOIN 左边的称为左表，在 JOIN 右边的称为右表。左外连接可以返回左表的所有数据行，右外连接可以返回右表的所有数据行，全外连接可以返回两个表的所有数据行。

（1）左外连接。

左外连接的查询结果返回左表的所有行，但是右表中只返回与左表相匹配的行。不匹配行的各列为 NULL 值。

语法结构：

```
Select 表名 1.列名 1 [,…n],…表名 2.列名 1[,…n]
From 表名 1 LEFT [OUTER] JOIN 表名 2
ON 表名 1.列名=表名 2.列名
```

（2）右外连接。

与左外连接刚好相反。右外连接的查询结果返回右表的所有行，但是左表(第一个表)中只返回与右表相匹配的行，不匹配的行的各列为 NULL 值。

语法结构：

```
Select 表名1.列名1 [,…n],…表名2.列名1[,…n]
From 表名1 RIGHT [OUTER] JOIN 表名2
ON 表名1.列名=表名2.列名
```

(3) 全外连接。

全外连接在查询时返回左表和右表的所有行。如果在左表中有记录而在右表中没有记录匹配，则右表相应的列值显示为 NULL；反之，如果在右表中有记录而在左表中找不到记录匹配，则左表相应的列值显示为 NULL。

语法结构：

```
Select 表名1.列名1 [,…n],…表名2.列名1[,…n]
From 表名1 FULL [OUTER] JOIN 表名2
ON 表名1.列名=表名2.列名
```

【任务实施】

在进行基本查询操作的时候，按照语法结构和用户需求操作，要求如下。

(1) 将学生信息表 tb_student 和成绩信息表 tb_grade 交叉连接。

(2) 查询选修了公共课 gxk0001 的学生的学号 s_id、姓名 s_name、课程号 course_id 和成绩 score。

(3) 查询所有学生的学号 s_id、姓名 s_name、课程号 course_id 和考试成绩 score。(使用左外连接操作)

打开"查询分析器"窗口，在其中输入程序实现查询，实践步骤如下。

(1) 将学生信息表 tb_student 和成绩信息表 tb_grade 交叉连接。

交叉连接需要用到 CROSS JOIN，也可以采用省略形式。交叉连接只会出现 SELECT 子句和 FROM 子句。输入代码：

```
use studentdb
go
select tb_student.*,tb_grade.*          --*代表所有列
from tb_student cross join tb_grade
```

或

```
use studentdb
go
select tb_student.*,tb_grade.*          --*代表所有列
from tb_student,tb_grade
```

查询结果如图 6-18 所示。

图 6-18   将学生信息表 tb_student 和成绩信息表 tb_grade 交叉连接

可以发现，采用交叉连接的查询将产生大量的记录，而且会产生很多的冗余。所以极少使用。

(2) 查询选修了公选课 gxk0001 的学生的学号 s_id、姓名 s_name、课程号 course_id 和成绩 score。

很显然，该查询需要涉及两个表：学生信息表 tb_student 和学生成绩表 tb_grade。其中学生信息表 tb_student 包含学号 s_id 和姓名 s_name 两个列，成绩信息表 tb_grade 包含学号 s_id、课程号 course_id 和成绩 score 三个列。从中可以发现学号 s_id 在两个表中都有出现，所以在使用该列的时候，一定需要指明学号 s_id 具体是属于哪个表。输入代码：

```
use studentdb
go
--s_id重复出现在tb_student和tb_grade，所以必须指明该列属于哪个表
select tb_student.s_id,s_name,course_id,score
from tb_student,tb_grade
where tb_student.s_id=tb_grade.s_id and course_id='gxk0001'
```

或

```
use studentdb
go
--s_id重复出现在tb_student和tb_grade，所以必须指明该列属于哪个表
select tb_student.s_id,s_name,course_id,score
from tb_student join tb_grade
on tb_student.s_id=tb_grade.s_id
where course_id='gxk0001'          --course_id='gxk0001'是查询条件
```

查询结果如图 6-19 所示。

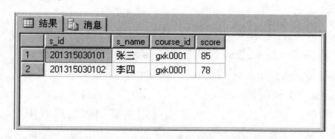

图 6-19　查询公选课 gxk0001 的学生信息

(3) 查询所有学生的学号 s_id、姓名 s_name、课程号 course_id 和考试成绩 score。(使用左外连接操作)

左外连接会返回左表(JOIN 左边)所有的记录，返回右表(JOIN 右边)符合条件的记录，不匹配的各列的值取 NULL。输入代码：

```
use studentdb
go
--重复的列名一定需要限定表名，不重复的可以限定表名，也可以不限定
select a.s_id,a.s_name,b.course_id,b.score
--在from子句中给表名直接取别名简化表名，便于输入
from tb_student a left join tb_grade b
```

```
on a.s_id=b.s_id
```

查询结果如图 6-20 所示。

	s_id	s_name	course_id	score
10	201315030202	李超人	zyk0001	92
11	201315030203	李晓	zyk0001	95
12	201315030204	孙强	NULL	NU...
13	201315030205	王爽	NULL	NU...
14	201315130101	张紫	NULL	NU...

图 6-20　使用左外连接进行查询

【任务实践】

实现学生管理数据库系统的连接查询,要求如下。

(1) 查询选修了公选课 gxk0001 的学生的学号 s_id、姓名 s_name、课程名 course_name 和成绩 score。

(2) 在学生信息表 tb_student 中查询同一个班的学生信息。

(3) 查询所有学生的学号 s_id、姓名 s_name、课程号 course_id 和考试成绩 score。(使用右外连接操作)

(4) 将学生信息表 tb_student 和成绩信息表 tb_grade 全外连接。

分析实践要求,可以发现(1)是内连接查询,(2)是自连接查询,(3)～(4)是外连接查询。在"查询分析器"窗口中输入程序,实践步骤如下。

(1) 查询选修了公选课 gxk0001 的学生的学号 s_id、姓名 s_name、课程名 course_name 和成绩 score。

该查询将涉及 3 个表,包括学生信息表 tb_student、课程信息表 tb_course 和成绩信息表 tb_grade。学生信息表 tb_student 包含学号 s_id、姓名 s_name 两个列;课程信息表 tb_course 包含课程号 course_id、课程名 course_name 两个列;成绩信息表 tb_grade 包含学号 s_id、课程号 course_id 和成绩 score 三个列。其中,学号 s_id、课程号 course_id 重复出现在不同的表中,所以,这两个列的列名前面一定需要用表名进行限定。输入代码:

```
/*查询选修了公选课 gxk0001 的学生的学号 s_id、姓名 s_name、课程名 course_name 和成绩
score */
use studentdb
go
--s_id、course_id 重复出现在几个表中,所以在该列前必须限定具体的表
select tb_student.s_id,s_name,course_name,score
-- 在 from 子句中三个表进行内连接
from tb_student join tb_grade
on tb_student.s_id=tb_grade.s_id join tb_course
on tb_grade.course_id=tb_course.course_id
where tb_course.course_id='gxk0001'
```

或

```
use studentdb
```

```
go
--s_id、course_id重复出现在几个表中，所以在该列前必须限定具体的表
select tb_student.s_id,s_name,course_name,score    from
tb_student,tb_grade,tb_course
-- 用 WHERE 子句将三个表进行内连接，course_id 列前必须限定表
where tb_student.s_id=tb_grade.s_id and
        tb_grade.course_id=tb_course.course_id and
        tb_course.course_id='gxk0001'
```

查询结果如图 6-21 所示。

	s_id	s_name	course_name	score
1	201315030101	张三	网页设计	85
2	201315030102	李四	网页设计	78

图 6-21　查询选修了公选课 gxk0001 的学生信息

超过 3 个以上的表的连接可以参照上述两种方式进行。

(2)　在学生信息表 tb_student 中查询同一个班的学生信息。

要求在一个表中查询，而且是查询同一个班的学生，也就是说班号是相同的，那就可以将该表生成两个副本，形成两个表，因为表的列在两个副本中都会重复，所以，所有的列名都必须限定表名。需要将表关联，就必须有用于匹配的联系列，联系列可以使用班号 c_id。输入代码：

```
--在学生信息表 tb_student 中查询同一个班的学生信息
use studentdb
go
--disinct 去重复值，因为列名重复，所以需限定表名
select distinct a.c_id,a.s_id,a.s_name,a.s_address
--在 from 子句中直接将表通过别名形式产生两个副本
from tb_student a join tb_student b
on a.c_id=b.c_id                    --设定有相同值的班级号作为连接列
where a.s_id<>b.s_id                --通过不同的学号确定人选
```

查询结果如图 6-22 所示。

	c_id	s_id	s_name	s_address
1	2013150301	201315030101	张三	广东广州
2	2013150301	201315030102	李四	广东珠海
3	2013150301	201315030103	张梅	广东梅州
4	2013150302	201315030201	李响	广东珠海
5	2013150302	201315030202	李超人	广东韶关
6	2013150302	201315030203	李晓	广东肇庆

图 6-22　查询同一个班的学生信息

当然，照样也可以使用早期的 SQL Server 的连接查询方式去操作。

(3) 查询所有学生的学号 s_id、姓名 s_name、课程号 course_id 和考试成绩 score。(使用右外连接操作)

右外连接会返回右表(JOIN 右边)所有的记录，返回左表(JOIN 左边)符合条件的记录，不匹配的各列的值取 NULL。输入代码：

```
/*查询所有学生的学号 s_id、姓名 s_name、课程号 course_id 和考试成绩 score */
use studentdb
go
--重复的列名一定需要限定表名，不重复的可以限定表名，也可以不限定
select a.s_id,a.s_name,b.course_id,b.score
--在 from 子句中给表名直接取别名简化表名，便于输入
from tb_grade b right join tb_student a
on a.s_id=b.s_id
```

查询结果如图 6-23 所示。

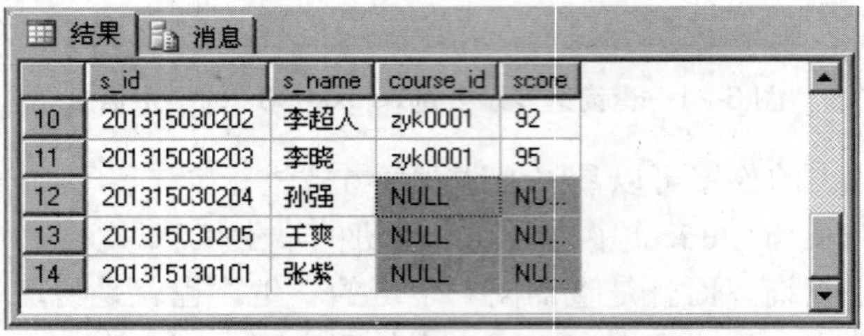

	s_id	s_name	course_id	score
10	201315030202	李超人	zyk0001	92
11	201315030203	李晓	zyk0001	95
12	201315030204	孙强	NULL	NU...
13	201315030205	王爽	NULL	NU...
14	201315130101	张紫	NULL	NU...

图 6-23　使用右外连接进行查询

(4) 将学生信息表 tb_student 和 tb_grade 全外连接。

全外连接会形成大量的记录。没有形成连接的两个表的列的值都为 NULL。输入代码：

```
--将学生信息表 tb_student 和 tb_grade 全外连接
use studentdb
go
select a.*,b.*                          --*代表所有列
--在 from 子句中给两个表取别名简化输入，同时建立全外连接
from tb_student a full join tb_grade b
on a.s_id=b.s_id                        --通过学号建立连接
```

查询结果如图 6-24 所示。

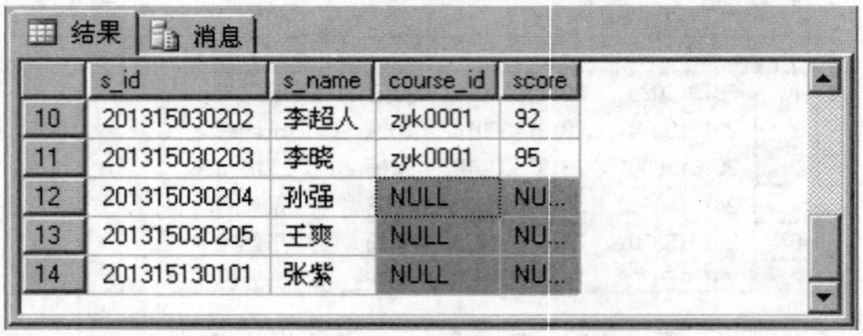

	s_id	s_name	course_id	score
10	201315030202	李超人	zyk0001	92
11	201315030203	李晓	zyk0001	95
12	201315030204	孙强	NULL	NU...
13	201315030205	王爽	NULL	NU...
14	201315130101	张紫	NULL	NU...

图 6-24　将学生信息表 tb_student 和成绩信息表 tb_grade 全外连接

连接查询总结如下。

- 连接查询涉及两个或两个以上的表，如果只有一个表，需要生成副本形成多表。
- 在连接查询中，需要连接的表必须得存在能够连接的列。
- 重复出现在连接表的列名前需要进行表名限定。
- 进行多表连接的时候基本上要进行条件设置。
- 连接查询有早期 SQL Server 和 ANSI 两种形式，默认是后者。
- 常用的连接查询是内连接。

任务三　子　查　询

【任务要求】

熟练掌握子查询的基本语法和知识，能够根据实际需求进行子查询操作。

【知识储备】

1. 子查询基础知识

一个独立的 SELECT…FROM…WHERE 查询有时候并不能完全完成查询的要求，这个时候通常需要进行嵌套查询。嵌套查询是指一个 SELECT 查询内嵌入另一个 SELECT 查询作为查询条件，内嵌的查询称为子查询。子查询可以作为 WHERE 子句的条件。子查询也称为内部查询。包含内部子查询的 SELECT 语句被称为外部查询或者主查询。子查询作为一个 SELECT 查询，可以嵌套在 SELECT、INSERT、UPDATE 和 DELETE 语句中。

SQL Server 可以允许多层嵌套，也就是说子查询中也可以再次嵌入其他的子查询，从而达到查询要求。嵌套查询要求服务器先计算内部子查询并形成结果，然后外部查询根据内部查询的结果，产生最终查询结果。

2. 子查询的分类

子查询一定要使用括号括起来，子查询可分为以下几种类型：[NOT] IN 子查询，比较子查询，[NOT] EXISTS 子查询。

1) [NOT] IN 子查询

当[NOT] IN 用于 WHERE 子句中时，通常用来确定某个属性列的值是否包含在一个表达式或者常量的集合中。同样，操作符 IN 也可以用于子查询，用来确定某个列值是否在内部查询的结果集中。

语法结构：

```
SELECT 列名序列
FROM 基本表名或者视图名
WHERE 列名 [NOT] IN (子查询)
```

2) 比较子查询

在比较子查询中需要用到比较运算符(>、<、=、>=、<=、!=或< >)，并且需要配合比较谓词 ANY、ALL 或者 SOME 使用。这三个谓词可以用来判断是否任何或者全部返回值都满足搜索要求。谓词及其意义如表 6-8 所示。

表 6-8　谓词及其意义

谓　词	意　义
ALL	所有值都必须满足条件
ANY	只要任意一个值满足条件就可以
SOME	和 ANY 意义一样,可以完全被 ANY 替代

(1)　ALL 子查询。

当子查询的所有值都满足比较条件时,将返回查询结果,否则就不会返回记录。

语法结构:

```
SELECT 列名序列
FROM 基本表名或者视图名
WHERE 列名 比较运算符 ALL(子查询)
```

(2)　ANY | SOME 子查询。

当子查询中的结果只要有一个值满足要求,也就是结果为真,就可以返回记录。

语法结构:

```
SELECT 列名序列
FROM 基本表名或者视图名
WHERE 列名 比较运算符 ANY|SOME(子查询)
```

3)　[NOT] EXISTS 子查询

EXISTS 可以用来测试子查询是否有数据行返回,如果有则返回 TRUE,否则返回 FALSE。NOT EXISTS 则相反,当结果表为空时,才返回 TRUE。

语法结构:

```
SELECT 列名序列
FROM 基本表名或者视图名
WHERE [NOT] EXISTS (子查询)
```

【任务实施】

在进行子查询操作的时候,需要根据要求和语法进行操作,要求如下。

(1)　查询有考试成绩的学生信息。

(2)　查询学号 s_id 最大的学生成绩。

(3)　查询还没有选修课程的学生信息。

打开"查询分析器"窗口,在其中输入程序实现查询,实践步骤如下。

(1)　查询有考试成绩的学生信息。

有考试成绩,那就说明在成绩信息表 tb_grade 中肯定有记录,存在该学生的学号,参加考试的人数肯定是多人,所以这个返回结果一定是多个元素的结果集。学生信息表 tb_student 和成绩信息表 tb_grade 之间的联系列是学号 s_id。该查询的思路是先查询出有成绩的学生的学号,然后将该学号作为条件筛选出学生信息表的相应信息。输入代码:

```
use studentdb
go
select *                                    --*代表所有列
from tb_student
where s_id in
    (select s_id from tb_grade)             --该子查询用来找出需要的 s_id
```

（2）查询学号 s_id 最大的学生成绩。

该查询涉及一个成绩信息表 tb_grade，学号 s_id 最大，其余的都比它小，所以需要用到 ALL 比较谓词。输入代码：

```
use studentdb
go
select s_id,score
from tb_grade
--all 代表子查询的所有结果都必须满足比较条件
where s_id>=
    all(select s_id from tb_grade)
```

查询结果如图 6-25 所示。

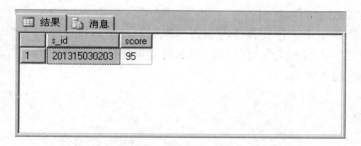

图 6-25　查询学号 s_id 最大的学生成绩

（3）查询还没有选修课程的学生信息。

学生信息表 tb_student 包含了所有的学生信息，但是如果选修了课程，就会有成绩，在成绩信息表 tb_grade 中就有该学生的记录。如果学生没有选修课程，成绩信息表 tb_grade 中将不存在这些学生的信息。输入代码：

```
use studentdb
go
select *
from tb_student a
where not exists
        (select s_id from tb_grade b where a.s_id=b.s_id)
```

查询结果如图 6-26 所示。

图 6-26 查询还没有选修课程的学生信息

【任务实践】

实现学生管理数据库系统的连接查询，要求如下。

(1) 查询李四的同班同学。

(2) 查询选修了"数据库原理与应用"的学生的学号 s_id、姓名 s_name、成绩 score。

(3) 查询需要补考的学生姓名。

分析实践要求，可以发现(1)是[NOT] IN 子查询，(2)是比较子查询，(3)是[NOT]
EXISTS 子查询。在"查询分析器"窗口中输入程序，实践步骤如下。

(1) 查询李四的同班同学。

该查询可以分两步走，首先查找出李四所在的班，然后找这个班的学生就可以了，很
显然，所在班级是学生的一个限定条件，那么就可以将班的查询作为子查询嵌入到学生的
查询里面去实现。输入代码：

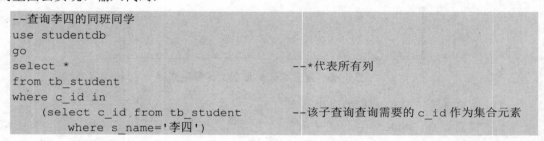

或者可以用以下比较查询实现：

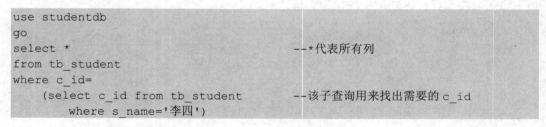

实际上，由于李四只能属于一个班，所以该子查询结果集只有一个元素，此时"IN"
可以用"="来替代。但是，如果子查询结果集包含一个以上的元素，那就不可以了，请
大家注意几种查询的联系和区别，以及它们之间可以进行的转换。

查询结果如图 6-27 所示。

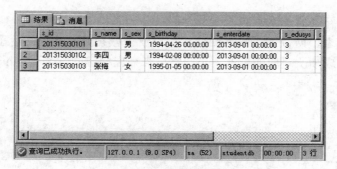

图 6-27　查询李四的同班同学

(2) 查询选修了"数据库原理与应用"的学生的学号 s_id、姓名 s_name、成绩 score。

该查询涉及三个表：学生信息表 tb_student，课程信息表 tb_course，成绩信息表 tb_grade。输入代码：

```
--查询选修了数据库原理与应用的学生的学号 s_id、姓名 s_name、成绩 score
use studentdb
go
select a.s_id,a.s_name,c.score
from tb_student a join tb_grade c
on a.s_id=c.s_id
--any 代表子查询只要有结果满足比较条件就可以了
where c.course_id=
    any(select b.course_id from tb_course b
where b.course_name='数据库原理与应用')
```

或者也可以用连接查询很方便地实现：

```
use studentdb
go
select a.s_id,a.s_name,c.score          --此处用了多表连接查询
from tb_student a join tb_grade c
on a.s_id=c.s_id
join tb_course b
on b.course_id=c.course_id
where b.course_name='数据库原理与应用'
```

查询结果如图 6-28 所示。

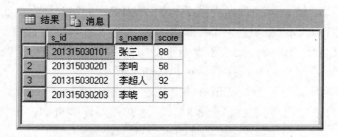

图 6-28　查询选修了"数据库原理与应用"的学生信息

3) 查询需要补考的学生姓名。

该查询涉及多表，所以为了输入简便，可以给表取别名，如果采用子查询的方式，可以先查询出不及格成绩所对应的学号 s_id，然后查询出相应的姓名 s_name。输入代码：

```
--查询有需要补考的课程的学生姓名
use studentdb
go
select distinct s_name
from tb_student a
--只要有不及格的成绩，该子查询就返回真
where exists
    (select b.s_id from tb_grade as b
    where b.score<60 and a.s_id=b.s_id)
```

同样也可以使用连接查询实现：

```
use studentdb
go
select distinct s_name
from tb_student a  join tb_grade b
on a.s_id=b.s_id
where b.score<60                          --不及格的成绩
```

查询结果如图 6-29 所示。

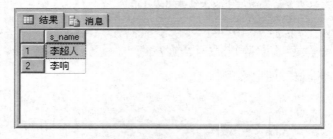

图 6-29　查询需要补考的学生姓名

子查询总结如下。

● 子查询是一个 SELECT 查询语句，通常嵌入到别的 SELECT 语句中。

● 子查询中还可以嵌套子查询。

● 子查询需要用圆括号"( )"括起来。

● 子查询返回的结果集的数据类型必须和 WHERE 子句的数据类型一致。

● 一些 [NOT] EXISTS 子查询不能被其他形式的子查询等价替换。

● 所有[NOT] IN 子查询、比较子查询都能用带[NOT] EXISTS 子查询等价替换。

● 很多情况下，子查询和连接查询可以等价替换。

● 需要频繁地计算统计函数的值并将其用在外查询中做比较时，通常使用子查询。

● 当 SELECT 的查询列来自多个表时，则通常使用连接查询，不使用子查询。

任务四　集合查询

【任务要求】

熟练掌握集合查询的知识，根据要求熟练进行集合查询。

【知识储备】

集合操作主要包括并(UNION)、交(INTERSECT)、差(MINUS)等操作。标准 SQL 中只提供了并(UNION)操作，没有直接提供交、差操作，实现交、差操作需要采用其他方法，很容易通过别的操作方式实现。

SELECT 语句的查询结果集是元组(记录)的集合，所以以多个 SELECT 语句的结果可进行集合操作。在这里，也就是指标准 SQL 支持的并(UNION)的形式，实际上就是将几个查询结果集合并在一起，需要用到 UNION 操作符，所以也叫联合查询。

集合查询的典型语法结构：

```
<SELECT 查询>
UNION
<SELECT 查询>
```

需要注意的是，参加 UNION 操作的各结果表的列数必须相同；列的数据类型也必须相同。

【任务实施】

在进行基本查询操作的时候，按照语法结构和用户需求操作，要求如下。

查询出 2013150301 和 2013150302 的学生的班号 c_id、学号 s_id、姓名 s_name。

如果使用并操作查询，则需要有一个查询查出班号 2013150301 的学生信息，还需要有一个查询查出班号 2013150302 的学生信息。将二者记录合并起来就可以了。输入代码：

```
use studentdb
go
select c_id,s_id,s_name          --查询班号的学生信息
from tb_student
where c_id='2013150301'
union                            --并操作
select c_id,s_id,s_name          --查询班号的学生信息
from tb_student
where c_id='2013150302'
```

其实由上面的例子不难看出，如果不用并操作，其实也可以使用或逻辑操作符实现，输入代码：

```
use studentdb
go
```

```
select c_id,s_id,s_name        --查询班号为2013150301或2013150302的学生信息
from tb_student
where c_id='2013150301' or c_id='2013150302'
```

查询结果如图6-30所示。

	c_id	s_id	s_name
1	2013150301	201315030101	张三
2	2013150301	201315030102	李四
3	2013150301	201315030103	张梅
4	2013150302	201315030201	李响
5	2013150302	201315030202	李超人
6	2013150302	201315030203	李胜

图6-30　查询结果

【任务实践】

实现学生管理数据库系统的连接查询,要求如下。

(1) 查询出选修课程号为gxk0001以及成绩大于等于85的记录。

(2) 查询出选修课程号为gxk0001和成绩大于等于85的交集。

分析实践要求,可以发现(1)是并操作,(2)是交集查询。在"查询分析器"窗口中输入程序,实践步骤如下。

(1) 查询出选修课程号为 gxk0001 以及成绩大于等于 85 的记录。很显然,就是将课程号为gxk0001的记录和成绩大于等于85的记录合并在一起。输入以下代码:

```
--查询出选修课程号为gxk0001以及成绩大于等于85的记录
use studentdb
go
select *                          --查询课程号为gxk0001的记录
from tb_grade
where course_id='gxk0001'
union                             --并操作
select *                          --查询成绩为大于等于85的记录
from tb_grade
where score>=85
```

也可以用逻辑运算或(OR)去替代,输入代码:

```
use studentdb
go
select *
from tb_grade
where course_id='gxk0001' or score>=85    --两个并条件用或连接起来
```

查询结果如图6-31所示。

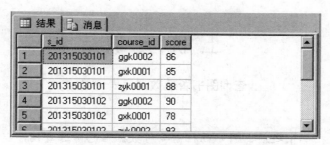

图 6-31　查询成绩大于等于 85 的记录

(2) 查询出选修课程号为 gxk0001 和成绩大于等于 85 的交集。交集就是重合的地方，也就是两个条件都要满足，所以可以使用逻辑符号与(AND)去实现。输入代码：

```
--查询出选修课程号为gxk0001和成绩大于等于85的交集
use studentdb
go
select *
from tb_grade
where course_id='gxk0001' and score>=85        --交集需要同时满足两个条件
```

查询结果如图 6-32 所示。

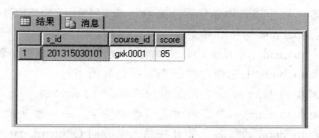

图 6-32　查询选修课程号为 gxk0001 和成绩大于等于 85 的交集

集合查询总结如下。

● 集合查询是多个查询语句的集合操作，是对行的操作。

● 标准 SQL 语句只有并操作查询。

● 集合查询是将相同列的若干条记录进行合并。

● 集合查询对应列的数据类型必须相同。

所有的集合操作查询都可以通过逻辑运算符利用条件组合替代。

项　目　小　结

本项目介绍了数据查询的知识，包括 SQL 的介绍，基本查询、连接查询以及子查询等的使用，并且介绍了特定情况下使用到的集合查询。读者需要重点掌握基本查询、内连接查询以及子查询的操作要点，并且掌握它们之间的联系和区别，以达到灵活运用的目的。

上 机 实 训

查询图书管理数据库表记录

实训背景

数据存储到数据库中之后，用户往往需要对数据信息筛选查询，以便从中获取所需的信息。在查询数据的时候，往往还需要涉及多个表以及许多统计操作等复杂知识，所以不仅仅需要有牢固的理论知识，还需要利用大量的实践来加以巩固，以达到理论和实践的统一。

实训内容和要求

(1) 对图书管理数据库的表进行基本查询。

(2) 对图书管理数据库进行多表连接查询操作。

(3) 使用子查询实现图书管理数据库的复杂操作，比如统计等。

实训步骤

启动查询分析器，打开"查询分析器"窗口，在其中执行 SELECT 语句。

(1) 查询图书表 tb_book 的所有信息。

(2) 查询读者表 tb_reader 中读者的读者编号、读者姓名、读者性别和联系电话。

(3) 查询图书表 tb_book 中包含"数据库"字样的图书。

(4) 在图书借阅表 tb_borrow 中查询最新借阅的前 10 条记录。

(5) 在图书借阅表 tb_borrow 中查询所有的读者编号，去掉重复值。

(6) 查询图书表 tb_book 的信息，并且按照上架时间 Onboard_date 进行降序排列。

(7) 在图书借阅表 tb_borrow 中统计开馆以来的图书借阅人次，并取别名为"借阅人次"。

(8) 在读者表 tb_reader 中查询每个学生的借阅次数。

(9) 在图书借阅表 tb_borrow 中按图书统计借阅次数。

(10) 在图书表 tb_book 中查询单价在 30～60 元(含 30 元和 60 元)的图书。

(11) 在图书表 tb_book 中查询总价超过 200 元的图书。

(12) 在图书表 tb_book 中查询出版社编号为 pb01、pb06 的图书。

(13) 查询"清华大学出版社"出版的含"数据库"字样的图书。

(14) 查询借阅了"数据库原理与应用"的读者姓名、图书名称、借阅日期、应还日期。

(15) 查询所有读者的读者编号，读者姓名和借阅序号，图书编号。

(16) 查询与"数据库原理与应用"同一个出版社的图书。

(17) 查询"清华大学出版社"出版的图书编号、图书名称和单价。

(18) 查询比出版社编号 pb01 的所有图书的单价低的图书信息。

提示：如果在进行上述查询操作时，题目中所需要涉及的信息内容在数据库表中不存在，可插入或者修改相应的数据库表信息后再进行操作，或者根据数据库表的内容进行相应的条件修改后进行查询操作；在查询操作中，有的题目可以采用多种形式实现查询，请大家在进行查询操作的过程中，尽可能利用所学知识采取多种形式实现，并且进行归纳总结。

请归纳：在上述查询题目中，有哪些题目可以采取多种方法实现？

习　　题

一、选择题

1. SQL 语言通常称为(　　)。
   A. 结构化查询语言　　　　　　B. 结构化控制语言
   C. 结构化定义语言　　　　　　D. 结构化操纵语言

2. 下列聚合函数中正确的是(　　)。
   A. SUM (*)　　　B. MAX (*)　　　C. COUNT (*)　　　D. AVG (*)

3. 查询语句 "SELECT sid,sname FROM xsxx" 返回(　　)列。
   A. 1　　　　　B. 2　　　　　C. 3　　　　　D. 4

4. 在查询 STUDENT 表的时候，需要获取前 5 条记录的命令是(　　)。
   A. SELECT 5 * FROM STUDENT
   B. SELECT TOP 5 * FROM STUDENT
   C. SELECT PERCENT 5 * FROM STUDENT
   D. SELECT 5 PERCENT * FROM STUDENT

5. 如果查询的时候需要去除重复记录，需要用到下列(　　)关键词。
   A. LIKE　　　　B. TOP　　　　C. DISTINCT　　　　D. FROM

6. 下列 HAVING 和 WHERE 条件设置不正确的是(　　)。
   A. HAVING 子句只能出现在 GROUP BY 子句后
   B. HAVING 子句可以使用任何出现在 SELECT 列表中的字段
   C. WHERE 用在 FROM 之后，WHERE 实现在分组之前
   D. HAVING 可以在条件中包含聚集函数，WHERE 也能包括

7. 如果需要获取分组的结果，需要使用的子句是(　　)。
   A. GROUP BY　　B. ORDER BY　　C. WHERE　　　　D. COMPUTE

8. 在模糊查询中，下列(　　)是表示零个或者连续多个字符组成的字符串。
   A. _　　　　　　B. %　　　　　　C. ^　　　　　　D. #

9. 查询毕业学校名称与 "航海" 有关的记录应该用(　　)。
   A. SELECT * FROM 学习经历 WHERE 毕业学校 LIKE '*航海*'
   B. SELECT * FROM 学习经历 WHERE 毕业学校 ＝'%航海%'
   C. SELECT * FROM 学习经历 WHERE 毕业学校 LIKE '? 航海?'
   D. SELECT * FROM 学习经历 WHERE 毕业学校 LIKE '%航海%'

二、填空题

1. 有源查询中，SELECT 查询语句中必须要有的子句是_____和_____。

2. 进行空值查询的时候，需要用到＿＿＿＿＿子句。

3. 连接查询主要包括＿＿＿＿＿、＿＿＿＿＿和交叉连接。

4. 左外连接的查询结果左表返回＿＿＿＿＿行，但是右表中只返回＿＿＿＿＿行。

5. 子查询作为一个 SELECT 查询，可以嵌套在＿＿＿＿＿、INSERT、UPDATE 和 DELETE 语句中。

6. 集合操作主要包括＿＿＿＿＿、交(INTERSECT)、差(MINUS)等操作。

三、简答题

1. 简述 SELECT 查询语句各子句的功能。

2. 作为条件子句，比较 WHERE 和 HAVING 的特点。

3. 在模糊查询中，有哪些通配符？各自有什么特点？

项目七

创建和管理数据库视图

项目导入

通过前面项目的学习，读者已经创建好了数据库以及表，也已经进行了记录的管理，并且学会了数据查询的相关知识和操作，那么接下来就需要去考虑怎样提高查询速度，怎样整合数据库里面的常用资源，这些可以通过视图的操作去实现。

在本项目中，以"学生管理数据库系统"为案例，介绍学生管理数据库视图的概念、创建、修改、删除视图以及使用视图。

项目分析

视图(View)是一种基本数据库对象，是数据库管理系统提供给用户从不同角度观察或分析数据库中数据的一种方式，是数据库系统三级模式结构中的外模式，视图所包含的数据是由用户需求决定的。

视图是虚表，其内容由 SELECT 查询语句指定，是基于数据库中表(或视图)用查询语句导出的对象，导出视图的表称为基表。视图中的数据存放在导出视图的基表中，数据库中不单独存放视图中所包含的数据，只存储视图的定义。如果基表中数据发生变化，视图中的数据也会随之改变。创建视图后，可以像使用基表一样在查询语句中使用视图。视图又像表，可以像基本表一样进行数据操作：查询、修改、删除和更新数据。

视图可以从基表导出，也可以从视图导出。一方面，对于经常要做的查询，用户可以将其定义成视图，这样可以简化查询工作，提高工作效率；另一方面，将基于多表的查询转化为对视图的查询，将多个表中的数据集中到视图中，降低了数据使用的复杂性；将视图的权限而不是基表的权限授权给特定的用户，可提高数据库的安全性。

学生管理数据库中包含大量的数据，需要提高查询速度和整合经常需要查询的资源，视图可以帮助用户很好地去解决这些问题。

能力目标

● 能熟练创建、修改、删除视图。
● 利用视图简化查询操作。
● 能够根据实际需要，分析视图的要求。
● 能从整个项目出发，为应用系统制定合理的视图。

知识目标

● 熟练使用 SSMS 和 Transact-SQL 语句创建视图。
● 熟练使用 SSMS 和 Transact-SQL 语句修改视图。
● 熟练使用 SSMS 和 Transact-SQL 语句删除视图。
● 能根据数据库设计要求使用视图。

任务一　创建视图

【任务要求】

能够熟练创建视图。

【知识储备】

创建视图可以帮助用户简化操作，增强安全性以及提高逻辑独立性。但是，视图创建的时候需要遵循以下原则。

- 只能由数据库所有者授予相应权限的用户在当前数据库中创建视图。
- 视图命名必须遵循标识符的规定。
- 可以在其他视图的基础上创建视图。
- 不能把规则、默认值或触发器与视图相关联。
- 定义视图的查询不能包含 COMPUTE 子句、COMPUTE BY 子句或 INTO 关键字等。
- 不能创建临时视图，也不能对临时表创建视图。

创建视图的方法如下。

1. 使用 SSMS 创建视图

进入 SQL Server Management Studio，在对象资源管理器中，依次展开 SQL Server 服务器\\"数据库"\\studentdb\\"视图"节点，右击"视图"节点，在弹出的快捷菜单中选择"新建视图"命令。

2. 使用 Transact-SQL 命令创建视图

使用 Transact-SQL 命令创建视图的基本语法格式如下：

```
CREATE VIEW view_name [ (column [ ,…n ] ) ]
[ WITH ENCRYPTION ]
AS select_statement [ ; ]
[ WITH CHECK OPTION ]
```

该语法格式中各参数含义如表 7-1 所示。

表 7-1　CREATE VIEW 语法格式中各参数含义

参　数　名	参数意义
view_name	创建视图的名称，要遵循标识符的命名规则
column	视图中列的名称，如没有指定 column，则视图列的名称与 SELECT 语句中的列名称相同
ENCRYPTION	对视图的定义语句进行加密
select_statement	定义视图的 SELECT 语句，可使用一个或多个表，也可使用视图
CHECK OPTION	对视图进行更新操作时，所操作的行必须满足视图定义中设置的条件

视图中列的名称，可以使用 column 参数指定，也可在 SELECT 语句中指定。若某列由函数或表达式派生，或者从多个表中导出的列有相同列名时，要重新指定相应列的名称。select_statement 子句中不能含有 COMPUTE 、COMPUTE BY 子句，不能含有不带 TOP 的 ORDER BY 子句，不能使用 INTO 关键字。

【任务实施】

1. 使用 SSMS 创建视图

(1) 打开 SSMS，在对象资源管理器中，依次展开 SQL Server 服务器\"数据库"\studentdb\"视图"节点。

(2) 右击"视图"节点，在弹出的快捷菜单中选择"新建视图"命令，如图 7-1 所示。

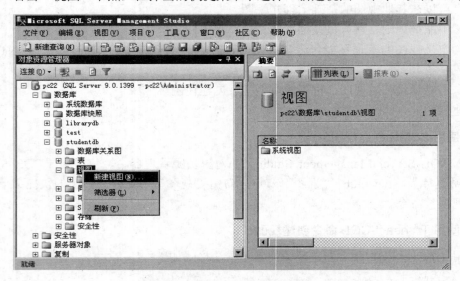

图 7-1 选择"新建视图"命令

(3) 弹出如图 7-2 所示的"添加表"对话框。根据要定义的视图选择相应的基表或视图，这里选择表 tb_student，然后单击"添加"按钮，再单击"关闭"按钮。

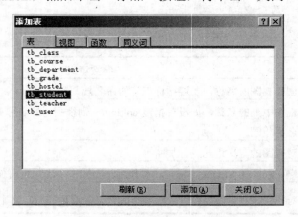

图 7-2 "添加表"对话框

(4) 此时的创建视图界面如图 7-3 所示，视图设计窗口自上而下分为 4 个窗格，依次为"关系图窗格""条件窗格""SQL 窗格""结果窗格"，可通过工具栏按钮打开或关闭相应窗格。"关系图窗格"中显示添加的表及其关系图。选中表 tb_student 相应列名左边的复选框，可以使该列在视图中被引用。这里选择表 tb_student 的 s_id、s_name、s_sex、s_telephone、s_address 列；也可以在下面的"条件窗格"中"表"栏设置导出视图的基表名称，在"列"栏选择视图所引用的列，"别名"栏对所选的列设置新的列名称，这里将列 s_id、s_name、s_sex、s_telephone、s_address 的别名设置为"学号""姓名""性别""联系电话""家庭住址""输出"栏表示在视图中是否显示该列，"排序类型"栏设置视图中列是"升序""降序"还是"未排序"方式显示，"排序顺序"栏设置视图中列的排序顺序，"筛选器"栏设置视图在该列所要满足的条件；"SQL窗格"中内容为导出视图的 SELECT 语句，注意在前面设置中 SELECT 语句的变化；在工具栏选择"添加分组依据"按钮，在"条件窗格"中增加"分组依据"列，可进行相应设计。

图 7-3 视图设计窗口

(5) 在视图设计窗口的空白处右击，在弹出的快捷菜单中选择"执行 SQL"命令，或在工具栏中单击"执行 SQL"按钮，结果将显示在视图设计窗口最下面"结果窗格"中，如图 7-3 所示。

(6) 单击工具栏中的"属性窗口"按钮，打开如图 7-4 所示的"属性"窗格。在"属性"窗口中将"DISTINCT 值"设置为"是"，相当于在 SELECT 语句中添加关键词 DISTINCT 将重复值过滤；还可设置"Top 规范""GROUP BY 扩展"等属性。

(7) 若预览的结果满足视图设计的要求，在工具栏中单击"保存"按钮，在弹出的"选择名称"对话框中输入视图名称"学生视图"，如图 7-5 所示，然后单击"确定"按钮，将视图保存。将数据库刷新后，"学生视图"在数据库 studentdb 的"视图"下显示。

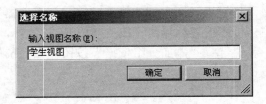

图 7-4　视图"属性"窗格　　　　　　图 7-5　"选择名称"对话框

2. 使用 Transact-SQL 命令创建视图

(1)　单击 SSMS 工具栏左上角的"新建查询"按钮，打开"查询分析器"窗口，在"查询分析器"窗口中输入代码：

```
/*基于表 tb_student 建立所有学生的视图*/
CREATE VIEW v_student
as
SELECT s_id AS 学号, s_name AS 姓名, s_sex AS 性别, s_telephone AS 联系电话,
s_address AS 家庭住址
FROM tb_student
```

(2)　单击工具栏中的"执行"按钮创建视图。刷新后，在数据库 studentdb 节点下"视图"子节点处出现 v_student。

(3)　右击视图 v_student，在弹出的快捷菜单中选择"打开视图"命令，查看该视图；或在"查询分析器"窗口中输入"SELECT * FROM v_student"查看该视图。

【任务实践】

创建视图，要求如下。

(1)　基于 studentdb 数据库创建 v_score2，由表 tb_student、tb_course 和 tb_grade 所导出，显示指定学号(如 s_id = '201315030101')的学生姓名、课程名称以及成绩。

(2)　创建一个加密的学生视图 v_student2。

(3)　基于(1)视图 v_score2 基础上再创建一个视图 v_score3。

(4)　创建视图 v_associate_Pro，用于查询副教授的教师信息。

任务实践步骤如下。

1. 使用 SSMS 创建视图

(1)　打开 SSMS，在对象资源管理器中，右击数据库 studentdb 的"视图"节点，在弹出的快捷菜单中选择"新建视图"命令。

（2）弹出如图 7-6 所示的"添加表"对话框。根据要定义的视图选择相应的基表或视图。选择基表 tb_student，然后单击"添加"按钮，再分别添加基表 tb_course 和 tb_grade，最后单击"关闭"按钮。也可在"添加表"对话框中按住 Ctrl 键依次选择上述三个基表一次添加。

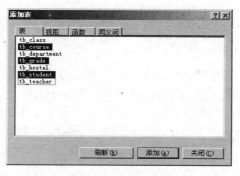

图 7-6　"添加表"对话框

（3）此时创建视图界面如图 7-7 所示。视图设计窗口的"关系图窗格"中显示添加的表及其关系图。由于表 tb_student、tb_course 和 tb_grade 设置了主键和外键，所以添加到设计视图后自动建立了自然连接。选择表 tb_student 的 s_id、s_name 列，表 tb_course 的 course_name 列以及表 tb_grade 的 score 列；也可以在下面的"条件窗格"中设置视图要引用的列及所在的表，"别名"栏对所选的列设置新的列名称，这里将列 s_id、s_name、course_name 以及 score 的别名设置为"学号""姓名""课程名称""成绩"；将 s_id 的"筛选器"栏设置为"201315030101"。

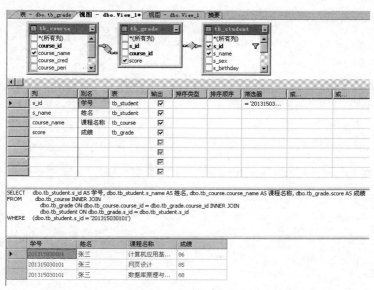

图 7-7　视图设计窗口

（4）在视图设计窗口的空白处右击，在弹出的快捷菜单中选择"执行 SQL"命令，或在工具栏中单击"执行"按钮，结果将显示在视图设计窗口最下面的"结果窗格"中，如

图 7-7 所示。

(5) 若预览的结果满足视图设计的要求,在工具栏中单击"保存"按钮保存该视图并命名为"v_score"。

启发思考:

在设计视图时,若需指定多个条件或排序顺序要如何设置?

2. 使用 Transact-SQL 创建视图

使用 Transact-SQL 创建视图更灵活方便,功能更强大。

(1) 基于 studentdb 数据库创建 v_score,由表 tb_student、tb_course 和 tb_grade 导出,显示指定学号(如 s_id = '201315030101')的学生姓名、课程名称以及成绩。

① 单击 SSMS 工具栏左上角的"新建查询"按钮,打开"查询分析器"窗口,在查询分析器中输入代码:

```
/*基于 studentdb 数据库创建 v_score2,显示指定学号(如 s_id = '201315030101')的学
生姓名、课程名称以及成绩*/
use studentdb
go
if exists(select * from sys.objects where name='v_score2' and type='v')
drop view v_score2
go
CREATE VIEW v_score2
as
SELECT  tb_student.s_id AS 学号, tb_student.s_name AS 姓名,
tb_course.course_name AS 课程名称,
tb_grade.score AS 成绩 FROM tb_course
INNER JOIN tb_grade ON tb_course.course_id = tb_grade.course_id
INNER JOIN tb_student ON tb_grade.s_id = tb_student.s_id
WHERE tb_student.s_id = '201315030101'
go
```

② 单击工具栏中的"执行"按钮创建视图。刷新后,在数据库 studentdb 节点下"视图"子节点处出现"v_score2"。

(2) 创建一个加密的学生视图。

① 打开"查询分析器"窗口,在"查询分析器"窗口中输入代码:

```
/* 基于 studentdb 数据库创建 v_student2 并加密*/
use studentdb
go
if exists(select * from sys.objects where name='v_student2' and type='v')
drop view v_student2
go
CREATE VIEW v_student2
WITH ENCRYPTION
as
SELECT s_id AS 学号, s_name AS 姓名, s_sex AS 性别, s_telephone AS 联系电话,
s_address AS 家庭住址
FROM tb_student
go
```

② 单击工具栏中的"执行"按钮创建视图。刷新后，在数据库 studentdb 节点下"视图"子节点处出现"v_student2"。

(3) 基于(1)视图基础上再创建一个视图。

① 打开"查询分析器"窗口，在"查询分析器"窗口中输入代码：

```
/* 基于 v_score2 创建视图 v_score3*/
use studentdb
go
if exists(select * from sys.objects where name='v_score3' and type='v')
drop view v_score3
go
CREATE VIEW v_score3
as
SELECT * from v_score2              --基于视图 v_score2 创建视图 v_score3
go
```

② 单击工具栏中的"执行"按钮创建视图。刷新后，在数据库 studentdb 节点下"视图"子节点处出现"v_score3"。

(4) 创建视图 v_associate_Pro，用于查询副教授的教师信息。

① 打开"查询分析器"窗口，在"查询分析器"窗口中输入代码：

```
/* 创建视图 v_associate_Pro, 查询副教授的教师信息*/
USE studentdb
GO
IF OBJECT_ID ('v_associate_Pro', 'view') IS NOT NULL
DROP VIEW v_associate_Pro ;
GO
CREATE VIEW v_associate_Pro(教师号,教师姓名,教师性别,教师电话,教师职称,院系号)
AS
SELECT * FROM tb_teacher WHERE t_professional = '副教授'
```

② 单击工具栏中的"执行"按钮创建视图。刷新后，在数据库 studentdb 节点下"视图"子节点处出现"v_associate_Pro"。

启发思考：

创建视图来统计"张三"每学期课程的平均分。

任务二　系统存储过程在视图中的应用

【任务要求】

利用系统存储过程查看视图和给视图重命名。

【知识储备】

1. 利用 sp_help 查看视图对象信息

存储过程 sp_help 可以查看视图的名称、拥有者及创建日期等信息，其语法格式为：

```
sp_help [ [ @objname = ] 'name' ]
```

参数[@objname =] 'name' 在这里为视图名。

2. 利用 sp_helptext 查看视图定义

存储过程 sp_helptext 可以查看视图定义的信息，其语法格式为：

```
sp_helptext [ @objname = ] 'name'
```

参数[@objname =] 'name' 在这里为视图名。

3. 利用存储过程 sp_depends 查看视图与其他对象的依赖关系

存储过程 sp_depends 可以查看视图与其他数据库对象之间的依赖关系，其语法格式为：

```
sp_depends [ @objname = ] 'object_name'
```

参数[@objname =] 'object_name'在这里为视图名。

4. 利用存储过程 sp_rename 重命名视图

利用存储过程 sp_rename 可以对视图重命名，其语法格式为：

```
sp_rename [ @objname = ] 'object_name' , [ @newname = ] 'new_name'
```

参数[@objname =] 'object_name'是视图的当前名称，[@newname =] 'new_name'是视图的新名称。

【任务实施】

视图创建好后，如果查看视图 v_student 的信息，在"查询分析器"窗口中输入程序并执行：

```
use studentdb
go
sp_help v_student
```

结果显示如图 7-8 所示。

图 7-8　利用 sp_help 查看视图结果集

存储过程的使用按照语法格式操作即可。

【任务实践】

查看视图，要求如下。

(1) 查看视图 v_student 的定义代码。

(2) 查看加密视图 v_student2 的定义代码。

(3) 查看视图 v_score2 的依赖关系。

(4) 将视图 v_score2 重命名为 v_grade。

显然，(1)～(3)都是系统存储过程用来查看视图的操作，(4)是利用系统存储过程给视图重命名。

1. 查看视图

(1) 单击 SSMS 工具栏左上角的"新建查询"按钮，将会打开"查询分析器"窗口，输入代码：

```
-- 查看视图
use studentdb
go
sp_helptext v_student        --查看视图定义
go
sp_helptext v_student2       --查看视图定义
go
sp_depends v_score2          --查看视图依赖
```

(2) 单击"SQL 编辑器"工具栏中的"执行"按钮即可实现，结果如图 7-9 所示。

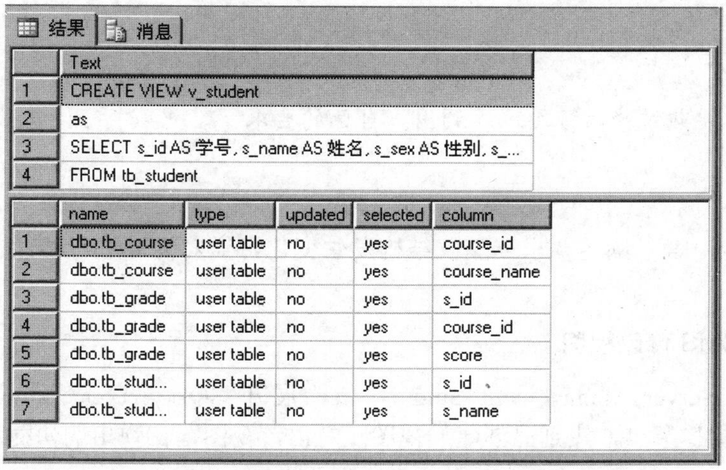

	Text
1	CREATE VIEW v_student
2	as
3	SELECT s_id AS 学号, s_name AS 姓名, s_sex AS 性别, s_...
4	FROM tb_student

	name	type	updated	selected	column
1	dbo.tb_course	user table	no	yes	course_id
2	dbo.tb_course	user table	no	yes	course_name
3	dbo.tb_grade	user table	no	yes	s_id
4	dbo.tb_grade	user table	no	yes	course_id
5	dbo.tb_grade	user table	no	yes	score
6	dbo.tb_stud...	user table	no	yes	s_id
7	dbo.tb_stud...	user table	no	yes	s_name

图 7-9 利用系统存储过程查看视图

注意：程序中有三条查看视图的语句，但是结果只反映出两个查询结果，这是因为 v_student2 是一个加密的视图，无法查看它的定义程序，这也体现了视图具备安全性能。如果单独执行该语句，将会出现如图 7-10 所示的结果。

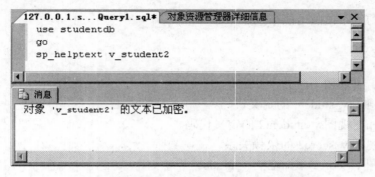

图 7-10 利用 sp_helptext 查看加密视图

2. 给视图重命名

(1) 单击 SSMS 工具栏左上角的"新建查询"按钮，将会打开"查询分析器"窗口，输入代码：

```
-- 将视图 v_score2 重命名为 v_grade
use studentdb
go
sp_rename v_score2,v_grade
```

(2) 单击"SQL 编辑器"工具栏中的"执行"按钮即可实现。

但是因为给视图重命名有可能会影响脚本和存储过程，将会在结果区出现相关的提示信息，所以进行该操作时要注意。

任务三 修 改 视 图

【任务要求】

能够根据需要熟练修改视图，达到用户自己的要求。

【知识储备】

视图创建后，若不满足要求或基表结构发生变化，需对视图进行修改。修改视图的方法如下。

1. 使用 SSMS 修改视图

进入 SQL Server Management Studio，依次展开 SQL Server 服务器\"数据库"\studentdb\"视图"节点，找到已创建的视图，右击该视图，在弹出的快捷菜单中选择"修改"命令。

2. 使用 Transact-SQL 命令修改视图

使用 Transact-SQL 命令修改视图的基本语法格式如下：

```
ALTER VIEW view_name [ ( column [ ,…n ] ) ]
[ WITH ENCRYPTION ]
```

```
AS select_statement [ ; ]
[ WITH CHECK OPTION ]
```

各参数意义同 CREATE VIEW 命令。如果创建视图时使用了 WITH ENCRYPTION 子句或 WITH CHECK OPTION 子句，在修改视图时也必须使用这些选项，这些选项才起作用。

【任务实施】

1. 使用 SSMS 修改视图

(1)　在对象资源管理器中，依次展开 SQL Server 服务器\"数据库"\ studentdb \"视图"节点，找到已创建的"学生视图"。

(2)　右击"学生视图"节点，在弹出的快捷菜单中选择"修改"命令，如图 7-11 所示。

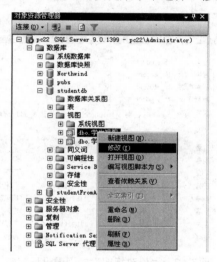

图 7-11　选择"修改"命令

(3)　打开视图设计窗口，对视图进行修改，操作方法和创建视图类似，这里在"显示条件窗格"中，在 s_sex 行的筛选器中输入"男"，如图 7-12 所示。

(4)　在视图设计窗口的空白处右击，在弹出的快捷菜单中选择"执行 SQL"命令，或在工具栏中单击"执行"按钮，结果将显示在视图设计窗口最下面的窗格中。

(5)　若预览的结果满足修改视图设计的要求，则在工具栏中单击"保存"按钮将视图保存。

2. 使用 Transact-SQL 修改视图

(1)　单击 SSMS 工具栏左上角的"新建查询"按钮，打开"查询分析器"窗口，在查询分析器中输入代码：

```
/*修改 studentdb 数据库中视图 v_student，使得该视图只包含男生的信息*/
ALTER VIEW v_student
AS
```

```
SELECT s_id AS 学号, s_name AS 姓名, s_sex AS 性别, s_telephone AS 联系电话,
s_address AS 家庭住址
FROM tb_student WHERE s_sex = '男'
```

(2) 单击工具栏中的"执行"按钮,视图修改完成。可查询该视图查看结果。

启发思考:

(1) 加密的视图如何取消加密?

(2) 若要将"张三"成绩以学期排序,如何修改代码?

图 7-12 "修改视图"的视图设计窗口

【任务实践】

修改视图,实现以下要求。

修改 studentdb 数据库中创建的学生成绩视图 v_score2,使其包含课程所在的学期以及学分。

1. 使用 SSMS 修改视图

(1) 在对象资源管理器中,右击视图 v_score2,在弹出的快捷菜单中选择"修改"命令。

(2) 打开视图设计窗口,如图 7-13 所示,对视图进行修改,操作方法和创建视图类似,这里在表 tb_course 中选择列 course_cred 和 course_term,并分别将别名命名为"学分"和"学期"。

(3) 在视图设计窗口的空白处右击,在弹出的快捷菜单中选择"执行 SQL"命令,或在工具栏中单击"执行"按钮,结果将显示在视图设计窗口最下面的窗格中。若预览的结

果满足修改视图设计的要求，则在工具栏上中单击"保存"按钮将视图保存。

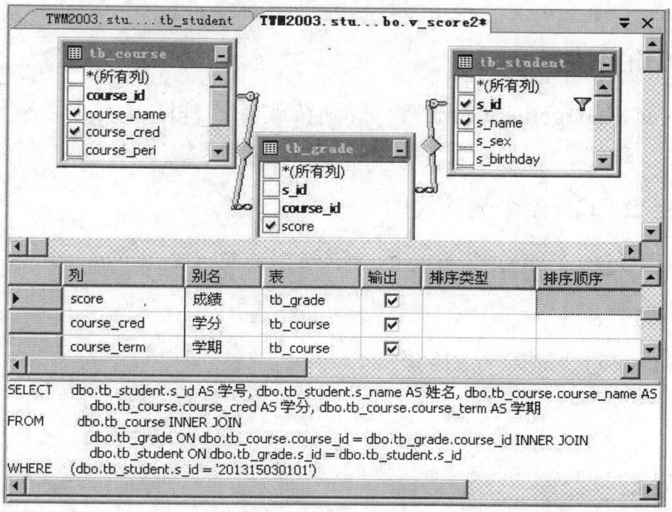

图 7-13 "修改视图"的视图设计窗口

2. 使用 Transact-SQL 修改视图

(1) 单击 SSMS 工具栏左上角的"新建查询"按钮，打开"查询分析器"窗口，在"查询分析器"窗口中输入代码：

```
/* 修改 studentdb 数据库中创建的 v_score2，使其包含课程所在的学期以及学分*/
use studentdb
go
ALTER VIEW v_score2
AS
SELECT tb_student.s_id AS 学号, tb_student.s_name AS 姓名,
tb_course.course_name AS 课程名称,tb_grade.score AS 成绩,
tb_course.course_term AS 学期, tb_course.course_cred AS 学分
FROM tb_course INNER JOIN tb_grade ON tb_course.course_id =
tb_grade.course_id
INNER JOIN tb_student ON tb_grade.s_id = tb_student.s_id
WHERE tb_student.s_id = '201315030101'
```

(2) 单击工具栏中的"执行"按钮，视图修改完成。

任 务 四   删 除 视 图

【任务要求】

熟练进行删除视图的操作。

【知识储备】

若视图不再需要或要删除后重新创建视图，都要进行视图的删除操作。视图删除后不

会影响基表中的数据。

删除视图的方法如下。

1. 使用 SSMS 删除视图

进入 SQL Server Management Studio，找到待删除的视图，右击该视图，在弹出的快捷菜单中选择"删除"命令。

2. 使用 Transact-SQL 命令删除视图

使用 Transact-SQL 命令删除视图的基本语法格式如下：

```
DROP VIEW view_name [ …,n ]
```

其中，view_name 为要删除视图的名称。

【任务实施】

1. 使用 SSMS 删除视图

(1) 在对象资源管理器中，依次展开 SQL Server 服务器\"数据库"\ studentdb\"视图"节点，找到已创建的"学生视图"。

(2) 右击"学生视图"节点，在弹出的快捷菜单中选择"删除"命令，弹出"删除对象"对话框，如图 7-14 所示，然后单击"确定"按钮完成删除视图的操作。

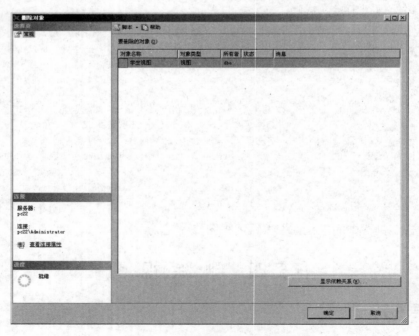

图 7-14 "删除对象"对话框

2. 使用 Transact-SQL 删除视图

(1) 单击 SSMS 工具栏左上角的"新建查询"按钮，打开"查询分析器"窗口。在其中输入代码：

```
DROP VIEW v_student
```

(2) 单击工具栏中的"执行"按钮后，视图 v_student 被删除。

【任务实践】

删除所创建的视图，要求如下。

(1) 删除视图 v_student2。

(2) 删除视图 v_score2。

实践步骤如下。

(1) 单击 SSMS 工具栏左上角的"新建查询"按钮，打开"查询分析器"窗口。在其中输入代码：

```
/* 删除视图 v_student2、v_score2*/
use studentdb
go
drop view v_student2
drop view v_score2
go
```

(2) 单击工具栏中的"执行"按钮后，将会删除 v_student2 和 v_score2 两个视图。

(3) 打开视图 v_score3，提示如图 7-15 所示。

图 7-15　"删除视图"错误提示

注意：因为视图 v_score3 是基于 v_score2 创建的，所以一旦 v_score2 被删除，会让 v_score3 失去源头，就会出错，所以，在进行视图删除的时候一定要注意被删除的视图是否被别的对象所引用，否则，容易导致错误。

任务五　使用视图

【任务要求】

熟练利用视图进行数据查询、更新等操作。

【知识储备】

视图是虚表，数据来源于基表，但是视图也能像基表一样对数据进行查询、插入、更新、删除等操作。对视图的操作方法如下。

1. 使用 SSMS 对视图数据进行操作

在对象资源管理器中对视图数据进行可视化操作。

2. 使用 Transact-SQL 对视图数据进行操作

类似于基本表一样，利用 SELECT、INSERT、UPDATE、DELETE 语句对视图进行查询、插入、修改、删除等操作。

1) 查询记录

语法结构：

```
SELECT 列名列表 FROM 视图名
```

2) 添加记录

语法结构：

```
INSERT INTO 视图名(列名列表) VALUES(值列表)
```

3) 修改记录

语法结构：

```
UPDATE 视图名 SET 列名=值
WHERE 条件表达式
```

4) 删除记录

语法结构：

```
DELETE FROM 视图名 WHERE 条件表达式
```

注意：

对视图进行操作时要注意以下几点。

- 对于视图的查询一般是不受任何限制的。
- 对视图数据进行插入、修改、删除等更新操作时不能同时影响两个或两个以上的基表。
- 对视图数据的操作实质上是对基表的修改，更新的数据若不满足数据库的数据完整性，则更新数据会失败。
- 若视图中某列的数据是由计算或使用聚合函数等生成，不是基表中的原始数据，则对该列不能进行修改。
- 不能修改由子句 GROUP BY、HAVING 或 DISTINCT 所操作的列。
- 不能修改视图从常量或表达式派生的列。

【任务实施】

1. 使用 SSMS 对视图数据进行操作

利用 SSMS 可以在视图设计窗口中查询、添加、修改和删除数据等。

视图的操作类似数据库表，读者可以自行尝试。

2. 使用 Transact-SQL 对视图数据进行操作

分别利用 SELECT、INSERT、UPDATE、DELETE 语法结构进行操作即可,具体实例请参考任务实践。

【任务实践】

熟练利用视图进行操作,要求如下。

(1) 基于 v_associate_Pro 视图查询性别为"女"的教师资料。

(2) 向视图 v_associate_Pro 插入一条记录,教师号、教师姓名、教师性别、教师电话、教师职称、院系号分别为"10009""赵雪琴""女""13311111116""副教授""1"。

(3) 将上述记录的"教师姓名"修改为"赵雪"。

(4) 从视图 v_associate_Pro 中删除新插入的记录。

使用 SSMS 和 Transact-SQL 都可以实现上述的视图操作,SSMS 相对很简单,这里不再重复,仅介绍使用 Transact-SQL 进行操作,视图的使用包括查询、插入、更新和删除数据。

在"查询分析器"窗口中输入以下代码并执行即可。

```
/* 完成查询视图以及视图记录的插入、修改和删除操作*/
use studentdb
go
/*查询视图:查询性别为"女"的教师资料*/
SELECT * FROM v_associate_Pro WHERE 教师性别='女'
go
/*插入记录:插入一条记录,教师号、教师姓名、教师性别、教师电话、教师职称、
院系号分别为"10009" "赵雪琴" "女" "13311111116" "副教授" "1" */
INSERT INTO v_associate_Pro
VALUES('10009','赵雪琴','女','13311111116','副教授','1')
go
/*修改记录:将"教师姓名"为"赵雪琴"的记录修改为"赵雪"*/
UPDATE v_associate_Pro SET 教师姓名='赵雪' where 教师姓名='赵雪琴'
go
/*删除记录:从视图 v_associate_Pro 中删除新插入的记录*/
DELETE FROM v_associate_Pro WHERE 教师姓名='赵雪'
```

启发思考:

(1) 上述任务中若将插入视图的数据改为"10003""赵雪琴""女""13311111116""副教授""1"会怎样,请分析提示的消息。

(2) 可不可以对"学生成绩视图"课程名称为"数据库原理与应用"的成绩进行修改?

(3) 若将"学生成绩视图"的课程名称为"数据库原理与应用"对应的成绩和学期同时进行修改会怎样?请分析提示的消息。

(4) 对 v_associate_Pro 视图执行"INSERT INTO v_associate_Pro VALUES('10010','马伟','男','13311111227','讲师','2')",结果会怎样?

提示：(4)的记录不满足视图定义中的条件(职称为副教授)，但执行命令后，依然插入基表 tb_teacher 中。为了使更新的数据满足视图定义的条件，可在创建视图时使用 WITH CHECK OPTION 子句。

修改创建视图 v_associate_Pro 的语句为：

```
/*使用 WITH CHECK OPTION 子句*/
ALTER VIEW v_associate_Pro(教师号,教师姓名,教师性别,教师电话,教师职称,院系号)
AS
SELECT * FROM tb_teacher WHERE t_professional = '副教授'
WITH CHECK OPTION
```

将表 tb_teacher 中刚才插入的教师姓名为"马伟"的记录删除，重新执行更新视图操作，在"查询分析器"窗口中输入代码：

```
INSERT INTO v_associate_Pro
VALUES('10010','马伟','男','13311111227','讲师','2')
```

运行结果提示"试图进行的插入或更新已失败，原因是目标视图或者目标视图所跨越的某一视图指定了 WITH CHECK OPTION，而该操作的一个或多个结果行又不符合 CHECK OPTION 约束"，记录没有插入基表中，只有满足视图定义条件的更新才能操作。

项 目 小 结

本项目介绍了视图的创建原则以及视图的创建、修改和删除等操作，讲述了利用系统存储过程操作视图，并且也介绍了使用视图可以实现的功能，读者需要重点掌握视图的创建和管理操作，理解视图的作用。

上 机 实 训

创建和管理图书管理数据库视图

实训背景

对于图书管理系统，将经常要进行的查询或某些复杂的查询定义为视图，从而简化查询的工作。

实训内容和要求

打开数据库 librarydb，完成下列实训内容。

1. 创建如下视图

(1) 利用 SSMS 创建视图，基于表 tb_book 创建视图"图书信息_view"，要求视图中包含图书编号、图书名称、作者、书架号、出版时间等列。

(2) 利用 Transact-SQL 语句创建视图，基于表 tb_borrow、表 tb_book 和表 tb_reader 创建视图"借阅信息_view"，要求视图包含读者姓名、图书名称、借书日期、应还日期等列，并且对该视图进行加密。

2. 查看、修改视图

(1) 利用存储过程查看视图"图书信息_view"的定义。

(2) 利用 Transact-SQL 语句修改视图"借阅信息_view"，使其只显示借阅状态为"借出"的借阅信息，并取消对该视图的加密。

3. 使用视图

(1) 查询视图"借阅信息_view"中的数据。

(2) 通过视图"图书信息_view"插入一条记录，图书编号、图书名称、作者、书架号、出版时间分别为"b0000000020""计算机网络""谢强""F3-203-1""2014-1-1"。

(3) 通过视图"图书信息_view"将上述插入记录的"作者"改为"李强"。

实训步骤

(1) 附加数据库"librarydb"到 SQL Server 服务器中。

(2) 使用 SSMS 在视图设计窗口添加表 tb_book，并选择要在视图中包含的图书编号、图书名称、作者、书架号、出版时间等列，并保存为"图书信息_view"。

(3) 利用 Transact-SQL 语句创建视图"借阅信息_view"，并用子句 WITH ENCRYPTION 对其加密。

(4) 利用存储过程 sp_helptext 查看视图"图书信息_view"的定义。

(5) 利用 Transact-SQL 语句修改视图"借阅信息_view"使其只显示借阅状态为"借出"的借阅信息，并对视图取消加密。

(6) 通过 SELECT 语句查询视图"借阅信息_view"中的数据。

(7) 利用 INSERT 语句通过视图"图书信息_view"插入记录。

(8) 按照要求利用 UPDATE 语句通过视图修改记录。

习　　题

一、选择题

1. 下列关于视图的描述错误的是(　　　)。

　A. 视图由表导出，具有行和列，本质上和表是一样的

　B. 视图是虚表

　C. 可以创建基于视图的视图

　D. 视图中不存储具体的数据

2. 对视图加密的子句是(　　)。

　A. WITH CHECK OPTION　　　　　　B. WITH SCHEMABINDING

　C. WITH ENCRYPTION　　　　　　　D. WITH VIEW_METADATA

3. 更新视图可以进行的操作是(　　)。

　A. 删除　　　　　　B. 插入　　　　　C. 修改　　　　　D. 以上均可

二、填空题

1. 创建、修改、删除视图的语句分别是 CREATE VIEW、_____、_____。

2. 查看视图定义的存储过程是_____，查看视图与其他对象的依赖关系的存储过程是_____。

三、简答题

1. 创建视图的优点是什么？

2. 在视图定义中使用 WITH CHECK OPTION 的作用是什么？

项目八

数据库编程基础

项目导入

通过前面的项目学习，读者已经掌握了基本的数据库知识以及一定的数据库操作技巧，包括创建、修改和删除数据库、表、视图，进行数据的查询等，这些操作相对而言比较单一，比较容易实现。但是如果涉及过程控制，比如对需要执行的结果进行判断等复杂动作，前面所学的知识就不够用了。

Transact-SQL 可以用来解决上述所出现的问题，Transact-SQL 是由国际标准化组织(ISO)和美国国家标准学会(ANSI)联合发布的，是基本 SQL 的扩展。用户可以使用 Transact-SQL 编写应用程序，用来完成所有的数据库管理工作，掌握数据库编程基础非常重要。请注意：在本项目中某些地方或者其他项目中出现的 Transact-SQL 是对 Transact-SQL 的简称。

本项目以"学生管理数据库系统"为案例，讲解数据库的编程基础，包括变量、表达式、流程控制语句等，并且加以实践。

项目分析

实现数据库的过程控制，实现学生管理数据库系统的复杂操作，需要掌握 Transact-SQL 语句基础、表达式、流程控制、函数等。在掌握这些知识技能后，才能够灵活运用这些知识访问学生管理数据库系统，灵活进行操作。

能力目标

- 能够对 Transact-SQL 的基本知识有一定的认识。
- 能够根据相关的要求分析所需要的数据库的知识。
- 能应用数据库的相关原理知识进行相关的设计。
- 在使用数据库的过程中逐步形成理论指导实践的能力。
- 综合运用所学理论知识和技能，结合实际课题进行设计制作的能力。
- 培养独立思考、查阅资料、进行综合分析比较的能力。

知识目标

- 熟悉 Transact-SQL 的基本概念。
- 掌握数据类型。
- 掌握表达式的应用。
- 掌握流程控制语句。
- 掌握函数的应用和设计。

任务一　Transact-SQL 基础

【任务要求】

掌握标识符、注释和批处理等基本知识，从而在进行项目任务操作时能够熟练应用。

【知识储备】

1. 标识符

1) 标识符的含义

数据库对象的名称即标识符。在 Microsoft SQL Server 中，所有数据库对象都可以有标识符，其中包括服务器、数据库和数据库对象(例如表、视图、列、索引、触发器、过程、约束及规则等)都可以命名标识符来区别。

对象标识符通常是在定义对象时创建的，随后便可以使用标识符去引用或者访问该对象。

2) 标识符的命名规则

标识符是用来区分和使用数据库对象的标志和代号，所以对数据库对象进行命名时必须遵循相应的规则。并且在使用标识符给对象命名的时候最好实现"所见即所得"，也就是说，看到名字基本上就可以判断这个标识符所表示的对象。命名规则如下。

(1) 标识符不允许使用 Transact-SQL 的保留字。

(2) 标识符的第一个字符必须是 26 个英文字母(a~z 和 A~Z)或者其他语言字符(比如汉字)，以及以_、@、#。除首字符外的其他字符可以是 26 个英文字母(a~z 和 A~Z)、统一码标准中规定的字符以及其他语言字符(比如汉字)，同时也可以是下划线_、@、#、$以及数字。

(3) 在 SQL Server 中，标识符长度在 1~128 之间，并且不区分大小写。

(4) 标识符内不允许有空格和其他特殊符号。

(5) 如果标识符不符合规则，则需要用界定符号(中括号[]和双引号" ")进行界定。

(6) 有些符号具有特定的含义，需要按照其含义进行定义。

① 以#引出的标识符定义的对象是临时表或者存储过程；

② 以##引出的标识符定义的对象是全局临时对象；

③ 以@引出的标识符所定义的对象是局部变量或者参数；

④ 以@@引出的标识符定义的对象是全部变量。

(7) 数据库对象的完整命名格式是：

[[[服务器名.][数据库名].][拥有者名].]数据库对象名

在上述命名格式中，命名都必须符合标识符的命名规范。

2. 注释

注释是规范性程序书写一个非常重要的内容。注释可以增加程序的可读性，方便程序的代码的阅读和维护，同时注释在编译代码时将被忽略，不会编译到最后的可执行文件中，注释不会影响编译后的可执行文件大小。理论上来讲，注释可以出现在程序的任何位置，但是这样显然不符合实际要求，注释一般写在所需要注释的代码的开始或者结束位置，不至于从视觉上截断程序代码。

通常而言，注释一般需要达到源程序的 20%以上。并且需要简洁明了。

1) 注释的作用

(1) 注释可以对代码进行说明，增加程序可读性。

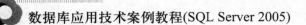

(2) 注释可以用来暂时屏蔽不需要编译调试的代码，简化程序调试。

2) 注释的分类：

(1) 多行注释：/*   */。

多行注释符号在 C 语言里面多次使用过，可以用来注释一个程序块。用/*和*/将需要注释的程序或者说明语句包括起来。表现形式如下：

/*程序块 */	

(2) 单行注释：--。

单行注释的符号放置在需要注释的代码或者说明语句之前，灵活易用。表现形式如下：

程序 --注释含义	

在 SSMS 的查询分析器中，设置了快捷注释和撤销注释的按钮，如图 8-1 所示。

图 8-1　快捷注释和撤销注释按钮

3. 批处理

通常情况下，程序的执行是按顺序从上往下逐条执行。一条程序就是一个批。但是，批处理可以处理一组 Transact-SQL 的多条语句。批处理是一个逻辑单元的 SQL 语句集。这个语句集可以从应用程序一次性地作为一个组提交到服务器端进行编译执行。使用批处理，需要用到 GO 语句。

需要注意的是：

● GO 语句必须单独成行；

● GO 语句不是 Transact-SQL 命令；

● CREATE DEFAULT、CREATE PROCEDURE、CREATE RULE、CREATE TRIGGER、CREATE VIEW 语句不能与其他语句位于同一个批中；

● 不能在一个批中修改一个表的结构，然后在同一个批中引用刚修改的新列；

● 如果批的第一条语句是 EXECUTE，则 EXECUTE 关键字可以省略。否则，不能省略。

4. USE

USE 是 SQL Server 帮助中的内容，用于改变当前数据库。语法格式如下：

USE　数据库名	

【任务实施】

1. 给数据库对象命名

对数据库对象中表、函数、存储过程和触发器等数据对象进行命名。

首先除了遵循必须遵守的标识符命名规则之外，同时，遵循"所见即所得"的原则进行命名。可以遵循中国人的习惯，用中文表示也可以，也可以建议通过"前缀+名字"或者"名字+后缀"的方式实现。前缀可以代表某一个类型，比如表等，名字可以指示具体的含义。前缀示例如表 8-1 所示。

表 8-1　前缀示例(建议，非必需)

对象分类	前　缀
表	tb
存储过程(用户自定义)	p
触发器	tr
…	…

举例：文中数据库 studentdb 使用了"名字+后缀"的方式，表的命名采用的是"前缀+名字"的方式，成绩表就命名为 tb_score，一个查询成绩的自定义存储过程可以命名为 p_cxcj，成绩统计的自定义函数命名为 f_cjtj，非常清楚明白。

【任务实践】

(1) 给前述项目四中出现的学生管理数据库系统的表命名。命名方式采用"前缀+名字"的形式，如图 8-2 所示。

表列名的命名也是采用"前缀+名字"的形式，如图 8-3 所示。

图 8-2　"前缀+名字"命名方式 1　　　图 8-3　"前缀+名字"命名方式 2

各表的名称含义如表 8-2 所示。

表 8-2　各表的名称含义

表　名	含　义
tb_class	班级信息表
tb_course	课程信息表

续表

表 名	含 义
tb_department	院系信息表
tb_grade	成绩信息表
tb_hostel	宿舍信息表
tb_student	学生信息表
tb_teacher	教师信息表

字段的命名不再说明，可以参考项目四的内容。

(2) 创建几个数据库，每创建一个数据库作为一个批，然后使用创建的第一个数据库 shilidb1。

```
-- 创建并使用数据库
CREATE DATABASE shilidb1        --创建 shilidb1 数据库
GO                              --第一批结束
CREATE DATABASE shilidb2        --创建 shilidb2 数据库
GO                              --第二批结束
USE shilidb1                    --转到 shilidb1 数据库
GO                              --第三批结束
```

任务二 表 达 式

【任务要求】

根据项目目标，需要掌握表达式的基本内容和使用方法，熟练使用变量操作以及运算符的使用。

【知识储备】

1. 变量

变量是用来在语句间进行数据交换的对象。顾名思义，变量的值在程序运行过程中可以发生改变。变量由系统或用户定义并赋值使用。变量分为局部变量和全局变量。

1) 局部变量

局部变量的名称以@开头。

局部变量是指在 Transact-SQL 批处理和存储过程或者触发器等中用来保存数据值的对象。通常用在循环计数器、临时存储数值等情况下。

局部变量的使用可以按照以下两步走。

(1) 声明局部变量。

(2) 赋值并使用局部变量。

其实，有的时候也可以边声明边赋值，使用者可以灵活处理。

(1) 声明局部变量。

声明局部变量需要用到关键词 DECLARE。语法格式如下：

```
DECLARE @变量名 1 数据类型，@变量名 2 数据类型,…,@变量名 n 数据类型
```

注意：

- 局部变量一定要先声明，才能使用。
- 局部变量名必须以@开始，一旦声明，变量将默认初值是 NULL。数据类型在项目四中已经讲述，这里不再重复，具体可以参考项目四。变量数据类型可以设置系统数据类型，也可以是自定义的数据类型，但是不能是 text、ntext 或者 image 等的数据类型。
- 局部变量的作用范围从声明处开始，一直到该批处理或者该程序结束。

(2) 赋值并使用局部变量。

局部变量声明后默认值为 NULL，需要对局部变量进行赋值操作才具有实际意义。

给局部变量赋值可以分为两种形式：SET 赋值和 SELECT 赋值。

SET 赋值语句语法格式如下：

```
SET @变量名=表达式
```

SELECT 赋值语句语法格式如下。

```
SELECT @变量名 1=表达式 1,@变量名 2=表达式 2,…,@变量名 n=表达式 n
```

SET 赋值语句和 SELECT 赋值语句的区别：

- SET 赋值语句只能给一个变量赋予一个指定的常量。
- SELECT 赋值语句可以给多个变量赋值。
- SELECT 赋值语句一般用于从表中查询结果并且赋给变量，也可以用于无源查询。

输出局部变量有两种形式：SELECT 输出和 PRINT 输出。

SELECT 输出语法格式如下：

```
SELECT @变量名或者表达式
```

PRINT 输出语法格式如下：

```
PRINT @变量名或者表达式
```

SELECT 输出和 PRINT 输出都可以输出变量的值，但是也存在区别。

- SELECT 输出是以表格形式输出。
- PRINT 输出是以单个值进行打印输出。

2) 全局变量

全局变量是由 SQL Server 提供的变量，是系统变量，用户只能使用不能创建。由于全局变量已经由系统赋值了，所以用户不能再对全局变量进行赋值操作。总之，全局变量主要用来记录 SQL Server 服务器的信息和状态，由系统定义和维护，用户只能进行查询操作。

全局变量名以@@开始。

SQL Server 提供了 30 多个相对常用的全局变量表，如表 8-3 所示。

表 8-3 全局变量表

全局变量名	意 义
connections	返回当前到本服务器的连接的数目
@@rowcount	返回上一条 Transact-SQL 语句影响的数据行数
@@error	返回上一条 Transact-SQL 语句执行后的错误号
@@remserver	返回登录记录中远程服务器的名字
@@version	返回当前 SQL Server 服务器的版本和处理器类型
@@language	返回当前 SQL Server 服务器的语言

2. 运算符

运算符是表达式的一个重要组成部分,运算符包括一目和二目运算符。

在 Transact-SQL 编程语言中常用的运算有算术运算、字符串连接运算、比较运算、逻辑运算。运算符表如表 8-4 所示。

表 8-4 运算符表

运算符类型	运算符条目	说 明
算术运算符	加(+)、减(-)、乘(*)、除(/)和取余(%)	参与运算的数据是数值类型数据,其运算结果也是数值类型数据。加(+)、减(-)也可用于对日期型数据进行运算,还可进行数值性字符数据与数值类型数据进行运算
字符串连接运算符	+、&	参与字符串连接运算的数据只能是字符数据类型:char、varchar、nchar、nvarchar、text、ntext,其运算结果也是字符数据类型
比较运算符	=(等于)、>(大于)、>=(大于等于)、<(小于)、<=(小于等于)、<>(或!=不等于)、!<(不小于)、!>(不大于)	测试两个相同类型表达式的顺序、大小等。可以用来比较数值大小、字符串前后顺序、日期前后时差等。一般用于 IF 语句和 WHILE 语句的条件、WHERE 子句和 HAVING 子句的条件
逻辑运算符	all(所有或者都)、some(任意一个)、 any(任意一个)、and(与)、not(非)、or(或)、between(两者之间)、exists(存在)、in(在范围内)、like(匹配或者像)	用于测试条件是否成立,结果为 TRUE 或者 FALSE,一般用于 IF 语句和 WHILE 语句的条件、WHERE 子句和 HAVING 子句的条件
位运算	^(位异或)、&(位与)、|(位或)	位运算符用来对二进制位进行操作
一元运算符	+(正)、-(负)、~(取反)	仅右边有一个操作数
赋值运算符	=	不可缺

【任务实施】

在表达式的操作中，变量和运算符的使用是不可或缺的，数据的输出和显示非常重要。

1. 输出一个整型变量

打开"查询分析器"窗口，在其中输入代码：

```
declare @x int          --声明整型变量 x
set @x=99               --使用 set 方式赋值
print @x                --输出该整型变量(使用变量)
```

结果显示如图 8-4 所示。

图 8-4　输出一个整型变量

或

```
select @x               --表格形式输出该整型变量(使用变量)
```

结果显示如图 8-5 所示。

图 8-5　以表格形式输出整型变量

输出显示为表格的形式，标题为"无列名"，如果希望标题显示具体文字，比如"×的值"，则可以参考项目六中设置别名的形式进行。

```
select @x as x的值      --以别名形式输出该整型变量(使用变量)
```

结果显示如图 8-6 所示。

图 8-6　以别名形式输出该整型变量

2. 使用 SELECT 可以查询全局变量

打开"查询分析器"窗口，在其中输入下列代码，可以查询出当前 SQL Server 的版本和使用语言。

```
select @@version as 版本              --当前数据库版本
select @@connections as 连接数目       --当前连接数目
```

结果显示如图 8-7 所示。

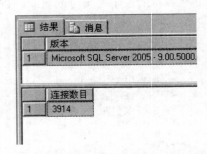

图 8-7　查询数据库软件版本及连接数目

【任务实践】

熟练完成表达式的运用，要求如下。

(1) 查询"学生管理数据库系统"studentdb 的专业课为 zyk0001 的课程平均成绩并输出。

(2) 查询学生信息表的所有信息和行数。

实践步骤如下。

1. 表达式的运用和结果输出

```
/* 查询"学生管理数据库系统"studentdb 的专业课为 zyk0001 的课程平均成绩并输出 */
use studentdb
go
declare @pjcj_zyk0001 decimal        --声明变量
select @pjcj_zyk0001=avg(score)      --查询并赋值
from tb_grade
where course_id='zyk0001'
print @pjcj_zyk0001                  --输出
```

结果显示如图 8-8 所示。

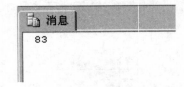

图 8-8　运用表达式查询平均成绩并输出

2. 全局变量的操作

```
-- 查询学生信息表的所有信息和行数
select * from tb_student              --查询学生信息表 tb_student
select @@rowcount as 学生信息表行数     --学生信息表 tb_student 行数
```

结果显示如图 8-9 所示。

图 8-9　查询所有信息和行数

任务三　流程控制

【任务要求】

熟悉各种流程控制语句；熟练掌握条件判断语句的使用；熟练掌握循环等语句的使用；根据要求熟练运用各流程控制语句。

【知识储备】

通过使用流程控制语句，不仅可以改变程序语句的执行顺序，而且可以使程序互相连接、关联和相互依存。Transact-SQL 语言提供了这样的流程控制逻辑，它允许用户按照给定的某种条件设定执行程序流和分支，用以实现程序跳转和执行的目的，实现程序的复杂操作。Transact-SQL 提供了下列流程控制语句。

(1) BEGIN…END 语。

(2) IF…ELSE 分支。

(3) CASE 多重分支。

(4) WHILE…CONTINUE…BREAK 循环控制语句。

(5) WAITFOR 语句。

(6) RETURN 语句。

(7) GOTO 语句。

1. BEGIN…END 语句

BEGIN…END 语句用于将多条 Transact_SQL 语句组合起来，组成一个统一执行的逻辑块。当流程控制语句必须执行一个包含两条或两条以上 Transact_SQL 语句的程序块时，使用 BEGIN…END 语句可以把这些语句组成为一个统一的逻辑整体，尤其是在循环结构体中可以避免死循环的出现。BEGIN 代表语句逻辑块开始，END 代表结束。

通常用于下列情况。

● WHILE 循环需要包含多条语句。

● CASE 函数的元素需要包含多条语句。

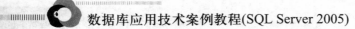

● IF 或 ELSE 子句中需要包含多条语句。

语法格式如下：

```
BEGIN
   程序块   --可以是两条或者两条以上语句
END
```

2. IF…ELSE 分支

用来进行条件测试，根据测试结果决定执行的语句程序流。

语法格式 1：

```
if 条件表达式
    程序块 1
程序块 2
```

条件表达式就是条件，如果条件表达式的值为真或者说是 TRUE，则程序将执行程序块 1；否则条件表达式的值为假或者说是 FALSE，则直接执行程序块 2。而且如果程序块 1 或者程序块 2 有两条以上的语句，请使用前面介绍的 BEGIN…END。

语法格式 2：

```
if 条件表达式
    程序块 1
else
    程序块 2
程序块 3
```

条件表达式就是条件，如果条件表达式的值为真或者说是 TRUE，则程序将执行程序块 1，然后执行程序块 3；否则条件表达式的值为假或者说是 FALSE，则直接执行程序块 2 然后继续执行程序块 3。同上，如果程序块 1、程序块 2 或者程序块 3 包含两条以上的语句，请使用前面介绍的 BEGIN…END。

3. CASE 多重分支

通过计算条件表达式列表可以返回多个可能结果表达式。一个逻辑结果将指向一条分支。

语法格式：

```
case 字段名或变量名
    when 条件表达式 1 then 结果表达式 1
    when 条件表达式 2 then 结果表达式 2
    when 条件表达式 3 then 结果表达式 3
    …
    else 结果表达式
end
```

4. WHILE…CONTINUE…BREAK 循环控制语句

循环控制是流程控制语句中一个非常重要的内容。在循环控制语句中，只要条件为真，程序将一直不断地执行下去，为了更好地控制循环，避免死循环，可以利用 CONTINUE 和 BREAK 控制循环语句。语法格式如下：

```
WHILE  条件表达式
    BEGIN
    程序块
    [BREAK]              --控制程序立即无条件地退出最内层 WHILE 循环
    [CONTINUE]           --控制程序跳出本次循环，重新开始下一次 WHILE 循环
    END
```

循环是可以嵌套的。

5. WAITFOR 语句

WAITFOR 语句是一个延迟语句，可以设定程序的延迟时间长度或者运行程序的某个具体时刻。语法格式如下：

```
WAITFOR  DELAY  '延迟时间长度'  |  TIME  '延迟到某个时刻'
```

6. RETURN 语句

用于无条件终止查询、存储过程或批处理，存储过程或批处理中，return 语句后面的语句将不再执行。如果用在存储过程中，RETURN 将不能返回空值。

语法格式如下：

```
RETURN  [整数表达式]
```

7. GOTO 语句

GOTO 语句使 Transact-SQL 批处理的执行无条件强行跳转到某个指定的标签。

语法格式如下：

```
GOTO   标签名称
程序块
标签名称:程序
```

这种语法结构较少使用。

【任务实施】

流程控制语句可以配合着使用达到一个非常好的效果。

1. IF 条件判断流程控制语句和 BEGIN…END 的配合使用

IF 进行条件判断，决定流程走向，BEGIN…END 可以实现语句块的操作。打开"查询分析器"窗口，输入相应的程序代码如下：

```
/*现查询学号为"201315030101"的平均成绩，先判断是否有该学生的成绩，如果有，计算机出
平均成绩并且打印出来，如果没有，则输出提示信息*/
use studentdb
go
--声明存放平时成绩的变量
declare @cj_pj numeric(5,1)
/* 判断是否有该学生的成绩信息，如果有，则计算平均成绩，begin...end用来设定语句块*/
if exists(select * from tb_grade where s_id='201315030101')
    begin
```

```
                select @cj_pj=avg(score)
                from tb_grade
                where s_id='201315030101'
                print '201315030101的平均成绩='+ltrim(@cj_pj)
        end
else
        print '该学生暂时没有成绩,可能是新生'
```

结果显示如图 8-10 所示。

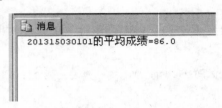

图 8-10 查询学号为"201315030101"的学生平均成绩

2. 实施延迟控制

延迟控制使用 **WAITFOR** 语句。打开"查询分析器"窗口,输入相应的程序代码并执行:

```
--在12:00:00查询成绩信息表tb_grade的值
USE studentdb
GO
WAITFOR TIME '12:00:00'        --延迟到12点整
SELECT  *  FROM  tb_grade
```

【任务实践】

进行流程控制,任务要求如下。

(1) 查询成绩表中是否存在 201315030101 的成绩,如果有,则统计出平均成绩并且判断等级,否则输出该同学无成绩的内容。

(2) 计算 1+3+5+…+99。

实践步骤如下。

(1) IF 和 CASE 语句配合使用。在"查询分析器"窗口中输入如下程序:

```
/* 查询成绩表中是否存在201315030101的成绩,如果有,则统计出平均成绩并且判断等级,否
则输出该同学无成绩的内容*/
declare @cj_pj int                              --声明平均成绩变量
declare @cj_jb char(6)                          --声明级别变量
if exists(select * from tb_grade where s_id='201315030101')
begin
--查询该同学的平均成绩并赋值给变量
    select @cj_pj=avg(score) from tb_grade
    where s_id='201315030101'
--利用case得到成绩级别并赋值给级别变量
    set @cj_jb =
    case                                        --多分支语句
```

```
        when @cj_pj>=90 and  @cj_pj<=100 then '优秀'
        when @cj_pj>=80 and  @cj_pj<90 then '良好'
        when @cj_pj>=70 and  @cj_pj<80 then '中等'
        when @cj_pj>=60 and  @cj_pj<70 then '及格'
        when @cj_pj<60 then '不及格'
    end
    print '201315030101的平均成绩是'+ltrim(@cj_pj)+'  级别是'+@cj_jb
end
else
    print '该同学无成绩'
```

结果显示如图 8-11 所示。

图 8-11　统计出平均成绩并判断等级

(2) 在"查询分析器"窗口中输入程序实现循环操作。程序如下：

```
-- 利用循环计算 1+3+5+…+99 的和
declare @i int, @sum int                  --声明循环变量和累加器
set @i= 1                                 --循环变量赋初值
set @sum=0                                --累加器清赋初值
while @i<=99                              --设定循环结束条件
  begin
    set @sum = @sum + @i                  --累加
    set @i = @i + 2                       --步长+2
  end
print '1+3+…+99 的和:' + ltrim(@sum)       --输出结果
```

结果显示如图 8-12 所示。

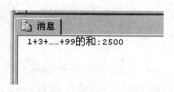

图 8-12　利用循环计算"1+3+5+…+99"的和

如果程序改写成以下：

```
-- 利用循环计算 1+3+5+…+99 的和
declare @i int, @sum int                  --声明循环变量和累加器
set @i= 1                                 --循环变量赋初值
set @sum=0                                --累加器清赋初值
while @i<=102                             --设定循环结束条件
  begin
    set @sum = @sum + @i                  --累加
    set @i = @i + 2                       --步长+2
    if @i>99
```

```
        begin
        break
        print '数值超出'
        end
    else
        begin
        continue
        print '继续循环操作'
    end
  end
print '1+3+…+99 的和:' + ltrim(@sum)        --输出结果
```

请问：上述两段程序有什么不同？不同处有什么意义？

任务四 函 数

【任务要求】

- 熟练掌握各种内置函数的使用。
- 根据需求熟练创建自定义函数。

【知识储备】

函数是程序语言的重要组成部分。SQL Server 不仅仅提供了丰富的内置函数，同时也允许用户自定义函数。

1. 内置函数

SQL Server 提供的内置函数包括聚合函数、数学函数、字符串函数、日期时间函数、系统统计函数等 12 大类函数，可以帮助用户方便快捷地实现相应的运算和操作。内置函数可以通过联机帮助进行查找释义，也可以在 SSMS 中展开一个相应的数据库，在其中的"可编程性"→"函数"中进行查找学习。

1) 聚合函数

聚合函数可以对一组值进行计算并返回单一的结果值。聚合函数主要用于 SELECT 语句 GROUP BY 子句、COMPUTE BY 子句等，在查询操作中使用广泛，相关内容请参考项目六的说明，这里不再赘述。常用的聚合函数如表 8-5 所示。

表 8-5 聚合函数

函数名称	函数说明
SUM(数值表达式)	结果返回数值表达式的所有的值的和
AVG(数值表达式)	结果返回数值表达式的所有的值的平均值
MAX(表达式)	结果返回表达式的最大值，表达式可以是任意类型
MIN(表达式)	结果返回表达式的最小值，表达式可以是任意类型
COUNT(表达式)	结果返回表达式的个数，表达式可以是任意类型

2)　数学函数

数学函数对作为函数参数提供的输入值执行计算，该函数的参数类型为数值表达式，返回一个数字值。常用的数学函数如表 8-6 所示。

表 8-6　数学函数

函数名称	函数说明
ROUND(数值表达式, 小数位数)	将数值表达式按照小数位数四舍五入，如果小数位数为 0，则返回与数值表达式最接近的整数
FLOOR(数值表达式)	向下取整，即返回不大于数值表达式的最大整数
CEILING(数值表达式)	整数函数，向上舍入，也就是返回大于或者等于数值表达式的最小整数
RAND()	空参数，随机函数，返回一个 0～1 的随机数，不包括 1
Abs(数值表达式)	返回数值表达式的绝对值

3)　字符串函数

字符串函数对二进制数据、字符串和表达式执行不同的运算。常用的字符串函数如表 8-7 所示。

表 8-7　字符串函数

子类型	函数名称	函数说明
转换函数	ASCII(字符表达式)	返回字符表达式最左端的 ASCII 值
	CHAR(整型表达式)	将 ASCII 码转换为字符。如果没有输入 0～255 之间的 ASCII 码值，CHAR() 返回 NULL
	LOWER(字符表达式)/UPPER(字符表达式)	将字符表达式进行小写/大写转换
	STR (浮点型表达式[,长度[,小数]])	把浮点型表达式的数据转换为字符型数据
截取子串函数	LEFT (字符表达式,长度)	返回字符表达式从左边开始指定长度的字符
	RIGHT(字符表达式,长度)	返回字符表达式从右边开始指定长度的字符
	SUBSTRING (字符表达式,起始位置,长度)	返回字符表达式从左边起始位置开始指定长度的字符部分
删除空格函数	LTRIM(字符串表达式)	把字符串表达式左边的空格去掉
	RTRIM(字符串表达式)	把字符串表达式尾部的空格去掉
字符串操作函数	REPLACE (字符串表达式 1，字符串表达式 2，字符串表达式 3)	用字符串表达式 3 替换在字符串表达式 1 中的子串字符串表达式 2
	SPACE (整型表达式)	返回一个有指定长度的空白字符串。如果整型表达式值为负值，则返回 NULL
计算长度函数	LEN(字符串表达式)	返回字符串表达式的字符数

4) 日期时间函数

日期时间函数对日期和时间输入值执行操作，返回的值可以是一个字符串、数字或日期和时间值。常用的日期时间函数如表 8-8 所示。

表 8-8　日期时间函数

函数名称	函数说明
GETDATE()	空参数，返回数据库服务器当前的系统日期和时间
DAY(日期表达式)	返回结果为日期中的日，是一个整数
MONTH(日期表达式)	返回结果为日期中的月，是一个整数
YEAR(日期表达式)	返回结果为日期中的年，是一个整数
DATEADD (datepart,间隔数值,日期表达式)	返回日期表达式加上一个间隔数值的新日期。如果间隔时间为正，则为未来的时间；如果间隔时间为负，则是过去的时间。格式的说明如表 8-9 所示
DATEDIFF (datepart,日期表达式 1,日期表达式 2)	返回日期表达式 1 和日期表达式 2 之间的差值，并且最后转化为 datepart 格式
DATENAME (datepart，日期表达式)	以字符串的形式返回日期的 datepart 指定部分
DATEPART (datepart，日期表达式)	以整数值的形式返回日期的 datepart 指定部分

在众多日期函数中都需要使用 datepart 参数，datepart 格式如表 8-9 所示。

表 8-9　datepart 参数说明表

含　义	datepart	缩　写	取值范围
年	YEAR	YY,YYYY	1753～9999
月	MONTH	MM	1～12
日	DAY	DD	1～31
季度	QUARTER	QQ	1～4
年中的日	DAYOFYEAR	DY	1～365
周	WEEK	WK	0～52
星期	WEEKDAY	DW	1～7
小时	HOUR	HH	0～23
分钟	MINUTE	MI	0～59
秒	SECOND	SS	0-59
毫秒	MILLSECOND	MS	0～999

5) 系统统计函数

系统统计函数主要用来返回系统的统计信息，系统统计函数大多数返回结果为整数。常用的系统统计函数如表 8-10 所示。

表 8-10 系统统计函数

函数名称	函数说明
@@CONNECTIONS	返回 SQL Server 自上次启动以来尝试的连接数，无论连接是成功还是失败
@@CPU_BUSY	返回 SQL Server 自上次启动后的工作时间
@@PACK_SENT	返回 SQL Server 自上次启动后写入网络的输出数据包个数
@@PACKET_ERRORS	返回自上次启动 SQL Server 后在 SQL Server 连接上发生的网络数据包错误数

6) 系统其他函数

另外，系统还提供了返回有关 SQL Server 中的状态值、对象和设置的信息的函数，如表 8-11 所示。

表 8-11 系统其他函数

函数名称	函数说明
APP_NAME()	返回当前会话的应用程序名称
HOST_NAME()	返回当前工作站名称
ISDATE(字符表达式)	判断是否为有效的日期。返回结果为整数
USER_NAME(整型表达式)	返回当前数据库用户名。返回值为字符型

2. 用户自定义函数

系统虽然提供了很多的内置函数，能够完成绝大多数功能，但是依然满足不了用户的需求，尤其是对于一些特定的功能和需求，必须依靠用户自己编写函数才能实现。用户自定义函数就是将一个或者多个 Transact-SQL 语句的子程序定义为函数，从而实现代码的封装和重用，提高代码的移植性和使用效率。

用户能够自行定义的函数有标量值函数和表值函数。

用户自定义函数可以有 0 或者多个输入参数，不支持输出参数。标量值函数返回数值，表值函数返回表值。用户自定义函数的创建有以下两种方式。

● 在"对象资源管理器"窗格中利用模板创建自定义函数。

● 利用 Transact-SQL 语句编程创建用户自定义函数。

1) 创建自定义函数

(1) 在"对象资源管理器"窗格中利用模板创建自定义函数。

下面是在"对象资源管理"窗格中创建标量值函数的步骤。

① 在"对象资源管理器"窗格中，依次展开 SQL Server 数据库\"数据库"\具体的数据库名\"可编程性"\"标量值函数"节点，右击"标量值函数"节点，弹出右键菜单，如图 8-13 所示。

② 在弹出的快捷菜单中选择"新建标量值函数"命令，则会打开如图 8-14 所示的模板。

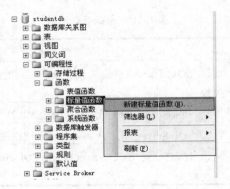

图 8-13　快捷菜单

```
-- =============================================
-- Author:       <Author,,Name>
-- Create date:  <Create Date, ,>
-- Description:  <Description, ,>
-- =============================================
CREATE FUNCTION <Scalar_Function_Name, sysname, FunctionName>
(
    -- Add the parameters for the function here
    <@Param1, sysname, @p1> <Data_Type_For_Param1, , int>
)
RETURNS <Function_Data_Type, ,int>
AS
BEGIN
    -- Declare the return variable here
    DECLARE <@ResultVar, sysname, @Result> <Function_Data_Type, ,int>

    -- Add the T-SQL statements to compute the return value here
    SELECT <@ResultVar, sysname, @Result> = <@Param1, sysname, @p1>

    -- Return the result of the function
    RETURN <@ResultVar, sysname, @Result>

END
GO
```

图 8-14　新建标量值函数模板

③　在模板中按照要求添加程序就可以了。

创建表值函数是差不多的方法，只是操作对象换成了表值函数而已。

(2)　利用 Transact-SQL 语句创建用户自定义函数。

创建用户自定义函数用 CREATE FUNCTION 语句实现。

①　创建标量值函数。

返回数值的自定义函数也称标量值函数，用于返回单个数据值。

标量值函数语句格式：

```
CREATE FUNCTION function_name
([ { @parameter_name  scalar_parameter_data_type [ = default ] }
[ ,…n ] ] )
 RETURNS scalar_return_data_type
 [ AS ]
  BEGIN
      function_body
```

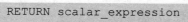

```
        RETURN scalar_expression
END
```

语句格式中各参数含义如表 8-12 所示。

表 8-12　标量值函数中各参数含义

参 数 名	参数意义
function_name	用户自定义函数名
@parameter_name	输入参数的名称，@表示引出的是局部变量，此时为形参
scalar_parameter_data_type	输入参数的类型
RETURNS scalar_return_data_type	函数返回数据值的类型
function_body	程序执行体，用于执行相应的计算等实际得出标量值的操作
RETURN scalar_expression	返回一个标量值
BEGIN…END	定义了程序块，里面可以有多条程序语句

②　表值函数。

返回表值的自定义函数又称表值函数，顾名思义可以利用表的形式返回多个值，返回的是表值也就是 table 数据类型的结果。实际就是 SELECT 语句的查询结果集。

表值函数语句格式如下：

```
CREATE  FUNCTION  function_name  ( [ { @parameter_name
parameter_data_type
     [ = default ] } [ ,…n ] ] )
   RETURNS TABLE
   [ AS ]
   RETURN  (select-statement)
```

在表值函数的语句中，没有程序执行体，返回结果即为查询结果。其中语法结构说明如表 8-13 所示。

表 8-13　用户自定义函数语法结构说明

参 数 名	参数意义
function_name	用户自定义函数名
@parameter_name	输入参数的名称，@表示引出的是局部变量
parameter_data_type	输入参数的类型
RETURNS　TABLE	函数返回结果为 TABLE 数据类型
RETURN　(select-statement)	select-statement 表示执行 select 查询操作，返回结果即为查询结果

2)　修改用户自定义函数

修改用户自定义函数同样有两种方法。

● 　利用对象资源管理器修改用户自定义函数。

● 　利用 Transact-SQL 语句修改用户自定义函数。

(1) 利用对象资源管理器修改用户自定义函数。

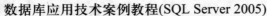

下面是在对象资源管理器中创建标量值函数的步骤。

① 在"对象资源管理器"窗格中，依次展开 SQL Server 数据库\"数据库"\具体的数据库名\"可编程性"\"标量值函数"节点，右击已有的标量值函数，弹出右键菜单，如图 8-15 所示。

图 8-15　右键菜单

② 可以在右键菜单中选择"修改"命令或者可以选择"编写函数脚本为"→"ALTER 到"→"新查询编辑器窗口"命令，都可以打开原有的自定义函数，然后对需要改变的程序部分进行修改，如图 8-16 和图 8-17 所示。

图 8-16　选择"新查询编辑器窗口"命令

```
USE [studentdb]
GO
/****** 对象:  UserDefinedFunction [dbo].[f_cjtj]      脚本日期: 12/04/2014
SET ANSI_NULLS ON
GO
SET QUOTED_IDENTIFIER ON
GO
ALTER FUNCTION [dbo].[f_cjtj]              --自定义函数，函数名为f_cjtj
 (@xh char(12))                           --自定义函数的形参
 RETURNS decimal                          --返回变量的数据类型
 BEGIN                                     --函数体，执行具体功能操作
    DECLARE @cj_pj decimal
    SELECT @cj_pj=sum(score)
    FROM  tb_grade
    WHERE s_id=@xh
    RETURN @cj_pj                          --返回标量值
END
```

图 8-17　打开原有的自定义函数

表值函数的操作也是类似，只是操作对象不同而已。

(2)　利用 Transact-SQL 修改用户自定义函数。

修改用户自定义函数可以使用 ALTER FUNCTION 命令。语法格式如下：

```
ALTER FUNCTION function_name
([ { @parameter_name  scalar_parameter_data_type [ = default ] }
[ ,…n ] ] )
 RETURNS scalar_return_data_type
 [ AS ]
  BEGIN
        function_body
        RETURN scalar_expression
  END
```

语法格式和创建自定义函数几乎一样，只是 CREATE 改成了 ALTER。CREATE 是新建，而 ALTER 是对已经有的函数进行修改。参数的说明同创建自定义函数区别不大，请用户自行参阅。

3)　调用自定义函数

需要利用自定义最终得到结果，需要对函数进行调用，调用的过程需要将实参值传递给形参，然后返回所需要的结果。

(1)　调用标量值函数。

标量自定义函数在表达式中调用，在调用函数的时候需要指明函数的拥有者和函数的名称。语法格式如下：

```
select [所有者].函数名(实参)
```

(2)　调用表值函数。

表值自定义函数在 SELECT 语句的 FROM 子句中调用，在调用函数的时候需要指明函数的拥有者和函数的名称，语法格式如下：

```
select * from [所有者].函数名(实参)
```

4)　查阅用户自定义函数

查阅用户自定义函数可通过以下两种方法进行。

● 利用对象资源管理器进行查阅。

● 利用 Transact-SQL 语句编程进行查阅。

(1)　查看函数的可视化方法也可以利用对象资源管理器进行，方法如下。

①　在"对象资源管理器"窗格中，依次展开 SQL Server 数据库\"数据库"\具体的数据库名\"可编程性"\"标量值函数"节点，右击已有的标量值函数，弹出右键菜单，如图 8-18 所示。

图 8-18　右键菜单

② 选择"编写函数脚本为"→"CREATE 到"→"新查询编辑器窗口"命令，打开如图 8-19 所示的自定义函数程序。

```
USE [studentdb]
GO
/****** 对象:  UserDefinedFunction [dbo].[f_cjtj]      脚本日期: 12/04/2
SET ANSI_NULLS ON
GO
SET QUOTED_IDENTIFIER ON
GO
CREATE FUNCTION [dbo].[f_cjtj]          --自定义函数，函数名为f_cjtj
 (@xh char(12))                         --自定义函数的形参
 RETURNS decimal                        --返回变量的数据类型
 BEGIN                                  --函数体，执行具体功能操作
    DECLARE @cj_pj decimal
    SELECT @cj_pj=sum(score)
    FROM  tb_grade
    WHERE s_id=@xh
    RETURN @cj_pj                       --返回标量值
END
```

图 8-19　自定义函数程序

(2) 利用 Transact-SQL 语句进行自定义函数的查阅。

可以执行系统存储过程 SP_HELP 或者 SP_HELPTEXT 进行操作。语法格式如下：

SP_HELP 函数名称

或

SP_HELPTEXT 函数名称

5) 删除用户自定义函数

用户自定义也是一个数据库对象，可以使用以下两种方法删除该数据库对象。

● 利用对象资源管理器进行删除操作。

● 利用 Transact-SQL 语句进行删除操作。

(1) 利用对象资源管理器进行删除操作。

① 在"对象资源管理器"窗格中，依次展开 SQL Server 数据库→"数据库"→具体的数据库名→"可编程性"→"标量值函数"节点，右击需要删除的标量值函数，弹出如图 8-20 的右键菜单。

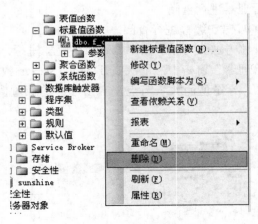

图 8-20　右键菜单

② 在右键菜单中选择"删除"命令，就可以删除相应的标量值函数了。表值函数的操作步骤和标量值函数的类似。

(2) 利用 Transact-SQL 语句删除自定义函数。

可以使用 DROP FUNCTION 去删除用户自定义的函数。语法格式如下：

```
DROP FUNCTION 函数名称
```

【任务实施】

内置函数有很多，无法一一列举，从常用的一些类型中抽出部分举例实施。

1. 数学函数

要求实现实数的取整和四舍五入，熟练地对数值函数进行操作。

(1) 在"查询分析器"窗口中输入下列程序：

```
--对数值 12.5 进行取整和四舍五入
select floor(12.5)  向下取整后的值          --向下取整
select ceiling(12.5) 向上取整后的值          --向上取整
select round(12.5,0)  四舍五入的值          --四舍五入，小数为 0
```

(2) 单击查询工具栏中的"执行"按钮即可，结果显示如图 8-21 所示。

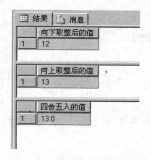

图 8-21　对数值 12.5 进行取整和四舍五入

2. 字符串函数

要求能够实现求取字符串长度并且删除左右空格，并且能够实现按要求截取字符串，以及其他字符串的操作。

(1) 在"查询分析器"窗口中输入下列程序：

```
--(1)求 hello everybody 的长度
select len('hello everybody') 长度
--(2)删除字符串空格
select ltrim ('  hello everybody') 删左边空格, rtrim ('hello everybody ')
删右边空格
--(3)截取子字符串
select left('hello everybody',5) 从左边开始前 5 个字符, right('hello
everybody',9) 从右边开始 9 个字符
select substring('hello everybody',7, 5) 从第 7 位开始长度为 5 的字符
```

(2) 单击查询工具栏中的"执行"按钮即可，结果显示如图 8-22 所示。

3. 日期时间函数

要求能够得到系统日期和查询某个日期的年月日，并且计算两日期之差等。

(1) 在"查询分析器"窗口中输入程序如下：

```
--(1)得到系统日期
select getdate() 系统日期
--(2)查询 2014-8-1 的年月日
select year('2014-8-1') 年,month('2014-8-1') 月,day('2014-8-1') 日
--(3)计算两日期之差为多少天。
DECLARE @t_first datetime, @t_second datetime
SET @t_first='2014-8-1'                                        --第一个时间
SET @t_second='2014-6-25'                                      --第二个时间
SELECT DATEDIFF(dd,@t_second,@t_first) 相差天数
```

(2) 单击查询工具栏中的"执行"按钮即可，结果显示如图 8-23 所示。

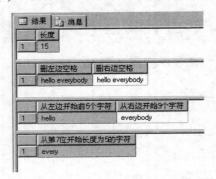

图 8-22　对 hello.everybody 求长度　　　　图 8-23　求取系统日期和查询某个日期
　　　　　　　　　　　　　　　　　　　　　　　　的年月日及两日期之差

4. 其他函数

要求能够查询当前会话的应用程序名称和主机名。

(1) 在"查询分析器"窗口中输入以下程序：

```
--查询当前会话的应用程序名称和主机名
select app_name() 当前会话应用程序名,host_name() 主机名
```

(2) 单击查询工具栏中的"执行"按钮即可，结果显示如图 8-24 所示。

图 8-24　查询当前会话的应用程序名称和主机名

5. 聚合函数

要求实现统计学生成绩表的平均成绩，最高分和最低分。

(1) 在"查询分析器"窗口中输入程序如下：

```
use studentdb
select avg(score) 平均成绩,max(score) 最高分,min(score) 最低分
from tb_grade
```

(2) 单击查询工具栏中的"执行"按钮即可。

6. 用户自定义函数

要求实现创建一个自定义函数，计算两个数的和，并且进行调用计算。

(1) 在"查询分析器"窗口中输入程序如下：

```
--自定义函数计算两个数的和
create FUNCTION f_sum          --自定义函数，函数名为f_sum
 (@x int,@y int)              --自定义函数的形参
 RETURNS int                  --返回变量的数据类型
 BEGIN
    declare @sum1 int
    set @sum1=@x+@y
    return @sum1
 end
```

(2) 单击查询工具栏中的"执行"按钮即可。

(3) 调用该自定义函数计算两个数的和，可以灵活通过参数控制，随着参数变化得到不同结果。

```
select dbo.f_sum(85,76)
```

(4) 查看自定义函数的程序，只需要在"查询分析器"窗口中输入程序执行即可：

```
sp_helptext f_sum
```

【任务实践】

创建和使用函数，要求如下。

(1) 新建自定义函数，按学生学号查询该学生的平均成绩。

(2) 修改(1)创建的自定义函数，按学生学号查询该学生的总分，并且调用和查看该自定义函数。

(3) 新建自定义函数，按学生学号查询该学生的成绩表并调用该函数求值。

(4) 删除自定义的表值函数。

(5) 新建自定义函数，实现多表连接的查询，按学号查询不及格的学生的学号、姓名、课程名和成绩。

(6) 修改(5)创建的自定义函数，实现多表连接多参数的查询，按学号和课程名查询不及格的学生的学号、姓名、课程名和成绩。

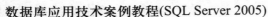

实践步骤如下。

(1) 新建自定义函数，实现按学生学号查询学生的平均成绩并调用该函数计算结果。很显然，这是一个标量值函数。

① 在"查询分析器"窗口中输入程序如下：

```
/*通过自定义函数实现按学生学号查询该学生的平均成绩*/
use studentdb
go
if exists(select * from sys.objects
 where name='f_cjtj' and type='fn')
drop function f_cjtj
go
create FUNCTION f_cjtj              --自定义函数，函数名为f_cjtj
 (@xh char(12))                     --自定义函数的形参
 RETURNS decimal                    --返回变量的数据类型
 BEGIN                              --函数体，执行具体功能操作
   DECLARE @cj_pj decimal
   SELECT @cj_pj=avg(score)
   FROM  tb_grade
   WHERE  s_id=@xh
   RETURN @cj_pj                    --返回标量值
 END
Go
```

② 执行上述程序后，将新建一个自定义函数 f_cjtj，显示在相应数据库的"可编程性"下面。显示如图 8-25 所示。

③ 调用该自定义函数求平均成绩，可以灵活通过参数控制，随着参数变化得到不同结果。

```
--求201315030101 的平均成绩
select dbo.f_cjtj('201315030101') 平均成绩
--求201315030202 的平均成绩
select dbo.f_cjtj('201315030202') 平均成绩
```

显示结果如图 8-26 所示。

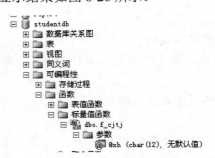

图 8-25　查看新建的自定义函数　　　　　图 8-26　调用自定义函数求平均成绩

(2) 修改自定义函数，按学生学号查询该学生的总分，并且调用和查看该自定义函数。

① 在"查询分析器"窗口中输入程序如下：

```
--修改自定义函数，按学生学号查询该学生的总分
use studentdb
go
alter FUNCTION f_cjtj                    --自定义函数，函数名为 f_cjtj
 (@xh char(12))                          --自定义函数的形参
 RETURNS decimal                         --返回变量的数据类型
 BEGIN                                    --函数体，执行具体功能操作
    DECLARE @cj_pj decimal
    SELECT @cj_pj=sum(score)
    FROM  tb_grade
    WHERE s_id=@xh
    RETURN @cj_pj                        --返回标量值
 END
```

执行程序，自定义函数 f_cjtj 修改成功。读者可以发现，修改是对已经存在的自定义函数进行修改，其余语法和新建自定义函数差不多，该题仅仅变动了两个地方，一个是 create 变成了 alter，另一个就是有 avg() 变成了 sum()。

②　调用改变后的函数计算总分，调用程序如下：

```
--查看201315030101 的总成绩
select dbo.f_cjtj('201315030101') 总成绩
--查看201315030202 的总成绩
select dbo.f_cjtj('201315030202') 总成绩
```

结果显示如图 8-27 所示。

图 8-27　调用改变后的函数计算总分

③　查看自定义函数。在"查询分析器"窗口中输入程序如下：

```
--查看自定义函数 f_cjtj
SP_HELP f_cjtj
```

结果显示如图 8-28 所示。

Name	Owner	Type	Created_datetime
1	f_cjtj	dbo	scalar function	2014-12-01 17:00:35.823

	Parameter_name	Type	Length	Prec	Scale	Param_order	Collation
1		decimal	9	18	0	0	NULL
2	@xh	char	12	12	NULL	1	Chinese_PRC_BIN

图 8-28　查看自定义函数

```
--查看自定义函数 f_cjtj 的文本内容
SP_HELPTEXT f_cjtj
```

结果显示如图 8-29 所示。

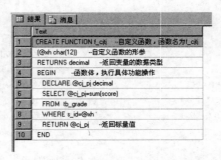

图 8-29　查看自定义函数 f_cjtj 的文本内容

(3)　新建自定义函数，按学生学号查询该学生的成绩表并调用该函数求值。

①　在"查询分析器"窗口中输入程序如下：

```
-- 新建自定义函数，按照学生学号查询学生成绩表
use studentdb
go
if exists(select * from sys.objects  where name='f_cjcx' and type='fn')
drop function f_cjcx
go
CREATE FUNCTION f_cjcx          --新建自定义函数，函数名为 f_cjcx
(@xuehao char(12))             --函数的形参
RETURNS TABLE                  --返回值的数据类型为 table
RETURN (
    SELECT *                  --函数体，实现具体的查询功能
    FROM tb_grade
    WHERE s_id=@xuehao
        )
Go
```

在执行后，在相应数据库 studentdb 的可编程性下会出现新建好的自定义函数 f_cjcx，如图 8-30 所示。

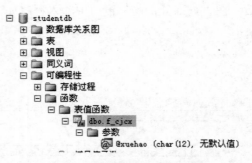

图 8-30　查看新建的自定义函数

②　调用表值函数 f_cjcx，可以查询不同学号的学生成绩，调用程序如下：

```
--求 201315030101 的成绩
select * from dbo.f_cjcx('201315030101')
```

```
--求 201315030202 的成绩
select * from dbo.f_cjcx('201315030202')
```

结果显示如图 8-31 所示。

图 8-31　查询不同学号的学生成绩

(4)　删除自定义的表值函数。

在"查询分析器"窗口中，输入以下程序并执行将删除相关的函数：

```
drop function f_cjcx           --删除相应的表值函数 f_cjcx
```

执行该程序后，自定义表值函数 f_cjcx 将被删除掉，可编程性刷新后将不会再出现该函数名。

(5)　新建自定义函数，实现多表连接的查询，按学号查询不及格的学生的学号、姓名、课程名和成绩。

①　在"查询分析器"窗口中输入程序如下：

```
/* 创建一个自定义函数，按学号查询不及格的学生的学号、姓名、课程名和成绩并调用该函数*/
use studentdb
go
if exists(select * from sys.objects  where name='f_dbcs' and type='fn')
drop function f_dbcs
go
create function f_dbcs(@xuehao char(12))
returns table as
return (select tb_student.s_id,s_name,course_name,score
        from tb_student,tb_course,tb_grade
        where tb_student.s_id=@xuehao
and tb_student.s_id=tb_grade.s_id
        and tb_grade.course_id=tb_course.course_id and score<60)
go
--调用自定义函数
select * from f_dbcs('201315030201')
```

②　单击查询工具栏中的"执行"按钮即可实现。结果显示如图 8-32 所示。

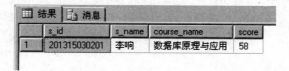

图 8-32　按学号查询不及格的学生信息

(6) 修改上述自定义函数，按学号和课程名查询不及格的学生的学号、姓名、课程名和成绩。

这个实践涉及多表和多参数操作，在"查询分析器"窗口中输入以下程序并执行：

```
/* 修改自定义函数，按学号和课程名查询不及格的学生的学号、姓名、课程名和成绩*/
use studentdb
go
alter function f_dbcs(@xuehao char(12),@kcm nchar(10))
returns table as
return (select tb_student.s_id,s_name,course_name,score
        from tb_student,tb_course,tb_grade
        where  tb_student.s_id=tb_grade.s_id
and tb_grade.course_id=tb_course.course_id
        and score<60 and tb_student.s_id=@xuehao
and tb_course.course_name=@kcm)
go
--调用自定义函数
select * from f_dbcs('201315030201','数据库原理与应用')
```

结果显示如图 8-33 所示。

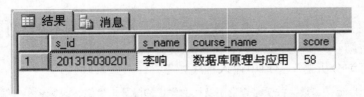

	s_id	s_name	course_name	score
1	201315030201	李响	数据库原理与应用	58

图 8-33　按学号和课程名查询不及格的学生信息

项 目 小 结

本项目介绍了 Transact-SQL 的编程基本知识，包括变量、表达式、流程控制语句以及函数等，要求读者重点掌握变量的声明和使用、循环控制和条件语句的用法，以及常用函数尤其是自定义函数的操作。

上 机 实 训

使用 Transact-SQL 语句编程实践

实训背景

流程控制的能力离不开 Transact-SQL 语句的编程基础，尤其是循环控制以及分支语句等的操作，以及自定义函数的创建和管理。利用流程控制语句可以帮助用户更好地实现数据库的操作。

实训内容和要求

进行 Transact-SQL 语句编程实践，要求如下。

(1) 熟悉变量的声明和使用。

(2) 熟悉表达式的灵活运用。

(3) 对常用内置函数(数学函数、字符串函数、日期时间函数、系统函数等)进行操作。

(4) 计算 10! 的值。

(5) 编写计算缴存个人所得税的程序，3000 及以下不交税，3000～5000 之间交超出部分的 5%，5000～10000 之间的部分交 10%，10000 以上的部分交 20%。

(6) 创建自定义函数按作者查询图书管理数据库的图书信息。

实训步骤

(1) 打开"查询分析器"窗口，进行变量和声明的使用操作，输出一个变量的结果。

(2) 在"查询分析器"窗口中进行各内置函数的操作。

(3) 使用"查询分析器"窗口进行阶乘的计算。

(4) 在"查询分析器"窗口中，利用多分支语句可以实现所得税统计。

(5) 设置自定义函数，按作者在图书管理数据库里面查询图书的信息。

实训拓展思考题

(1) 如果采用模糊查询，比如说作者为姓张的书籍，应该怎样做？

(2) 多条件怎样设置？

(3) 自定义函数的创建、修改、查看和删除分别有哪些特点和注意事项？

请大家思考操作。

习　　题

一、选择题

1. 下面(　　)字符可以用于表示 Transact-SQL 的局部变量？

　　A. @　　　　　　　　B. @@　　　　　　　C. #　　　　　　　　D. ##

2. 用来去掉左边空格的系统函数是(　　)。

　　A. LTRIM　　　　　　B. RTRIM　　　　　　C. SUBSTRING　　　D. STR

3. 下列(　　)符号表示批。

　　A. GO　　　　　　　B. USE　　　　　　　C. GOTO　　　　　　D. EXEC

4. 下列标识符的说法，(　　)不正确。

　　A. 对象标识符通常是在定义对象时创建的，随后便可以使用标识符去引用或者访问该对象

　　B. 标识符长度在 1～128 之间

　　C. 标识符不允许是 Transact-SQL 的保留字

　　D. 标识符可以使用保留字的任意字符。

5. 下列(　　)函数是返回日期差。

　　A. DATEDIFF()　　　　　　　　　　　　B. DATEADD()

C. DATENAME()　　　　　　　　　　　　D. DATEPART

二、填空题

1. SQL Server 2005 的变量类型有局部变量和全局变量两种：＿＿＿＿＿＿＿变量以@开头，＿＿＿＿＿＿＿变量以@@开头。

2. 自定义函数分为＿＿＿＿＿＿＿和＿＿＿＿＿＿＿两种，＿＿＿＿＿＿＿可以返回多个结果值。

3. 在 WHILE…CONTINUE…BREAK 循环控制语句中，CONTINUE 表示＿＿＿＿＿＿＿，BREAK 表示＿＿＿＿＿＿＿。

项目九

创建和管理数据库存储过程

项目导入

数据作为公司决策的重要依据，需要经常被查询使用，往往需要完成一系列的操作，如果每次查询使用数据都需要重新编写 SQL 语句来执行的话，很显然，效率低下。可以将完成这一系列操作的程序保存起来，经过系统编译，以便以后需要使用时直接使用这些语句，这样可以大大提高效率。

在前面的项目中，自定义函数就是将需要执行的系列操作语句保存起来使用的，自定义函数可以返回单个标量值或者单个表，但是对于多个标量值或者多个表的返回就无法实现，这就需要使用存储过程。

本项目以"学生管理数据库系统"为案例，讲解数据库存储过程的基本知识和实践。

项目分析

存储过程是存储在 SQL 服务器数据库中的一组预编译过的 Transact-SQL 语句，当第一次调用以后，就驻留在内存中，以后调用时不必再进行编译，因此它的运行速度比独立运行同样的程序要快。

通过创建和管理存储过程，可以对"学生管理数据库系统"的数据和信息进行灵活的查询和使用，并且提高效率。

能力目标

● 能从整个项目出发，制定设计整体思路。
● 能根据实际情景模式和具体情况设置存储过程。
● 能应用存储过程熟练进行数据库的查询。
● 能熟练使用存储过程提高数据库信息的访问速度。
● 综合运用所学存储过程理论知识和技能，结合实际课题进行操作。

知识目标

● 能使用 SSMS 和 Transact-SQL 语句创建存储过程。
● 能使用 SSMS 和 Transact-SQL 语句执行存储过程。
● 能使用 SSMS 和 Transact-SQL 语句修改存储过程。
● 能使用 SSMS 进行数据库的删除存储过程。

任务一　创建存储过程

【任务要求】

能够利用 SSMS 和 Transact-SQL 语句创建相应存储过程，包括创建无参数的存储过程，单个输入参数的存储过程，多个输入参数的存储过程以及使用输出参数的存储过程。

【知识储备】

1. 存储过程的概念

存储过程(Stored Procedure)是 SQL Server 数据库对象之一，是为了实现某一特定任务，以一个存储单元的形式存储在 SQL Server 服务器上的一组 Transact-SQL 语句的集合。存储过程中的 Transact-SQL 语句既可以是一些简单的 SQL 语句，如 select * from tb_student；也可以是由一系列用来对数据库表实现复杂商务逻辑的 SQL 语句组成。存储过程是一组预编译的 Transact-SQL 语句，主体构成是标准 SQL 命令，同时也可以包含 SQL 的扩展，比如语句块、结构控制命令、变量、常量、运算符、表达式、流程控制等，所有这些组合在一起用于构造存储过程。

存储过程与其他编程语言中的过程相似，也能够接受输入参数，能够将处理的结果以输出参数的形式返回给调用者。但是存储过程不能在被调用的位置上返回数据，并且也不能被引用在语句中。

存储过程是 SQL Server 应用最广泛、最灵活的技术之一。

2. 存储过程的功能

SQL Server 中的存储过程具有以下功能。

- 接受输入参数并返回多个输出值。
- 包含 Transact-SQL 语句用以完成特定的 SQL Server 操作。
- 返回一个指示成功与否及失败原因的状态代码给调用它的过程。

3. 存储过程的优点

(1) 提高了数据库的安全性。存储过程可以完全按系统的需要来定义，可以只授予用户执行存储过程的权限，而不授予用户直接访问存储过程所涉及的各个库表的权限。可以定义只可对涉及的数据库表进行必需的、有限的操作，如只可查询而不能更改等。由此，既可以保证用户能够通过存储过程存取数据库表中的数据，又可确保用户不能随意访问存储过程中所涉及的表。

(2) 提高了执行速度：存储过程在第一次执行时系统要对其进行优化和编译，然后将编译好的代码保存在数据库服务器的高速缓存中。以后，当用户再次调用该存储过程时，执行的是高速缓存中编译好的代码，因此，其执行速度要比执行相同的 Transact-SQL 语句快得多。

(3) 减少网络流量。存储过程是以独立单元的形式存储在服务器上的，虽然存储过程包含大量的 Transact-SQL 语句，但调用存储过程却非常简单，只需一条 EXECUTE 语句就可以完成，而不需要通过网络向服务器发送 Transact-SQL 语句。

(4) 可以实现结构化编程，提高重用性和共享性：用户可以把经常需要执行的 Transact-SQL 操作创建为存储过程，这样在需要操作的时候直接调用，可以方便用户的操作。如果需要经常执行的操作内容发生改变，也可以通过改变存储过程来进行修订，这样方便重用和共享。

4. 存储过程的分类

存储过程主要分为三类：系统存储过程、扩展存储过程和用户自定义存储过程。

1) 系统存储过程

系统提供的存储过程，以 sp_作为前缀，虽然存放在 master 系统数据库中，但是在任何数据库中都可以调用。调用时不需要加入数据库的名字。常用的系统存储过程如表 9-1 所示。

表 9-1 系统存储过程说明

系统存储过程名	含 义
sp_rename	更改数据库对象的名称，可以是表、列、索引和约束等
sp_renamedb	更改数据库的名称
sp_databases	列出服务器上的所有数据库
sp_helpdb	返回有关指定数据库或所有数据库的信息
sp_tables	返回当前环境下可查询的对象的列表
sp_columns	返回某个表列的信息
sp_help	返回某个表的所有信息
sp_password	添加或修改登录账户的密码
sp_helpindex	返回某个表的索引
sp_stored_procedures	返回当前环境中的所有存储过程
sp_helptext	显示默认值、未加密的存储过程、用户定义的存储过程、触发器或视图的实际文本

2) 扩展存储过程

扩展存储过程实际是 SQL Server 环境之外的存储过程，以 xp_作为前缀。

3) 用户自定义存储过程

用户自定义存储过程是指用户根据需要，为完成所需的功能在自己的数据库中所创建的存储过程。和前面的自定义函数有一定的相似之处。用户自定义存储过程用途很广泛，可以自定义不带参数的存储过程、带输入参数的存储过程、带默认参数的存储过程、带输出参数的存储过程、不进行缓存的存储过程和加密存储过程等，功能很强大。为了区别和明示起见，该项目中的所有用户自定义存储过程命名都以 p_作为前缀。

5. 创建存储过程的方法

创建存储过程有以下两种方法。

● 利用存储过程设计模板创建存储过程。

● 利用 Transact-SQL 语句创建存储过程。

1) 利用存储过程设计模板创建存储过程

用户利用设计模板创建存储过程与创建数据库和表不同，用户还需要自己编写相应的 Transact-SQL 语句，故而存储过程的创建和应用还是以 Transact-SQL 语句为主，具体操作步骤可以查看本节任务实施中的相关内容。本节主要讲解利用 Transact-SQL 自定义存储过程。

2) 利用 Transact-SQL 语句创建存储过程

创建存储过程的基本语法结构如下：

```
create proc[edure] procedure_name
/*定义各输入、输出参数及参数的属性*/
[{@parameter data_type} [=default] [output]] [ ,…n ]
[with {recompile| encryption | recompile, encryption}]
```

```
[for replication]
as
[begin]
sql_statement
[end]
```

语句中各参数含义如表 9-2 所示。

表 9-2 存储过程创建语法结构说明

参 数 名	参 数 意 义
procedure_name	存储过程的名称，建议可以设置自定义存储过程的前缀为 p_
@parameter	存储过程的参数，必须与 "@" 开头，分输入参数和输出参数(由 output 标识)两类，在执行存储过程时必须为输入参数赋值(除非定义了该参数的默认值)
data_type	参数的数据类型
default	参数的默认值。如果定义了默认值，不必指定该参数的值即可执行过程。默认值必须是常量或 null
output	表明参数是输出参数，输出参数可在存储过程执行完毕后将该参数的值返回给调用程序
with compile	每次执行存储过程时重新编译，产生新的执行计划，不缓存
with encryption	加密存储过程，使用户不能利用 sp_helptext 查看存储过程内容
for replication	该存储过程只能在复制期间执行
as	标明后面的 Transact-SQL 语句为存储过程的主体
sql_statement	存储过程的主体
begin…end	程序块的起始标志

【任务实施】

实现数据库存储过程的创建可以通过存储过程设计模板和 Transact-SQL 语句进行创建。

1. 利用设计模板创建存储过程

(1) 打开 SSMS，在"对象资源管理器"窗口中，依次展开 SQL Server 数据库\"数据库"\需要创建存储过程的目标数据库\"可编程性"节点，右击"存储过程"节点，在弹出的快捷菜单中选择"新建存储过程"命令，如图 9-1 所示，将在 SSMS 右侧打开"查询分析器"窗口。

图 9-1 选择"新建存储过程"命令

(2) 在右侧"查询分析器"窗口中出现存储过程的编程模板，如图 9-2 所示。

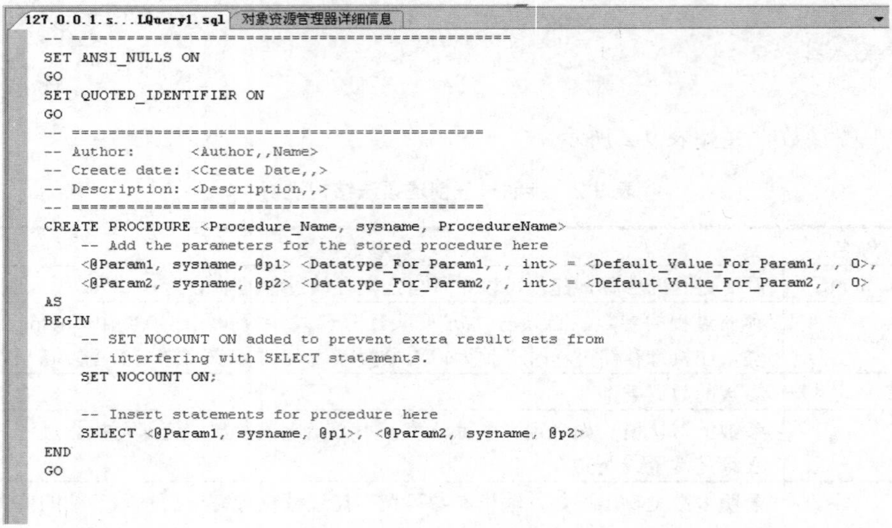

```
127.0.0.1.s...LQuery1.sql  对象资源管理器详细信息
-- =============================================
SET ANSI_NULLS ON
GO
SET QUOTED_IDENTIFIER ON
GO
-- =============================================
-- Author:      <Author,,Name>
-- Create date: <Create Date,,>
-- Description: <Description,,>
-- =============================================
CREATE PROCEDURE <Procedure_Name, sysname, ProcedureName>
    -- Add the parameters for the stored procedure here
    <@Param1, sysname, @p1> <Datatype_For_Param1, , int> = <Default_Value_For_Param1, , 0>,
    <@Param2, sysname, @p2> <Datatype_For_Param2, , int> = <Default_Value_For_Param2, , 0>
AS
BEGIN
    -- SET NOCOUNT ON added to prevent extra result sets from
    -- interfering with SELECT statements.
    SET NOCOUNT ON;

    -- Insert statements for procedure here
    SELECT <@Param1, sysname, @p1>, <@Param2, sysname, @p2>
END
GO
```

图 9-2　编程模板

(3) 在编程模板中填写相应的程序代码，然后单击"执行"按钮运行程序即可。很显然，需要用户自行输入大量的代码，和单纯利用 Transact-SQL 进行编写区别不大。

2. 利用 Transact-SQL 创建存储过程

(1) 打开"查询分析器"窗口，在其中输入以下代码：

```
--创建存储过程 p_selectbyid，实现按学号查找学生的信息
use studentdb
go
create procedure p_selectbyid        --用户存储过程名设置 p_前缀
@id char(12)                         --参数设置，形参
as
begin
select *                             --按学号查询学生信息的程序块
from tb_student
where s_id=@id
end
```

(2) 单击查询工具栏中的"执行"按钮，在"对象资源管理器"窗格中刷新 studentdb 数据库的"可编程性"节点就可以看到已经创建好的存储过程。

【任务实践】

创建"学生管理数据库系统"存储过程，要求如下。

(1) 创建无参数的存储过程。

(2) 创建使用一个输入参数的存储过程。

(3) 创建使用多个输入参数的存储过程。

(4) 创建使用一个输出参数的存储过程。

(5) 创建使用多个参数的存储过程。

(6) 创建使用通配符的存储过程。

(7) 创建加密存储过程。

(8) 创建不进行缓存的存储过程。

(9) 创建使用默认参数的存储过程。

由于存储设计模板也需要用户需要大量的代码，所以，在该任务中直接采用利用 Transact-SQL 语句实现。实践步骤如下。

(1) 创建无参数存储过程，实现查询出班级号为"2013150301"班级所有男同学的学号、姓名、联系电话和家庭住址。

① 在"查询分析器"窗口中输入下列代码：

```
/* 创建存储过程，实现查询出班级号为"2013150301"班级所有男同学的学号、姓名、联系电话和家庭住址*/
use studentdb
go
--如果已经有同名的存储过程则先删除后才能再创建
if exists(select * from sys.objects where name='p_selectStudentInfo' and
type='p')
    drop procedure p_selectStudentInfo
go
create procedure p_selectStudentInfo
as
begin
    select s_id,s_name, s_telephone, s_address
    from tb_student
    where c_id= '2013150301'
end
```

② 单击查询工具栏中的"执行"按钮，即可在相应的数据库 studentdb 中找到创建好的存储过程 p_selectStudentInfo。

(2) 创建使用一个输入参数的存储过程，实现创建一名为 p_selectStudentInfoByID 的存储过程，该存储过程能够根据给定的学号，查询出对应学生的姓名、性别和宿舍电话。

① 在"查询分析器"窗口中输入如下代码：

```
--创建存储过程，实现按学号查询学生信息
use studentdb
go
--如果已经有同名的存储过程则先将其删除后才能再创建
if exists(select * from sys.objects where name='p_selectStudentInfoByID'
and type='p')
    drop procedure p_selectStudentInfoByID
go
create procedure p_selectStudentInfoByID
@id char(12)                                    --学号参数，形参
as
begin
```

```
select s_name, s_sex, h_telephone
from tb_student inner join tb_hostel
on tb_student.h_id= tb_hostel.h_id
where s_id=@id
end
```

② 单击查询工具栏中的"执行"按钮，即可在相应的数据库 studentdb 中找到创建好的存储过程 p_selectStudentInfoByID。

(3) 创建使用多个输入参数的存储过程，能够根据给定的学号和课程名，查询出对应学生的姓名和该课程的成绩。

① 在"查询分析器"窗口中输入下列代码：

```
-- 创建存储过程，根据给定的学号和课程名，查询出对应学生的姓名和该课程的成绩
use studentdb
go
--如果已经有同名的存储过程则先将其删除后才能再创建
if exists(select * from sys.objects where name='p_selectmulref' and type='p')
    drop procedure p_selectmulref
go
create procedure p_selectmulref
@id char(12),                                      --学号参数，形参
@course_name  nchar(10)                            --课程名参数 ，形参
as
begin
select s_name, course_name, score
from tb_course inner join tb_grade
on tb_course.course_id=tb_grade.course_id
inner join tb_student on tb_student.s_id=tb_grade.s_id
where tb_student.s_id=@id and course_name=@course_name
end
```

② 单击查询工具栏中的"执行"按钮，即可在相应的数据库 studentdb 中找到创建好的存储过程 p_selectmulref。

(4) 创建使用一个输出参数的存储过程，实现按参数进行查询，并且使用参数输出的操作。在存储过程的创建中，输出参数也是形参，输出参数必须在后面加上关键字 output 进行说明。在以后执行存储过程时，同样也必须在实参后加上关键字 output 进行说明，才可以通过输出参数得到结果。

① 在"查询分析器"窗口中输入下列代码：

```
-- 创建存储过程，实现按部门名称和职称统计人数并输出
use studentdb
go
--如果已经有同名的存储过程则先将其删除后才能再创建
if exists(select * from sys.objects where name='p_outputref' and type='p')
    drop procedure p_outputref
go
create procedure p_outputref
@zhicheng nchar(6),                     --形式输入参数：职称
@bumenmc nchar(10),                     --形式输出参数：部门名称
```

```
@num tinyint output                              --输出参数,后面用来输出人数
as
begin
select @num=count(*)
from tb_teacher where t_professional=@zhicheng and
      d_id=(select d_id from tb_department where d_name=@bumenmc)
end
```

②　单击查询工具栏中的"执行"按钮,即可在相应的数据库 studentdb 中找到创建好的存储过程 p_outputref。

(5)　创建使用多个参数的存储过程 p_mulrefsl,查询出某院系、某一职称的教师的人数。

①　在"查询分析器"窗口中输入下列代码:

```
-- 创建存储过程,查询出某院系、某一职称的教师的人数
use studentdb
go
--如果已经有同名的存储过程则先将其删除后才能再创建
if exists(select * from sys.objects where name='p_mulrefsl' and type='p')
    drop procedure p_mulrefsl
go
create procedure p_mulrefsl @d_name nchar(10),
@t_professional nchar(6), @num tinyint output
as
begin
select @num=count(*)
from tb_teacher where t_professional=@t_professional and
      d_id=(select d_id from tb_department where d_name=@d_name)
end
```

②　单击查询工具栏中的"执行"按钮,即可在相应的数据库 studentdb 中找到创建好的存储过程 p_mulrefsl。

(6)　创建使用通配符的存储过程 p_selectlike。

①　在"查询分析器"窗口中输入下列代码:

```
--创建带通配符参数存储过程,查询某个姓氏的学生信息
use studentdb
go
if exists(select * from sys.objects where name='p_selectlike' and type='p')
    drop procedure p_selectlike
go
create proc p_selectlike
@name char(8) = '%j%'                      --输入参数设置通配符
as
--通配符需要配合 like 使用
select * from tb_student where s_name like @name
go
```

②　单击查询工具栏中的"执行"按钮,即可在相应的数据库 studentdb 中找到创建好

的存储过程 p_selectlike。

(7) 创建加密存储过程 p_encryption。

加密存储过程需要用到 with encryption。加密后的存储过程不能进行查询和修改，但是可以执行重用。

① 在"查询分析器"窗口中输入下列程序并执行即可。

```
--创建加密的存储过程 p_encryption,查询学生信息表 tb_student
if exists(select * from sys.objects where name='p_encryption' and type='p')
    drop procedure p_encryption
go
create proc p_encryption
with encryption                              --加密
as
select * from tb_student;
go
```

② 在"对象资源管理器"窗格，依次展开 SQL Server 数据库\"数据库"\studentdb\"可编程性"节点，执行刷新操作后，就可以看到创建的存储过程 p_encryption 左边出现加锁的图标 dbo.p_encryption 。

注意：被加密的存储过程的程序内容将不能被查看。

(8) 创建不进行缓存的存储过程 p_recompile。

创建不进行缓存的存储过程需要用到 with recompile，该种存储过程在每次执行的时候都会重新编译。

① 在"查询分析器"窗口中输入下列程序：

```
-- 创建重新编译不进行缓存的存储过程 p_recompile,查询学生信息表 tb_student
use studentdb
go
if exists(select * from sys.objects where name='p_recompile' and type='p')
    drop procedure p_recompile
go
create proc p_recompile
with recompile
as
    select * from tb_student;
go
```

① 单击查询工具栏中的"执行"按钮，即可在相应的数据库 studentdb 中找到创建好的存储过程 p_recompile。

注意：该存储过程每次执行都需要重新编译。

(9) 创建默认参数的存储过程。

创建默认参数的存储过程是为了灵活方便地实现是否按参数进行存储过程的操作。下面的程序实现，如果执行存储过程的时候不输入参数，也就是参数为默认值 null，则执行查询全部学生信息的操作，一旦输入相应的学号参数，将只查询该学生的学生信息。

① 在"查询分析器"窗口中输入下列程序：

```
--创建使用默认参数的存储过程 p_defaultref，按学号查询学生信息表 tb_student
use studentdb
go
if exists(select * from sys.objects where name='p_defaultref' and type='p')
    drop procedure p_defaultref
go
create proc p_defaultref
@xuehao char(12)=null                    --形参为学号，并且赋默认值 null
as
begin
if @xuehao is null                       --如果参数为空，则查询所有学生信息
select * from tb_student
else                                     --如果有具体的参数，则按参数查询信息
select * from tb_student
where s_id=@xuehao
end
go
```

② 单击查询工具栏中的"执行"按钮，即可在相应的数据库 studentdb 中找到创建好的存储过程 p_defaultref。

存储过程创建完毕，就可以在"对象资源管理器"窗格中看到这些存储过程，如图 9-3 所示。

图 9-3　查看存储过程

任务二　执行存储过程

【任务要求】

能够熟练执行存储过程，包括系统存储过程，无参数存储过程，带参数的存储过程，带通配符的存储过程以及加密的存储过程等。

【知识储备】

具有存储过程执行许可权限的用户，才可以执行存储过程。

在"查询分析器"窗口中，可以直接输入存储过程名，指定相应的输入参数和输出参数后执行。或者利用 EXECUTE 命令执行存储过程与函数不同，它不能直接用存储过程名返回值，也不能直接在表达式中使用。

利用 EXECUTE 执行存储过程的语法结构如下：

```
exec[ute] procedure_name
[@parameter=]{value|@variable[output]|[default]}[,…n]
```

语句中参数含义说明如下。

- procedure_name：要执行的存储过程名。
- @parameter：存储过程的参数名，要注意的是，如果该@parameter 是输入参数，则由其后的 value 为其赋值。如果各输入参数的赋值顺序与存储过程中参数定义的顺序相同，则参数名和"="可省略，直接用","分隔各参数值即可；如果该@parameter 是输出参数，则在执行存储过程前需要预先声明一个相应的变量@variable，在执行存储过程时该输出参数@parameter 的值将赋给@variable，然后该@variable 就可在程序中使用了。

其他参数与创建存储过程命令中参数的意义相同。

通过该语法结构，根据参数的传递方式，执行存储过程可以得出以下三种实现方式。

第一种方式：按地址传递，传递的实参和定义存储过程时的形参要一一对应，参数个数、位置和顺序不可以改变。这也是最常用的一种方式。语法结构如下：

```
exec[ute] 存储过程名 实参1,实参2,…
```

第二种方式：通过值的形式传递参数，在这种情况下，参数顺序可以任意排列，只需要将值赋给相应的参数即可。语法结构如下：

```
exec[ute] 存储过程名 参数1=值1,参数2=值2,…
```

第三种方式：通过临时变量传递参数，可以新增一个临时变量并赋值，然后将参数传给存储过程。语法结构如下：

```
Declare @临时变量数据类型
Set @临时变量=值
exec[ute] 存储过程名@临时变量
```

以上三种方式执行效果相同，通常来说，第一种方式使用最多，但是具体使用哪种方式，读者可以自行决定。

【任务实施】

执行存储过程包括执行系统存储过程和执行用户自定义存储过程。

1. 执行系统存储过程 sp_renamedb

该系统数据库的语法格式为：

```
sp_renamedb 原数据库名,新数据库名
```

(1) 在"查询分析器"窗口中输入以下代码：

```
--将数据库xsgldb改名为学生管理
use studentdb
go
exec sp_renamedb xsgldb,学生管理
--等价于： execute sp_renamedb xsgldb,学生管理
```

(2) 单击查询工具栏中的"执行"按钮，在"对象资源管理器"窗格中刷新"数据库"，就可以看到数据库由原来的 xsgldb 改名为"学生管理"了。

注意：如果该执行存储过程语句是处于该批的第一行，一定要注意是批的第一行，也可以省略 exec 或者 execute。语法结构如下：

```
sp_renamedb xsgldb,学生管理        --唯有该程序语句处于批的第一行才可以
```

常用的系统存储过程执行程序如下：

```
Use studentdb
exec sp_databases;                         --查看数据库
exec sp_tables;                            --查看数据库表
exec sp_columns tb_student;                --查看 tb_student 列
exec sp_helpIndex tb_student;              --查看 tb_student 索引
exec sp_helpConstraint tb_student;         --查看 tb_student 的约束
exec sp_stored_procedures;                 --查看存储过程
exec sp_helptext 'sp_stored_procedures';   --查看存储过程创建、定义语句
exec sp_helpdb;                            --数据库帮助,查询数据库信息
exec sp_helpdb master;                     --查看 master 数据库
```

执行结果读者可以自行在"查询分析器"窗口输入上述程序并执行进行结果查看。

2. 执行用户自定义存储过程

执行存储过程 p_selectbyid，实现按学号查找学生的信息。

(1) 在"查询分析器"窗口中输入以下程序：

```
--用三种方式执行用户自定义存储过程,读者可以任选一种
use studentdb
go
exec p_selectbyid '201315030101'           --执行方式一
exec p_selectbyid @id='201315030101'       --执行方式二

declare @xuehao char(12)                    --执行方式三
set @xuehao='201315030101'
exec p_selectbyid @xuehao
```

(2) 单击查询工具栏中的"执行"按钮，结果显示如图 9-4 所示。

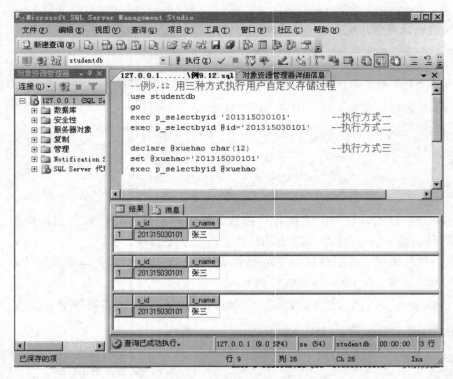

图 9-4　按学号查找学生的信息

【任务实践】

执行任务一的任务实践中已经创建好的数据库 studentdb 存储过程，要求如下。

(1) 执行不带参数的存储过程。

(2) 执行使用单个参数的存储过程。

(3) 执行使用多个参数的存储过程。

(4) 执行带输出参数的存储过程。

(5) 执行使用通配符的存储过程。

(6) 执行加密的存储过程。

(7) 执行使用默认参数的存储过程。

实践步骤如下。

1. 执行不带参数的存储过程

因为该存储过程本身不带参数，所以在执行时直接执行存储过程名就可以了。

(1) 在"查询分析器"窗口中输入下列程序代码：

```
-- 执行任务一中创建的不带参数的存储过程 p_selectStudentInfo
use studentdb
go
exec p_selectStudentInfo
```

（2）单击查询工具栏中的"执行"按钮，结果显示如图 9-5 所示。

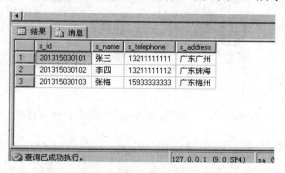

图 9-5　执行不带参数的存储过程结果

2. 执行使用单个参数的存储过程

由于使用了参数，所以执行存储过程时三种方式都可以，但是就从代码的简明程度而言，推荐使用第一种执行方式。

（1）在"查询分析器"窗口中输入下列程序代码：

```
/*执行任务一中创建的使用一个输入参数的存储过程 p_selectStudentInfoByID，实现按学号
查询学生信息*/
use studentdb
go
exec p_selectStudentInfoByID '201315030102'
```

（2）单击查询工具栏中的"执行"按钮，结果显示如图 9-6 所示。

图 9-6　执行使用单个参数的存储过程结果

3. 执行使用多个输入参数的存储过程

可以使用三种方式执行存储过程，因为是多输入参数，所以在使用第一种执行方式的时候一定要注意需要形参和实参一一对应。下面采用的是第一种方式。

（1）在"查询分析器"窗口中输入下列程序代码：

```
/*执行任务一创建的使用多输入参数的存储过程 p_selectmulref，按学号和课程名查询学生成绩*/
use studentdb
go
exec p_selectmulref '201315030102','电子商务概论'
```

（2）单击查询工具栏中的"执行"按钮，结果显示如图 9-7 所示。

图 9-7　执行使用多个输入参数的存储过程结果

4. 执行创建使用输出参数的存储过程

由于存储过程使用了输入参数，也使用了输出参数，输出参数在执行存储过程的时候必须同时指定 output 的特性，输出参数一定是采用临时变量传递的方式。

(1)　在"查询分析器"窗口中输入下列程序代码：

```
--执行任务一中所创建的存储过程p_outputref，按部门名称和职称统计人数并输出
use studentdb
go
declare @num tinyint
execute p_outputref '讲师','信息工程系',@num output
print '信息工程系讲师人数为'+ str(@num)
```

(2)　单击查询工具栏中的"执行"按钮，结果显示如图 9-8 所示。

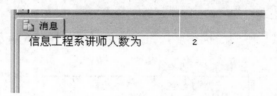

图 9-8　执行创建使用输出参数的存储过程结果

注意：在执行用户自定义的存储过程中，如果 execute 是批的第一条语句，照样可以省略 execute 这个关键词，否则绝对不可以。

5. 执行使用通配符的存储过程

通配符的使用可以实现模糊查询。

(1)　在"查询分析器"窗口中输入下列程序代码：

```
--执行任务一所创建的存储过程p_selectlike，查询名字中有"张"字的学生信息
use studentdb
go
execute p_selectlike '%张%'
```

(2)　单击查询工具栏中的"执行"按钮，结果显示如图 9-9 所示。

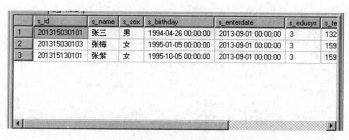

图 9-9　执行使用通配符的存储过程结果

6. 执行加密的存储过程

（1）在"查询分析器"窗口中输入下列程序代码：

```
--执行任务一所创建的存储过程 p_encryption，查询学生信息
use studentdb
go
execute p_encryption
```

（2）单击查询工具栏中的"执行"按钮，加密的存储过程执行时和未加密的一样，结果显示如图 9-10 所示。

	s_id	s_name	s_sex	s_birthday	s_enterdate
1	201315030101	张三	男	1994-04-26 00:00:00	2013-09-01 00:00:00
2	201315030102	李四	男	1994-02-08 00:00:00	2013-09-01 00:00:00
3	201315030103	张梅	女	1995-01-05 00:00:00	2013-09-01 00:00:00
4	201315030201	李响	男	1995-05-01 00:00:00	2013-09-01 00:00:00
5	201315030202	李超人	男	1994-11-08 00:00:00	2013-09-01 00:00:00
6	201315030203	李晓	女	1995-02-01 00:00:00	2013-09-01 00:00:00
7	201315030204	孙强	男	1994-12-01 00:00:00	2013-09-01 00:00:00
8	201315030205	王爽	男	1995-03-01 00:00:00	2013-09-01 00:00:00

图 9-10　执行加密的存储过程结果

7. 执行使用默认参数的存储过程

如果没有输入参数，则取默认值 null，如果有输入参数，则按照实际参数操作。

（1）在"查询分析器"窗口中输入下列程序代码：

```
--执行任务一所创建的存储过程 p_defualtref
use studentdb
go
execute p_defaultref                        --默认参数为 null
execute p_defaultref '201315030101'         --有参数
```

（2）单击查询工具栏中的"执行"按钮，加密的存储过程执行时和未加密的一样，结果显示如图 9-11 所示。

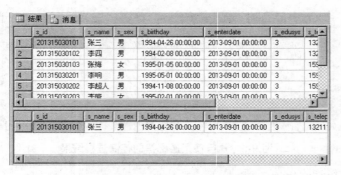

图 9-11　执行使用默认参数的存储过程结果

任务三　修改存储过程

【任务要求】

能够对创建好的用户自定义存储过程按要求修改。

【知识储备】

虽然已经创建了用户自定义存储过程，但是根据用户需求或者环境变化，有时候需要对存储过程进行改变。如果需要更改存储过程中的语句或参数，可以删除或重新创建该存储过程，但是也可以直接修改该存储过程。删除或重新创建存储过程时，所有与该存储过程相关的内容和权限都将丢失；但是修改存储过程时，可以根据需要修改过程或参数定义，但可以保留原来的权限。

修改存储过程使用 ALTER PROCEDURE 语句。修改存储过程的基本语法结构如下：

```
alter proc[edure]  procedure_name
[{@parameter data_type }[varying] [=default] [output] [ ,…n ] ]
As
begin
sql_statement [ …n ]
end
```

其中各个参数的含义和 CREATE PROCEDURE 语句中参数的意义相同，这里不再赘述。

【任务实施】

修改存储过程时，语法结构和创建差不多，但是需要将关键词由原来的 CREATE PROCEDURE 改写成 ALTER PROCEDURE，然后在相应的其他需要改变的程序进行相应的改变。

(1)　在“查询分析器”窗口中输入下列程序代码：

```
--修改存储过程p_selectbyid,查询结果从原来的所有学生信息改成学生的学号、姓名
use studentdb
```

```
go
alter procedure p_selectbyid        --修改存储过程用 alter 关键词
@id char(12)                        --参数设置
as
begin
select s_id,s_name                  --修改为查询结果为学号和姓名
from tb_student
where s_id=@id
end
```

(2) 单击查询工具栏中的"执行"按钮即可。

【任务实践】

修改任务一创建好的用户自定义存储过程 p_selectmulref，要求按学生姓名、课程名称查询学生该课程的成绩，要求用中文表头的形式显示。

(1) 在"查询分析器"窗口中输入下列程序代码：

```
/*修改存储过程 p_selectmulref，修改为按给定的学生姓名和课程名，查询出对应学生的姓名
和该课程的成绩，并且用中文标题显示*/
use studentdb
go
alter procedure p_selectmulref
@xsxm char(8),                      --修改为学生姓名参数
@course_name  nchar(10)             --课程名参数
as
begin
select s_name 学生名, course_name 课程名, score 成绩
from tb_course inner join tb_grade
on tb_course.course_id=tb_grade.course_id
inner join tb_student on tb_student.s_id=tb_grade.s_id
--修改为学生姓名参数
where tb_student.s_id=@xsxm and course_name=@course_name
end
```

(2) 单击查询工具栏中的"执行"按钮即可。

任务四　查看存储过程

【任务要求】

熟练查看存储过程的信息。

【知识储备】

所谓"知己知彼，百战不殆"，有时候用户需要查看存储过程的定义。查看存储过程的定义有以下两种方式。

● 利用 SSMS 的"对象资源管理器"快捷菜单命令。

- 利用 Transact-SQL 来查看存储过程的定义。

1. 利用 SSMS 的“对象资源管理器”快捷菜单命令查看存储过程的定义

(1) 打开 SSMS，在“对象资源管理器”窗格中，依次展开 SQL Server 数据库\“数据库”\需要创建存储过程的目标数据库\“可编程性”\“存储过程”所示，右击需要查看的存储过程，弹出右键菜单，如图 9-12 所示。

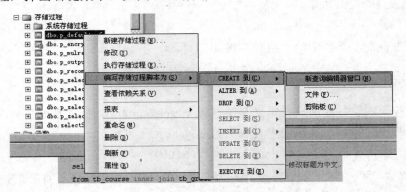

图 9-12　右键菜单

(2) 选择“编写存储过程脚本为”→“CREATE 到”→“新查询编辑器窗口”命令，就在“查询分析器”窗口中打开了该存储过程的定义，如图 9-13 所示。

```
127.0.0.1.s...QLQuery2.sql | 127.0.0.1.s...QLQuery1.sql | 对象资源管
USE [studentdb]
GO
/****** 对象:  StoredProcedure [dbo].[p_defaultref]
SET ANSI_NULLS ON
GO
SET QUOTED_IDENTIFIER ON
GO
create proc [dbo].[p_defaultref]
@xuehao char(12)=null
as
begin
if @xuehao is null
select * from tb_student
else
select * from tb_student
where s_id=@xuehao
end
```

图 9-13　存储过程的定义

(3) 利用图中的右键菜单中的“查看依赖关系”或者“属性”命令还可以查看该存储过程的依赖和属性内容。读者可以自行操作查看。

2. 利用 Transact-SQL 语句查看存储过程定义和依赖等

查询存储过程可以查询一般信息，比如存储过程的名称、属性和类型等，也可以查询存储过程的正文程序代码，还可以查看存储过程的一些依赖。根据不同的查询要求，查询存储过程可以分为以下几种情况。

(1) 查看存储过程的基本信息，语法格式如下：

```
exec[ute] sp_help '存储过程名'
```

(2) 查看存储过程的程序代码内容，语法格式如下：

```
exec[ute] sp_helptext '存储过程名'
```

(3) 查看存储过程的依赖性，语法格式如下：

```
exec[ute] sp_depends '存储过程名'||'数据库表名'
```

【任务实施】

查看系统存储过程 sp_rename 的基本信息以及程序代码，并查看该系统存储过程是否有依赖。

1. 查看系统存储过程 sp_rename 的基本信息

查看系统存储过程 sp_rename 的基本信息，包括名称、所有者、创建时间和参数等。

(1) 在"查询分析器"窗口中输入以下代码：

```
exec sp_help sp_rename;           --查看系统存储过程 sp_rename 的基本信息
```

(2) 单击查询工具栏中的"执行"按钮，结果显示如图 9-14 所示。

	Name	Owner	Type	Created_datetime
1	sp_rename	sys	stored procedure	2010-12-10 12:55:12.573

	Parameter_name	Type	Length	Prec	Scale	Param_order	Collation
1	@objname	nvarchar	2070	1035	NULL	1	Chinese_PRC_BIN
2	@newname	sysname	256	128	NULL	2	Chinese_PRC_BIN
3	@objtype	varchar	13	13	NULL	3	Chinese_PRC_BIN

图 9-14　查看系统存储过程 sp_rename 的基本信息

很显然，除了存储过程的程序代码之外，其余的信息都可以一览无余。

2. 查看系统存储过程 sp_rename 的程序代码

(1) 在"查询分析器"窗口中输入以下代码：

```
exec sp_helptext sp_rename        --查看系统存储过程 sp_rename 的程序代码
```

(2) 单击查询工具栏中的"执行"按钮，结果显示如图 9-15 所示。

	Text
1	create procedure sys.sp_rename
2	@objname nvarchar(1035), -- up to 4-part "old"...
3	@newname sysname, -- one-part new name
4	@objtype varchar(13) = null -- identifying the name
5	as
6	/* DOCUMENTATION:
7	[1] To rename a table, the @objname {meanin...
8	passed in totally unqualified or fully qualified.
9	[2] The SA or DBO can rename objects owne...
10	without the need for SetUser.
11	[3] The Owner portion of a qualified name can...

图 9-15　查看系统存储过程 sp_rename 的程序代码

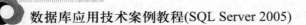

3. 查看系统存储过程 sp_rename 的依赖

(1) 在"查询分析器"窗口中输入以下代码:

```
exec sp_depends sp_rename          --查看系统存储过程 sp_rename 的依赖
```

(2) 单击查询工具栏中的"执行"按钮,结果显示如图 9-16 所示。

📄 消息

该对象未引用任何其他对象,其他对象也未引用该对象。

图 9-16　查看系统存储过程 sp_rename 的依赖

说明系统存储过程 sp_rename 不存在依赖。

【任务实践】

查看"学生管理数据库系统"的用户自定义存储过程,要求如下。
(1) 查看存储过程 p_outputref 的基本信息、程序代码以及依赖。
(2) 查看加密存储过程 p_encryption 的基本信息、程序代码以及依赖。
实践步骤如下。

1. 查看用户自定义存储过程 p_outputref

(1) 在"查询分析器"窗口中输入以下代码:

```
--查看 p_outputref 的基本信息、程序代码和依赖
use studentdb
go
--①查看自定义存储过程 p_outputref 的基本信息
exec sp_help p_outputref
--②查看自定义存储过程 p_outputref 的程序代码
exec sp_helptext p_outputref
--③查看自定义存储过程 p_outputref 的依赖
exec sp_depends p_outputref
```

(2) 单击查询工具栏中的"执行"按钮,结果显示如图 9-17~图 9-19 所示。
①的显示结果如图 9-17 所示。

	Name	Owner	Type	Created_datetime
1	p_outputref	dbo	stored procedure	2014-12-26 21:44:03.057

	Parameter_name	Type	Length	Prec	Scale	Param_order	Collation
1	@zhicheng	nchar	12	6	NULL	1	Chinese_PRC_BIN
2	@bumenmc	nchar	20	10	NULL	2	Chinese_PRC_BIN
3	@num	tinyint	1	3	0	3	NULL

图 9-17　查看自定义存储过程 p_outputref 的基本信息

②的显示结果如图 9-18 所示。

	Text
1	create procedure p_outputref
2	@zhicheng nchar(6), -输入参数1：职称
3	@bumenmc nchar(10), -输出参数2：部门名称
4	@num tinyint output -输出参数，后面输出人数
5	as
6	begin
7	select @num=count(*)
8	from tb_teacher where t_professional=@zhicheng a...
9	d_id=(select d_id from tb_department where d_...

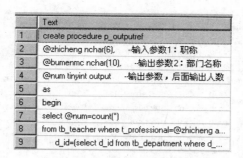

图 9-18　查看自定义存储过程 p_outputref 的程序代码

③的显示结果如图 9-19 所示。

	name	type	updated	selected	column
1	dbo.tb_teacher	user table	no	yes	t_professional
2	dbo.tb_teacher	user table	no	yes	d_id
3	dbo.tb_department	user table	no	yes	d_id
4	dbo.tb_department	user table	no	yes	d_name

图 9-19　查看自定义存储过程 p_outputref 的依赖

很显然，该存储过程有依赖，并且是与表 tb_teacher 和 tb_department 相关。

2. 查看加密存储过程 p_encryption 的基本信息、程序代码以及依赖

(1)　在“查询分析器”窗口中输入以下代码：

```
--查看 p_encryption 的基本信息、程序代码和依赖
use studentdb
go
--①查看自定义存储过程 p_encryption 的基本信息
exec sp_help p_encryption
--②查看自定义存储过程 p_encryption 的程序代码
exec sp_helptext p_encryption
--③查看自定义存储过程 p_encryption 的依赖
exec sp_depends p_encryption
```

(2)　单击查询工具栏中的“执行”按钮，结果显示如图 9-20 所示。

①的显示结果如图 9-20 所示。

	Name	Owner	Type	Created_datetime
1	p_encryption	dbo	stored procedure	2014-12-27 00:36:54.687

图 9-20　查看自定义存储过程 p_encryption 的基本信息

此处只能显示存储过程的名称、拥有者等信息，不能查看未加密存储过程所涉及的参数等。

②的显示结果为空，因为加密的存储过程是不允许查看它的程序代码的，这样可以加强安全性。

③的显示结果如图 9-21 所示。

	name	type	updated	selected	column
1	dbo.tb_student	user table	no	yes	s_id
2	dbo.tb_student	user table	no	yes	s_name
3	dbo.tb_student	user table	no	yes	s_sex
4	dbo.tb_student	user table	no	yes	s_birthday
5	dbo.tb_student	user table	no	yes	s_enterdate
6	dbo.tb_student	user table	no	yes	s_edusys
7	dbo.tb_student	user table	no	yes	s_telephone
8	dbo.tb_student	user table	no	yes	s_address
9	dbo.tb_student	user table	no	yes	c_id
10	dbo.tb_student	user table	no	yes	h_id

图 9-21 查看自定义存储过程 p_encryption 的依赖

很显然，该存储过程有依赖，并且是和表 tb_student 相关。

任务五 删除存储过程

【任务要求】

能够熟练删除不需要的用户自定义的存储过程。

【知识储备】

删除存储过程也有两种方法。

- 利用 SSMS 中可视化删除。
- 利用 Transact-SQL 语句进行删除。

1. 利用 SSMS 可视化删除

(1) 打开 SSMS，在"对象资源管理器"窗格中，依次展开 SQL Server 数据库\"数据库"\需要删除的存储过程所在数据库\"可编程性"\"存储过程"节点，右击需要删除的存储过程，弹出右键菜单如图 9-22 所示。

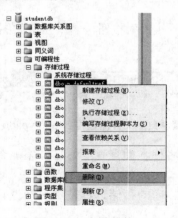

图 9-22 右键菜单

(2) 选择"删除"命令即可实现删除存储过程的操作，刷新"存储过程"节点即可以查看结果。

2. 利用 Transact-SQL 语句删除存储过程

存储过程也是一个数据库对象，可以利用 DROP PROC[EDURE]很方便地实现删除操作。删除存储过程的语法格式如下：

```
DROP PROC[EDURE] {存储过程名} [,…n]
```

【任务实施】

利用 Transact-SQL 语句删除用户自定义存储过程。

(1) 在"查询分析器"窗口中输入以下代码：

```
--删除存储过程 selectStudentInfo
use studentdb
go
drop proc selectStudentInfo
```

(2) 单击查询工具栏中的"执行"按钮即可删除该存储过程了。但是如果不存在该存储过程，执行该删除操作就会提示错误。

【任务实践】

利用 Transact-SQL 语句删除存储过程 p_selectStudentInfoByID。

(1) 在"查询分析器"窗口中输入以下代码：

```
--如果存在存储过程 p_selectStudentInfoByID，则删除
use studentdb
go
if exists(select * from sys.objects
        where name='p_selectStudentInfoByID' and type='p')
drop proc p_selectStudentInfoByID
```

(2) 单击查询工具栏中的"执行"按钮，即可先从系统视图 sys.objects 中查询是否存在该存储过程，如果存在，则执行删除操作，否则将不执行，避免程序出错。

项 目 小 结

本项目介绍了存储过程的知识，包括存储过程意义，存储过程的创建、执行以及修改和查看等。读者需要熟练掌握存储过程的创建和管理，以及存储过程的参数的使用，灵活运用存储过程。

上 机 实 训

创建和管理图书管理数据库的存储过程

实训背景

数据库存储过程是一个非常重要的数据库对象，可以重用，可以共享，方便移植，提高安全性，执行速度快。用户经常使用存储过程提高运行效率，所以熟练掌握存储过程的操作非常重要。而且图书管理数据库的信息量庞大，存储过程的操作和管理具有很重要的作用。

实训内容和要求

在数据库 liberarydb 中使用 SSMS 和 Transact-SQL 创建和管理存储过程，要求如下。

(1) 创建一存储过程 p_selectByReaderID，该存储过程能根据给定的读者编号，查询出该读者的姓名、已借但尚未归还的所有图书的图书编号、书名和应还日期。

(2) 执行存储过程 p_selectByReaderID。

(3) 查看存储过程 p_selectByReaderID。

(4) 修改存储过程 p_selectByReaderID，使之能够根据给定的读者编号查询出该读者的姓名、逾期但尚未归还的所有图书的图书编号、书名和应还日期。

(5) 将存储过程 p_selectByReaderID 改名为 p_selectref。

(6) 删除存储过程 p_selectref。

实训步骤

(1) 使用 SSMS 的存储过程的设计模板创建 p_selectByReaderID，并将该存储过程文件保存到项目三所创建的文件夹中，比如"E:\shujuku"。

(2) 使用 SSMS 的"对象资源管理器"窗格执行存储过程 p_selectByReaderID。

(3) 使用 SSMS 的"对象资源管理器"窗格查看存储过程 p_selectByReaderID，包括基本信息、程序代码和依赖。

(4) 使用 SSMS 的"对象资源管理器"窗格按要求修改存储过程 p_selectByReaderID。

(5) 使用 SSMS 的"对象资源管理器"窗格给存储过程 p_selectByReaderID 改名为 p_selectref。

(6) 使用 SSMS 的"对象资源管理器"窗口删除存储过程 p_selectref。

(7) 使用 Transact-SQL 创建 p_selectByReaderID，并将该存储过程文件保存到项目三所创建的文件夹中，比如"E:\shujuku"。

(8) 使用 Transact-SQL 执行存储过程 p_selectByReaderID。

(9) 使用 Transact-SQL 查看存储过程 p_selectByReaderID，包括基本信息、程序代码和依赖。

(10) 使用 Transact-SQL 按要求修改存储过程 p_selectByReaderID。

(11) 使用 Transact-SQL 给存储过程 p_selectByReaderID 改名为 p_selectref。

(12) 使用 Transact-SQL 删除存储过程 p_selectref。

请注意：操作过程中请总结设计模板和 Transact-SQL 的使用区别，利用 SSMS 操作时主要使用了哪个菜单？如果需要事先判断是否存在该存储过程才利用 Transact-SQL 语句操作，涉及哪个系统视图？

习　　题

一、选择题

1. 创建数据库存储过程的指令为(　　)。

    A. CREATE PROC   B. ALTER PROC

    C. EXEC PROC   D. DROP PROC

2. 用户自定义存储过程，在系统视图 sys. objects 中的 type 列的值是(　　)。

    A. PK   B. P   C. S   D. IT

3. (　　)对象是为了实现某个特定任务，以存储单元的形式存储在 SQL Server 服务器上的一组 Transact-SQL 语句的集合。

    A. 表   B. 游标   C. 存储过程   D. 触发器

4. 下列关于存储过程的优点论述错误的是(　　)。

    A. 存储过程是为了实现某任务的一组 Transact-SQL 语句的集合

    B. 存储过程可以允许模块化设计

    C. 存储过程可以提高运行速度

    D. 存储过程不能重用

二、填空题

1. 存储过程主要分为_____、_____和_____三类。

2. 系统存储过程的前缀是_____。

三、简答题

1. 什么是存储过程？存储过程有什么优点？

2. 创建存储过程有哪些方法？

3. 如何执行使用了输出参数的存储过程？

4. 更改和删除存储过程的语句是什么？

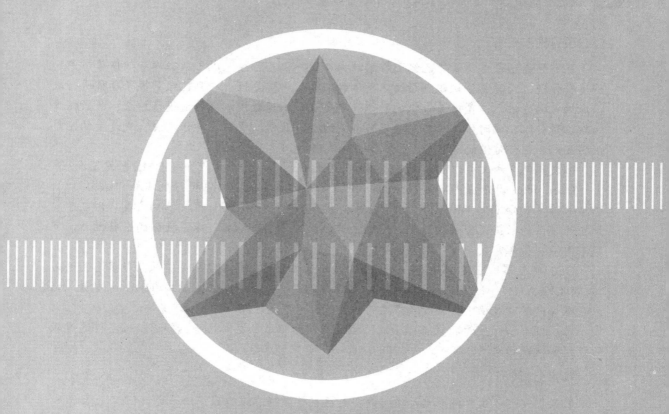

项目十

创建和管理触发器

项目导入

在前面的项目中，读者已经了解了数据库的知识，已经完成了数据库和数据库对象的创建和管理，同时充分认识到数据完整性的必要性和重要性，并且已经掌握了各种进行数据库约束的方法，但是前面掌握的知识点都是在数据库数据入库之前进行约束。对数据库的数据进行维护的时候，很多时候不可避免地会涉及修改更新等操作，会有更复杂的完整性的要求，这个时候就可以利用触发器去完美解决。

触发器包含两大类：DML 触发器和 DDL 触发器。本任务重点介绍 DML 触发器。

DML 触发器是应用非常广泛的一种触发器。当在数据库中执行数据操作语句时(如 INSERT、UPDATE、DELETE 等)，该触发器将自动执行。DML 触发器的主要作用在于实现较为复杂的数据完整性控制，当通过主键、外键等约束不足以保证数据的完整性时，可以采用触发器来完成。

DDL 触发器，它是 SQL Server 2005 新增的触发器，当在数据库中执行数据定义语句时(如 CREATE、ALTER、DROP 等)，该触发器将自动执行。可以使用 DDL 触发器来记录数据库的修改过程、控制对数据库的修改，比如不允许删除某些指定表等。

本项目以"学生管理数据库系统"为案例，介绍了触发器的基本知识以及怎样通过实践创建和管理触发器。

项目分析

触发器是可以由事件来启动运行的，是存在于数据库服务器中的一个过程。

触发器可以实现一般的约束无法完成的复杂约束，从而满足更为复杂的数据完整性要求。

学生管理数据库系统涉及大量的与学生相关的信息，在进行数据库数据管理的时候，如果纯粹手工管理，很容易出现错漏，这样会导致数据库数据的完整性出现问题，不符合关系数据库的要求，甚至产生错误信息。可以使用触发器，在数据库维护的时候自动触发相应操作保证数据库的完整。

但是触发器也不能不管不顾地一味使用，因为触发器会给数据库的维护带来负担，所以，要有鉴别地进行触发器的设置和管理。

能力目标

● 能从整个项目出发，制定设计整体思路。
● 能根据实际情景模式和具体情况设置数据库触发器。
● 能应用数据库的触发器的功能优化数据库。
● 综合运用所学理论知识和技能，结合实际课题进行掌握系统设计的能力。
● 培养综合处理问题的能力。

知识目标

● 能使用 SSMS 和 Transact-SQL 语句创建触发器。
● 能使用 SSMS 和 Transact-SQL 语句管理触发器。

任务一　创建 DML 触发器

【任务要求】

能够熟练利用 SSMS 和 Transact-SQL 语句创建相应的 DML 触发器。

【知识储备】

1. DML 触发器的概念

DML 触发器是当数据库服务器中发生数据操作语言(DML)事件时要执行的操作，是基于表、视图、服务器或数据库事件相关的特殊的存储过程，DML 事件包括对表或视图发出的 UPDATE、INSERT 或 DELETE 语句。

触发器中也包含一系列的 Transact-SQL 语句，但它的执行不是用 EXEC 主动调用，而是由事件来触发，在一定的条件下自动执行的。比如当对一个表进行操作(INSERT，DELETE，UPDATE)时就会激活它执行。DML 触发器用于在数据被修改时强制执行业务规则，以及扩展 Microsoft SQL Server 约束、默认值和规则的完整性检查逻辑。

2. DML 触发器的分类

DML 触发器按照触发时间又可以分为两大类：AFTER 触发器和 INSTEAD OF 触发器。

AFTER 触发器：该触发器的触发时间是在操作执行之后，只有对表进行 INSERT、UPDATE 或者 DELETE 操作之后触发器才能被触发，通常都是定义在表上。

INSTEAD OF 触发器：操作之前触发。该触发器不执行其定义的操作(INSERT、UPDATE、DELETE)，仅仅执行触发器本身。既可以在表上定义 INSTEAD OF 触发器，也可以在视图上定义。

3. 触发器的特点

在前面的项目中，读者已经学习了关系的完整性的知识，已经可以在创建表或者视图的时候，定义各字段的类型及其他约束条件，比如主键、外键关系等。这些操作产生预先约束的功能，在数据写入数据库之前就会被校验，只有当前面这些校验全都通过后，触发器才会因为某事件触发执行。反之，触发器就不会执行了。

触发器具有以下特点。

● 触发器是在操作有效后才执行的，其他完整性约束优先于触发器。
● 触发器与存储过程的不同之处在于存储过程可以由用户直接调用，而触发器不能被直接调用，而是由事件触发自动执行。
● 一个表可以有多个触发器，在不同表上同一种类型的触发器也可以有多个。
● 触发器可以提高对表及表行有级联操作的应用程序的性能。

4. 触发器的作用

触发器有以下作用。

● 可以对数据库进行级联操作，包括修改和删除等。
● 可以完成比 CHECK 更复杂的约束。CHECK 约束只能约束当前表，但是在触发器中可以引用其他的表，对其他的表进行操作。

- 可以根据改变前后表中不同的数据进行相应的操作，实现的功能更复杂。
- 可以对于表的不同的操作(INSERT、UPDATE 或 DELETE)采用不同的触发器，即使是对相同的语句也可以调用不同的触发器完成不同的操作，功能强大。
- 可以实现条件判断的功能。

5. 触发器运行时的内存管理

触发器在运行时会产生内存管理。SQL Server 会在内存中自动创建和管理 deleted 表和 inserted 表，inserted 表的数据是插入或者修改后的数据，而 deleted 表的数据是更新前的或者被删除的数据。inserted 表和 deleted 表是逻辑表也是虚表，而且两个表都是只读的，只能读取数据而不能修改数据。这两张表的结构与触发器表的结构相同。并且当触发器完成工作后，这两张表就会被自动删除，不需要用户进行额外操作。

这两个逻辑表可以用于在触发器内部测试某些数据修改的效果及设置触发器操作的条件，用户不能直接对表中的数据进行更改。

DELETE 触发器：会产生 deleted 表，将被删除的旧记录的内容保存在该表中。

INSERT 触发器：会产生 inserted 表，将添加的新记录的内容保存在该表中。

UPDATE 触发器：因为有新旧替换的功能，实际上的操作是先删除旧记录，再插入新记录。所以会产生 inserted 表和 deleted 表，将被删除的旧记录的内容保存在 deleted 表中，替换的新记录内容保存 inserted 表中。

6. 创建触发器的方法

创建数据库的方法有以下两种。

- 使用 SSMS 可视化创建。
- 使用 Transact-SQL 语句创建。

1) 使用 SSMS 创建触发器

可视化操作，实际上使用的是触发器设计模板，按照步骤操作即可。

在"对象资源管理器"窗格中展开"数据库"\具体数据库\需要创建触发器的表\"触发器"节点，右击"触发器"节点，右弹出的快捷菜单中选择"新建触发器"命令，在右侧"查询分析器"中出现触发器的设计模板，如图 10-1 所示。

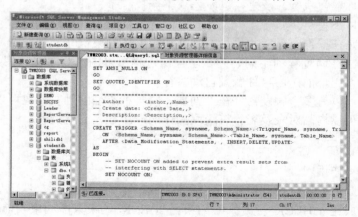

图 10-1　触发器设计模板

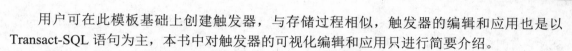

用户可在此模板基础上创建触发器，与存储过程相似，触发器的编辑和应用也是以 Transact-SQL 语句为主，本书中对触发器的可视化编辑和应用只进行简要介绍。

2) 使用 Transact-SQL 创建触发器

创建触发器的基本语法结构如下：

```
CREATE TRIGGER trigger_name on table_name
[with encryption]                    --说明是否对触发器的定义进行加密
--定义触发器的类型
{for|after|instead of} {[insert] [,] [update] [,] [delete]}
[not for replication]                --说明该触发器不用于复制
as
-- 触发器执行的条件*/
[{if [not] update(column_name)
    [{and|or} [not] update (column_name) ] [ …n ] }]
  sql_statement                      --触发器的主体
```

语法结构中各参数含义如表 10-1 所示。

表 10-1　DML 触发器创建语法结构参数

参 数 名	参 数 意 义
trigger_name	触发器的名称，在数据库中必须唯一
table_name	定义触发器的表
with encryption	对触发器文本进行加密
after	先执行 DELETE、INSERT、UPDATE 等数据修改语句，再执行该触发器
instead of	用触发器所定义的操作来取代 DELETE、INSERT、UPDATE 等数据修改语句。每个 INSERT、UPDATE 或 DELETE 语句最多可以定义一个 INSTEAD OF 触发器
{[delete] [,] [insert] [,] [update]}	确定在执行哪些数据修改语句时将激活该触发器，必须至少指定一项，如果指定的选项多于一个，需用逗号将其分隔，前后顺序不限
as	引出定义触发器所要执行的操作
if update (column_name)	测试是否修改了某一字段。不能用于 DELETE 操作。在 INSERT 操作中，IF UPDATE 返回 TRUE，因为这些列插入了显式值或隐性(null)值
sql_statement	定义触发器具体的操作，它可以包含任意数量和种类的 Transact-SQL 语句，当执行 DELETE、INSERT 或 UPDATE 操作时，这些所定义的 Transact-SQL 语句将自动执行

【任务实施】

实现数据库表触发器的创建可以通过触发器设计模板和 Transact-SQL 语句进行创建。

1. 利用设计模板创建触发器

(1) 打开 SSMS，在"对象资源管理器"窗格中，依次展开 SQL Server 数据库\"数据库"\需要创建触发器的目标数据库\需要创建触发器的目标表\"触发器"节点，右击

"触发器"节点，在弹出的快捷菜单中选择"新建触发器"命令，如图 10-2 所示，将在 SSMS 右侧打开"查询分析器"窗口。

图 10-2 "新建触发器"命令

(2) 在右侧"查询分析器"窗口中出现触发器的设计模板，如图 10-3 所示。

图 10-3 触发器设计模板

(3) 在编程模板中填写相应的程序代码，然后单击运行程序即可。很显然，需要用户自行输入大量的代码，和单纯利用 Transact-SQL 进行编写区别不大。

2. 利用 Transact-SQL 创建存储过程

(1) 打开"查询分析器"窗口，在其中输入以下代码：

```
--创建"学生管理数据库系统"中 tb_student 表的 insert 触发器，显示结果"插入新记录"
use studentdb
go
--先在系统视图中查找是否有该名字命名的触发器，如果有，则删除再创建
```

```
IF EXISTS( SELECT name FROM sys.objects
            WHERE name='tr_insert' AND type='TR')
DROP TRIGGER tr_insert
GO
CREATE TRIGGER tr_insert                    --触发器命名为 tr_insert
ON tb_student                               --触发器创建在表 tb_student 上
FOR insert                                  --FOR 触发器，在 insert 操作后触发
AS
PRINT '插入新记录'                          --触发器执行的主体
GO
```

(2) 单击查询工具栏中的"执行"按钮，在"对象资源管理器"窗格中刷新表 tb_studentdb 的"触发器"就可以查到已经创建好的触发器了。

(3) 触发器创建好之后，还需要验证是否能够触发，并实现相关要求。在"查询分析器"窗口中输入以下程序语句并执行：

```
insert into tb_student(s_id,s_name) values('201515030102','李文')
```

执行结果如图 10-4 所示，在"消息"区会出现"插入新记录"的提示。

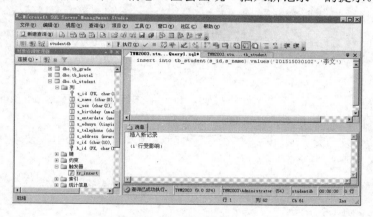

图 10-4 验证触发器

【任务实践】

创建"学生管理数据库系统"表触发器，要求如下。

(1) 创建一个触发器，要求通过该触发器来禁止对 tb_student 表的学号和姓名字段进行更改，并给出"不允许更改学生的学号和姓名"的提示。

(2) 在 tb_class 中创建一个触发器，当修改 tb_class 表中的 c_id 时，则 tb_student 中的 s_id、tb_grade 中 s_id 的前 10 位发生相应的改变。

(3) 增加一个新表为 tb_user(user_id,user_name,user_mm,user_sf)，该 4 个字段依次代表用户号、用户名、用户密码和用户身份，其中用户号为主键。创建一个触发器实现每当在 tb_student 中插入一条记录时，将自动在 tb_user 插入一条记录，用户号和用户密码即为学生的学号，学生姓名为用户名，用户身份指定为"学生"。

(4) 建立一个 INSERT 和 DELETE 的复合触发器，当插入记录时，显示插入记录的内容；删除记录时，显示删除记录的内容。

由于触发器设计模板也需要用户需要大量的代码，所以，在该任务中直接采用利用 Transact-SQL 语句实现。实践步骤如下。

(1) 创建一个触发器，要求通过该触发器来禁止对 tb_student 表的学号和姓名字段进行更改，并给出"不允许更改学生的学号和姓名"的提示。

① 在"查询分析器"窗口中输入下列代码：

```
/*创建触发器，通过该触发器来禁止对 tb_student 表的学号和姓名字段进行更改，并给出"不允许更改学生的学号和姓名"的提示*/
use studentdb
go
--先在系统视图中查找是否有该名字命名的触发器，如果有，则删除再创建
if exists(select * from sys.objects WHERE name='tr_forbidupdate' AND type='TR')
DROP TRIGGER tr_forbidupdate
GO
create trigger tr_forbidupdate on tb_student
after update
as
if update(s_id) or update(s_name)          --如果更新 s_id 或者 s_name
begin
    print '不允许更改学生的学号和姓名'
    rollback transaction                   --放弃本次的修改操作
End
```

② 单击查询工具栏中的"执行"按钮，即可在相应的数据库 studentdb 的 tb_student 表中找到创建好的触发器 tr_forbidupdate。

③ 触发器创建好之后，还需要验证是否能够触发，并实现相关要求。在"查询分析器"窗口中输入以下程序语句并执行：

```
update  tb_student  set s_name='林森' where  s_id= ' 201315030102'
```

执行结果如图 10-5 所示。

图 10-5 验证触发器

(2) 在 tb_class 中创建一个触发器，当修改 tb_class 表中的 c_id 时，则 tb_student 中的

s_id、tb_grade 中 s_id 的前 10 位发生相应的改变。

① 在"查询分析器"窗口中输入下列代码：

```
/*在 tb_class 中创建一个触发器，当修改 tb_class 表中的 c_id 时，则 tb_student 中的
s_id、tb_grade 中 s_id 的前 10 位发生相应的改变*/
USE studentdb
GO
--先在系统视图中查找是否有该名字命名的触发器，如果有，则删除再创建
if exists(select * from sys.objects WHERE name='tr_upclass' AND type='TR')
DROP TRIGGER tr_upclass
GO
create trigger tr_upclass
on tb_class
after update
as
if update(c_id)                                   --设定更新字段
begin
declare @old char(10),@new char(10)               --定义变量
select @old=c_id from deleted                      --取出旧的班号存放于@old
select @new=c_id from inserted                     --取出新的班号存放于@new
--更新 tb_student 的 s_id 中相应的班号的信息
update tb_student set s_id=@new+substring(s_id,11,2)
where @old=left(s_id,10)
--更新 tb_grade 的 s_id 中相应的班号的信息
update tb_grade set s_id=@new+substring(s_id,11,2)
where @old=left(s_id,10)
end
```

② 单击查询工具栏中的"执行"按钮，即可在相应的数据库 studentdb 的 tb_class 表中找到创建好的触发器 tr_upclass。

③ 触发器创建好之后，还需要验证是否能够触发，并实现相关要求。在"查询分析器"窗口中输入以下程序语句并执行：

```
update  tb_class  set c_id=' 2013150303' where  c_id= ' 2013150301'
```

或者也可以通过可视化直接修改 tb_class 的 c_id 内容后，直接查看 tb_student 和 tb_grade 的相应内容，变化很明显。

在操作这个实例的时候，为了简单易学，读者可以先行取消不需要的参照完整性进行操作。由于上一个实例产生的触发器禁止修改学号和姓名，大家可以暂时禁用上一个实例的触发器再操作。

(3) 增加一个新表 tb_user(user_id,user_name,user_mm,user_sf)，该 4 个字段依次代表用户号、用户名、用户密码和用户身份，其中用户号为主键。创建一个触发器实现每当在 tb_student 中插入一条记录时，将自动在 tb_user 插入一条记录，用户号和用户密码即为学生的学号，学生姓名为用户名，用户身份指定为"学生"。

① 增加新表的功能，读者可以参考前面任务的内容自行实现，该处只讲触发器的创建，在"查询分析器"窗口中输入下列代码：

```
/* 创建一个触发器实现每当在 tb_student 中插入一条记录时，将自动在 tb_user 插入一条记
录，用户号和用户密码即为学生的学号，学生姓名为用户名，用户身份指定为"学生" */

use studentdb
go
if exists(select * from sys.objects WHERE name='tr_AddUser' AND type='TR')
drop trigger tr_AddUser
go
CREATE TRIGGER tr_AddUser
ON tb_student
FOR INSERT
AS
insert into tb_user(user_ID,user_name,user_mm,user_sf)
select s_ID,s_name,s_ID,'学生' from inserted
where s_ID not in(select user_ID from tb_user)
GO
```

② 单击查询工具栏中的"执行"按钮，即可在相应的数据库 studentdb 的 tb_class 表中找到创建好的触发器 tr_AddUser。

③ 触发器创建好之后，还需要进行验证是否能够触发，并实现相关要求。在"查询分析器"窗口中输入以下程序语句并执行：

```
insert into tb_student(s_id,s_name) values('201515030105','sf')
```

可以直接查看触发器产生的效果。

(4) 请建立一个 INSERT 和 DELETE 的复合触发器，当插入记录时，显示插入记录的内容，如果删除记录时，则显示"你删除了记录"。

① 增加新表的功能，读者可以参考前面任务的内容自行实现，该处只讲触发器的创建，在"查询分析器"窗口中输入下列代码：

```
/*建立一个 INSERT 和 DELETE 的复合触发器，当插入记录时，显示插入记录的内容，如果删除记
录时，则显示"你删除了记录" */
USE studentdb
GO
--先在系统视图中查找是否有该名字命名的触发器，如果有，则删除再创建
if exists(select * from sys.objects WHERE name='tr_insdel' AND type='TR')
DROP TRIGGER tr_insdel
GO
CREATE TRIGGER tr_insdel
ON tb_grade
FOR insert,DELETE
AS
--检测 s_id 和 course_id 是否更新，如果更新，则有插入功能
IF UPDATE(s_id) or update(course_id)
BEGIN
--显示插入记录信息
SELECT INSERTED.s_id,INSERTED.course_id,INSERTED.score
FROM INSERTED
END
ELSE                              --检测是删除操作
```

```
print '你删除了记录'
```

② 单击查询工具栏中的"执行"按钮，即可在相应的数据库 studentdb 的 tb_grade 表中找到创建好的触发器 tr_insdel。

③ 触发器创建好之后，还需要验证是否能够触发，并实现相关要求。可以分别在"查询分析器"窗口中输入一条插入记录的命令和删除记录的命令进行验证。

任务二　管理 DML 触发器

【任务要求】

能够熟练利用 SSMS 和 Transact-SQL 语句管理相应的 DML 触发器。

【知识储备】

触发器的管理主要包括对触发器的修改、禁用、启用和删除等。可以利用触发器设计模板，但是更多的却是使用 Transact-SQL 语句进行操作。本任务重点讲述利用 Transact-SQL 修改触发器。

1. 修改触发器

对已经创建好的触发器可以进行修改，其语法结构如下：

```
ALTER TRIGGER  trigger_name  on  table_name
 [with encryption]
{after|instead of} {[insert] [,] [update] [,] [delete]}
 [not for replication]
 as
  [{if update(column_name)  [{and|or} update (column_name) ] [...n ] }]
 sql_statement
```

注意：修改触发器的 ALTER TRIGGER 语句与 CREATE TRIGGER 语句相似，相关选项参见创建触发器中的说明即可。

2. 查看触发器

查看触发器可以利用 SSMS 和 Transact-SQL 两种形式，主要讲述 Transact-SQL 形式。主要分为以下几个方面。

(1) 查看触发器的定义，语法结构如下：

```
[EXEC] sp_helptext trigger_name
```

其中，sp_helptext 是系统存储过程；trigger_name 是指需要查看的触发器的名字。

(2) 查看某个表的触发器，语法结构如下：

```
[EXEC] sp_helptrigger table_name
```

其中，sp_helptrigger 是系统存储过程；table_name 是指需要该表有哪些触发器。

(3) 查看触发器的所有者和创建信息，语法结构如下：

```
[EXEC] sp_help trigger_name
```

其中，sp_help 是系统存储过程；trigger_name 是指需要查看的触发器的名字。

3. 禁用触发器

当暂时不需要某个触发器时，可将其禁用。禁用触发器不会删除该触发器，但在执行 INSERT、UPDATE 和 DELETE 等相关语句时，触发器将不再被触发。

禁用触发器的语法结构如下：

```
disable trigger trigger_name on table_name
```

其中，trigger_name 表示需禁用的触发器名；table_name 是指触发器所属表的名称。

4. 启用触发器

已经禁用的触发器可以重新启用，其语法结构如下：

```
enable trigger trigger_name on table_name
```

其中，trigger_name 表示需启用的触发器名；table_name 是指触发器所属表的名称。

5. 删除触发器

当确认某个触发器不再需要时，可将其删除，删除触发器的语法结构如下：

```
drop trigger  trigger_name
```

其中，trigger_name 表示需删除的触发器名。

6. 查看触发器的依赖

```
[EXEC] Sp_depends  trigger_name
```

其中，trigger_name 表示需删除的触发器名。

【任务实施】

对 DML 触发器进行管理，实现修改、查看、禁用、启用和删除触发器。

1. 修改触发器

修改触发器时，语法结构和创建差不多，但是需要将关键词由原来的 create trigger 改写成 alter trigger，然后再对其他需要改变的程序进行相应的改变。

(1) 在"查询分析器"窗口中输入下列程序代码：

```
/*修改触发器 tr_forbidupdate，使得通过该触发器来禁止对 tb_student 表的学号、姓名、
性别和出生日期四个字段进行更改，并给出"不允许更改学生的学号、姓名、性别和出生日期"的
提示*/
use studentdb
go
--先在系统视图中查找是否有该名字命名的触发器，如果有，则删除再创建
alter trigger tr_forbidupdate on tb_student
after update
as
```

```
if update(s_id) or update(s_name) or update(s_sex) or update(s_birthday)
begin
        print '不允许更改学生的学号、姓名、性别和出生日期'
        rollback transaction                        --放弃本次的修改操作
end
```

(2)　单击查询工具栏中的"执行"按钮即可。

2. 查看触发器

(1)　在"查询分析器"窗口中输入下列程序代码：

```
use studentdb
go
--查看 tr_forbidupdate 的程序
sp_helptext  tr_forbidupdate
go
--查看 tb_student 有哪些触发器
sp_helptrigger tb_student
go
--查看 tr_forbidupdate 的所有者和创建日期
sp_help tr_forbidupdate
```

(2)　单击查询工具栏中的"执行"按钮即可。三个查看的结果依次如图 10-6 所示。

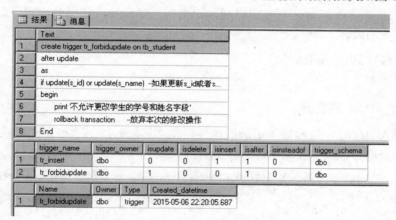

图 10-6　查看触发器

3. 禁用触发器

(1)　在"查询分析器"窗口中输入下列程序代码：

```
--禁用触发器 tr_forbidupdate
use studentdb
go
disable trigger tr_forbidupdate on tb_student
```

(2)　单击查询工具栏中的"执行"按钮即可。

4. 启用触发器

(1) 在"查询分析器"窗口中输入下列程序代码：

```
--启用触发器 tr_forbidupdate
use studentdb
go
enable trigger tr_forbidupdate on tb_student
```

(2) 单击查询工具栏中的"执行"按钮即可。

5. 删除触发器

(1) 在"查询分析器"窗口中输入下列程序代码：

```
--删除触发器 tr_forbidupdate
use studentdb
go
drop trigger tr_forbidupdate
```

(2) 单击查询工具栏中的"执行"按钮即可。

【任务实践】

对已经创建触发器进行管理，要求如下。

(1) 修改 tr_insdel 触发器，实现当插入记录时，显示插入记录的内容，删除记录时，显示被删除记录的内容。

(2) 删除触发器 tr_insdel。

实践步骤如下。

1. 修改 tr_insdel 触发器

实现当插入记录时，显示插入记录的内容，删除记录时，显示被删除记录的内容。

(1) 在"查询分析器"窗口中输入下列程序代码：

```
/*修改 tr_insdel 触发器，实现当插入记录时，显示插入记录的内容，删除记录时，显示被删除
记录的内容*/
alter TRIGGER tr_insdel
ON tb_grade
FOR insert,DELETE
AS
--检测 s_id 和 course_id 是否更新，如果更新，则有插入功能
IF UPDATE(s_id) or update(course_id)
BEGIN
--显示插入记录信息
SELECT INSERTED.s_id,INSERTED.course_id,INSERTED.score
FROM INSERTED
END
--检测是删除操作
ELSE
--显示被删除的学号、课程号和成绩
begin
```

```
SELECT DELETED.s_id 被删除的学号,DELETED.course_id 被删除的课程号,
DELETED.score 被删除的成绩
FROM DELETED
END
```

(2) 单击查询工具栏中的"执行"按钮即可。触发器验证程序可以参考前面的例子。

2. 删除触发器 tr_insdel

(1) 在"查询分析器"窗口中输入下列程序代码：

```
--删除触发器 tr_insdel
USE studentdb
GO
--先在系统视图中查找是否有该名字命名的触发器,则删除
if exists(select * from sys.objects WHERE name='tr_insdel' AND type='TR')
DROP TRIGGER tr_insdel
```

(2) 单击查询工具栏中的"执行"按钮即可。触发器验证程序可以参考前例。

触发器与约束的总结和区别如下。

● 实体完整性可以在最低级别上通过索引进行强制，这些索引或是 PRIMARY KEY 和 UNIQUE 约束的一部分，或是在约束之外独立创建的。假设功能可以满足应用程序的功能需求，域完整性应通过 CHECK 约束进行强制，而引用完整性(RI)则应通过 FOREIGN KEY 约束进行强制。

● CHECK 约束只能根据逻辑表达式或同一表中的另一列来验证列值。如果应用程序要求根据另一个表中的列验证列值，则必须使用触发器。

● 约束只能通过标准的系统错误信息传递错误信息。如果应用程序要求使用(或能从中获益)自定义信息和较为复杂的错误处理，则必须使用触发器。

● 触发器可通过数据库中的相关的多表实现级联更改。

● 触发器可以禁止或回滚违反引用完整性的更改，从而取消所尝试的数据修改。

● 如果触发器表上存在约束，则在 INSTEAD OF 触发器执行后但在 AFTER 触发器执行前检查这些约束。如果约束破坏，则回滚 INSTEAD OF 触发器操作并且不执行 AFTER 触发器。

任务三　创建和管理 DDL 触发器

【任务要求】

能够熟练利用 SSMS 与 Transact-SQL 语句创建和管理相应的 DDL 触发器。

【知识储备】

1. DDL 触发器的概念

DDL 触发器是指当服务器或数据库中发生数据定义语言(DDL)事件时所自动触发的触发器。DDL 触发器将激发存储过程以响应事件，为响应各种数据定义语言(DDL)事件而激发。这些事件主要与以关键字 CREATE、ALTER 和 DROP 开头的 Transact-SQL 语句对

应。执行 DDL 式操作的系统存储过程也可以激发 DDL 触发器。它们可以用于在数据库中执行管理任务，例如，审核以及规范数据库操作。

DDL 的适用以下场合。

- 要防止对数据库架构进行某些更改。
- 希望数据库中发生某种情况以响应数据库架构中的更改。
- 要记录数据库架构中的更改或事件。

2. DDL 触发器创建方法

创建 DDL 触发器的语法结构类似 DML 触发器的，语法结构如下：

```
CREATE TRIGGER trigger_name
ON { ALL SERVER | DATABASE }
[ WITH ENCRYPTION]
{ FOR | AFTER } { event_type | event_group } [ ,…n ]
AS
[BEGIN]
sql_statement
[END]
```

语法结构中各参数含义如表 10-2 所示。

表 10-2　DDL 触发器创建语法结构参数

参　数　名	参数意义
trigger_name	触发器的名称，在数据库中必须唯一
ALL SERVER	将 DDL 触发器的作用域应用于当前服务器。如果指定了此参数，则只要当前服务器中的任何位置上出现 event_type 或 event_group，就会激发该触发器
DATABASE	将 DDL 触发器的作用域应用于当前数据库。如果指定了此参数，则只要当前数据库中出现 event_type 或 event_group，就会激发该触发器
WITH ENCRYPTION	对触发器文本进行加密
FOR | AFTER	用触发器所定义的操作来取代 DELETE、INSERT、UPDATE 等数据修改语句。每个 INSERT、UPDATE 或 DELETE 语句最多可以定义一个 INSTEAD OF 触发器
event_type	执行之后将导致激发 DDL 触发器的 Transact-SQL 语言事件的名称。DDL 事件中列出了 DDL 触发器的有效事件
event_group	预定义的 Transact-SQL 语言事件分组的名称。执行任何属于 event_group 的 Transact-SQL 语言事件之后，都将激发 DDL 触发器。DDL 事件组中列出了 DDL 触发器的有效事件组
sql_statement	定义触发器具体的操作，它可以包含任意数量和种类的 Transact-SQL 语句，当执行 DDL 操作时，这些所定义的 Transact-SQL 语句将自动执行

DDL 的修改触发器的方法和创建方法差不多，只是需要将 CREATE TRIGGERG 改为

相应的 ALTER TRIGGER，然后按照要求在程序中进行相应的设置即可。另外 DDL 的其他操作和 DML 基本相同，读者可以参考 DML 触发器的内容模仿进行。DDL 触发器创建好之后，和 DML 处于不同的位置，DML 触发器创建好之后，会出现在所创建的表下面，但是 DDL 触发器会出现在相对应的数据库里面或者服务器里面。

【任务实施】

创建 DDL 触发器主要是用来响应多种数据定义语言(DDL)。这些语句通常是以 CREATE、ALTER 和 DROP 开头的语句。并且通过数据库事件或者服务器事件进行触发。通过数据库事件激发的触发器将在 sys.triggers 里面进行记录，通过服务器事件激发的触发器将在 sys.server_triggers 里面进行记录。

1. 创建数据库事件服务器

(1) 打开"查询分析器"窗口，在其中输入以下代码：

```
--禁止删除数据库表的操作
use studentdb
go
CREATE TRIGGER tr_safe
ON DATABASE                              --数据库事件触发器
FOR DROP_TABLE,ALTER_TABLE
AS
PRINT '请不要随意删除和修改表'
ROLLBACK
go
```

(2) 单击查询工具栏中的"执行"按钮即可。

2. 禁用 DDL 触发器

```
disable trigger trigger_name on [database|all server]
```

3. 启用 DDL 触发器

```
enable trigger trigger_name on [database|all server]
```

4. 删除 DDL 触发器

```
drop trigger trigger_name on [database|all server]
```

由此可见，在实施 DDL 触发器的时候，语法结构和前面学过的 DML 触发器大同小异，但是请一定注意，前面 DML 触发器基于表创建，但是 DDL 触发器是基于数据库或者服务器对象创建的，操作时根据具体情况设定好。

【任务实践】

创建通过数据库事件触发的 DDL 触发器，要求如下。
(1) 创建通过数据库事件激发的触发器，禁止删除和修改数据库表的操作。
(2) 创建通过服务器事件激发的触发器，禁止删除数据库的操作。
(3) 删除(2)所创建的触发器。

在 DDL 触发器的创建和管理中，一定要分清数据库事件和服务器事件，否则容易出错。实践步骤如下。

(1) 创建通过数据库事件激发的触发器，禁止删除和修改数据库表的操作。

① 在"查询分析器"窗口中输入下列程序代码：

```
--创建触发器，禁止删除和修改数据库表的操作
use studentdb
go
if exists(select * from sys.triggers
where name='tr_safe' and type='tr')
drop trigger tr_safe
on database                          --特别说明是 database
go
CREATE TRIGGER tr_safe
ON DATABASE
FOR DROP_TABLE,ALTER_TABLE
AS
PRINT '请不要随意删除和修改表'
ROLLBACK
go
```

② 单击查询工具栏中的"执行"按钮即可生成该触发器。依次展开 SQL Server 数据库\"数据库"\studentdb\"可编程性"\"数据库触发器"节点，就可以看到该触发器出现了，如图 10-7 所示。

③ 触发器创建好之后，还需要验证是否能够触发，并实现相关要求。在"查询分析器"窗口中输入以下程序语句并执行，结果如图 10-8 所示。

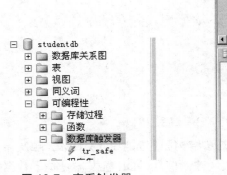

图 10-7　查看触发器　　　　　　　　　　图 10-8　验证触发器

(2) 创建通过服务器事件触发的 DDL 触发器，禁止删除数据库的操作。

① 在"查询分析器"窗口中输入下列程序代码：

```
--创建触发器，禁止删除数据库的操作
use studentdb
go
if exists(select * from sys.server_triggers
where name='tr_srv' and type='tr')
```

```
drop trigger tr_srv
on all server                          --特别说明是all server
go
CREATE TRIGGER tr_srv
ON all server
FOR DROP_DATABASE
AS  PRINT '请不要随便删除数据库'
ROLLBACK
GO
```

② 单击查询工具栏中的"执行"按钮即可生成该触发器。依次展开 SQL Server 服务器\"数据库"\"服务器对象"\"触发器"节点，就可以看到该触发器出现了，如图 10-9 所示。

③ 触发器创建好之后，还需要进行验证是否能够触发，并实现相关要求。在"查询分析器"窗口中输入以下程序语句并执行，结果如图 10-10 所示。

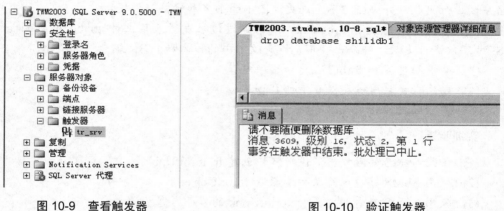

图 10-9　查看触发器　　　　　　　　　图 10-10　验证触发器

(3) 删除服务器事件触发器。

在"查询分析器"窗口中输入下列程序代码执行即可实现：

```
--删除DDL触发器
drop trigger tr_srv on all server
```

项 目 小 结

本项目介绍了触发器的知识，包括触发器的分类、特点和功能，各种触发器的创建和管理，读者可以通过熟练运用触发器知识，创建和管理触发器，以便实现更复杂的数据完整性约束，更有效地保证数据的完整性。

上 机 实 训

创建和管理图书管理数据库的触发器

实训背景

虽然通过约束可以在一定程度上保证关系数据库数据的完整性，但是对于级联更新和修改等更深层次和更复杂的要求就没法实现了，而触发器就可以很好地完成这些操作，利用触发器可以很好地完成图书管理数据库的数据完整性的维护问题。

实训内容和要求

在数据库 liberarydb 中用"查询分析器"窗口创建如下的触发器。

(1) 创建一触发器 tr_forbitUpbk，要求通过该触发器来禁止对 tb_book 表的书名和价格字段进行更改，并给出"不允许更改图书的书名和价格"的提示。

(2) 修改触发器 tr_forbitUpbk，要求通过该触发器来禁止对 tb_book 表的 author 和 ISBN 字段进行更改，并给出"不允许更改图书的作者和 ISBN 编号"的提示。

(3) 查看触发器 tr_forbitUpbk 的程序内容。

(4) 禁用或者启用触发器 tr_forbitUpbk。

(5) 删除触发器 tr_forbitUpbk。

实训步骤

(1) 使用 SSMS 的触发器的设计模板创建 tr_forbitUpbk。

(2) 使用 SSMS 按要求修改触发器 tr_forbitUpbk。

(3) 使用 SSMS 查看触发器 tr_forbitUpbk 的程序内容。

(4) 使用 SSMS 禁用或者启用触发器 tr_forbitUpbk。

(5) 使用 SSMS 删除触发器 tr_forbitUpbk。

(6) 使用 Transact-SQL 创建触发器 tr_forbitUpbk，并将该存储过程文件保存到项目三所创建的文件夹中，比如"E:\shujuku"。

(7) 使用 Transact-SQL 按要求修改触发器 tr_forbitUpbk。

(8) 使用 Transact-SQL 查看触发器 tr_forbitUpbk 的程序内容。

(9) 使用 Transact-SQL 按要求启用或者禁用触发器。

(10) 使用 Transact-SQL 删除触发器 tr_forbitUpbk。

注意：在实训的过程中要随时关注文件夹内容的变化，可自行增加设置实训内容和要求。

习 题

一、选择题

1. 创建触发器的指令是(　　)。

    A. CREATE TRIGGER   B. ALTER TRIGGER

　　　　C. EXEC TRIGGER　　　　　　　　D. DROP TRIGGER

2. 用户创建了触发器后，在系统视图 sys.objects 中的 type 列的值是(　　)。

　　　　A. TR　　　　　　B. P　　　　　　C. S　　　　　　D. IT

3. 数据库触发器用于定义(　　)。

　　　　A. 调用函数　　　　　　　　　　B. 完整性控制

　　　　C. 数据存取范围　　　　　　　　D. 死锁的处理方法

4. 触发器可引用视图和临时表，并产生两个特殊的表是(　　)。

　　　　A. deleted、inserted　　　　　　B. delete、insert

　　　　C. view、table　　　　　　　　D. view1、table

5. 如果要从数据库中删除触发器，应该使用 SQL 的命令(　　)。

　　　　A. DELETE TRIGGER　　　　　　B. DROP TRIGGER

　　　　C. REMOVE TRIGGER　　　　　　D. DISABLE TRIGGER

二、填空题

1. 触发器是基于表、视图、服务器或数据库事件相关的特殊的_____，是由_____来触发的。

2. 可以对数据库进行级联操作，包括_____和_____等。

3. 一个表可以有_____个触发器，在不同表上同一种类型的触发器也可以有_____个。

4. SQL Server 2005 中的触发器可以分为_____触发器和_____触发器两种。

三、简答题

1. 什么是触发器？触发器有什么特点？

2. 在 SQL Server 2005 中主要包括哪两类触发器？这两类触发器的主要作用是什么？

3. 使用 Transact-SQL 语句创建触发器的主要语法是什么？

项目十一

安全管理数据库

项目导入

在前面的项目中，读者已经根据需求创建好了数据库系统。但是，前面所创建的数据库系统目前尚没有安全保障。

数据库的安全管理是合理使用数据库中数据的基本保证，SQL Server 2005 在安全管理上提供了丰富的功能以提高数据库系统的安全性，如 Native 加密、数据加密、Kerberos 验证、细化的权限管理、用户和架构的分离等机制，从客户端、网络传输、服务器、数据库、数据库对象 5 个级别为数据安全提供保障。这其中需要用户重点考虑的是数据库操作用户的管理，其他安全机制在 SQL Server 2005 系统中已经预先进行了设定。

本项目以"学生管理数据库系统"为案例，介绍了数据库中的安全管理知识。

项目分析

与用户管理密切相关的有认证和授权两个内容。认证是指根据用户的相关信息确定用户身份的过程，授权则是确定用户能够使用哪些操作的过程。通过用户的认证和授权确保数据得到合理的使用，从而有效保证数据库中数据的安全。因此用户管理是 SQL Server 2005 安全管理的重要内容。在 SQL Server 2005 中，对用户的管理主要有登录管理、操作管理、权限管理、角色管理 4 种基本形式。

能力目标

● 具备数据库用户登录管理能力。

● 能根据用户的权限在数据库中建立相应权限的操作用户。

● 能根据用户类别进行基于数据库对象的权限管理。

● 具备数据库用户角色管理的能力。

知识目标

● 掌握数据库用户的管理途径和权限的种类及管理方式。

● 学习使用 SSMS 对数据库用户实施登录管理。

● 熟悉 SSMS 中设置数据库用户操作权限和数据库角色的方法。

● 了解使用 Transact-SQL 语句进行用户管理的基本语句的形式并尝试使用其管理用户。

任务一　身份验证管理

【任务要求】

● 创建 Windows 验证模式下的登录用户。

● 创建 SQL Server 混合验证模式下的登录用户。

● 使用新创建的用户登录数据库服务器，观察其登录状态并尝试访问数据库。

【知识储备】

从客户端使用和操作数据库中的数据时首先要使用合法的登录账号登录到数据库服务

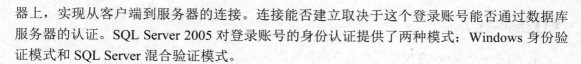

器上，实现从客户端到服务器的连接。连接能否建立取决于这个登录账号能否通过数据库服务器的认证。SQL Server 2005 对登录账号的身份认证提供了两种模式：Windows 身份验证模式和 SQL Server 混合验证模式。

1. Windows 身份验证模式

Windows 身份验证模式使用在 Windows 系统上建立的 Windows 用户作为登录账号，与 Windows 操作系统的安全机制紧密结合在服务器级别上进行安全验证。如果服务器上建有此用户并具有登录数据库的权限，则可以登录到数据库服务器上。这种身份验证模式需要首先在服务器上建立可操纵机器上数据库的本地用户，通过 Windows 操作系统对登录用户进行管理，其安全性依赖于 Windows 的安全性。

SQL Server 2005 支持 Windows 用户和组登录用户，也可通过 SQL Server 配置使其只支持 Windows 用户登录。这个 Windows 用户可以是 SQL Server 服务器的本地用户，也可以是 Active Directory(活动目录)下的域用户。

2. SQL Server 混合验证模式

SQL Server 混合验证模式使用时首先检验是否存在 Windows 用户，如有 Windows 登录用户则直接使用 Windows 验证机制进行验证登录。如果不存在 Windows 登录用户，则使用 SQL Server 的用户验证机制，在 SQL Server 中查找登录用户进行验证。使用在 SQL Server 中创建的登录用户登录数据库时使用该验证模式。该模式的安全性依赖于 SQL Server 本身的安全性。

3. 系统默认的登录用户

在 SQL Server 2005 安装过程中，系统会自动创建两个具有 SQL Server 2005 系统管理员权限的登录用户：一个用于 Windows 验证模式的"机器名\Administrator"，另一个用于 SQL Server 混合验证模式的"sa"。这两个默认的数据库系统管理员的用户名和密码可在安装或修改验证模式时指定。如果在安装时更改了默认的管理员名称和密码，务必要牢记，因为它具有数据库服务管理的最高权限，是对数据库用户进行管理的用户，数据库服务的登录用户由 SQL Server 2005 系统管理员(上述两个默认用户)创建。

在用户程序中一般不使用管理员用户作为应用程序的数据库用户，以防止应用权限过大导致整个数据库都存在较大的安全隐患，而是对不同的数据库创建不同的登录用户。

【任务实施】

创建 Windows 身份验证模式下的登录用户时，要首先使用 Windows 系统的管理员身份在 Windows 操作系统下创建 Windows 用户，即数据库服务器的本地用户。这样，就可以充分利用 Windows 操作系统提供的极为丰富和完善的安全机制对这个用户进行操作系统层次上的管理，借助这些安全管理功能来提高数据库的安全性。因此，本任务的实施需要使用 Windows 操作系统的管理员身份登录操作系统才可以进行后续的操作。

【任务实践】

1. 创建 Windows 身份验证模式下的登录用户

(1) 首先在 Windows 系统中创建一个 Windows 用户账户 WinUser。打开"计算机管理"窗口,在左侧窗格中展开"本地用户和组"节点,如图 11-1 所示。

(2) 选择"用户"节点,右击,在弹出的快捷菜单中选择"新用户"命令,弹出"新用户"对话框。在"用户名"文本框中输入"WinUser",在"密码"文本框中和"确认密码"文本框中输入符合密码策略的密码后单击"创建"按钮,如图 11-2 所示。然后关闭"计算机管理"窗口。

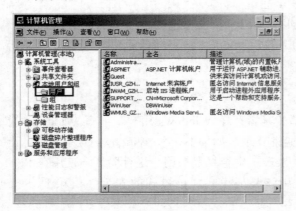

图 11-1 "计算机管理"窗口

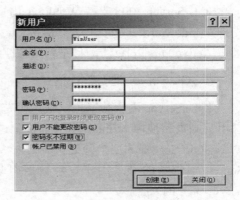

图 11-2 建立 Windows 用户账户

(3) 使用 SQL Server 2005 安装时创建的系统管理员用户 sa 登录数据库,展开"对象资源管理器"窗格中的"安全性"节点,右击"登录名"节点,在弹出的快捷菜单中选择"新建登录名"命令,弹出"登录名-新建"对话框,如图 11-3 所示。

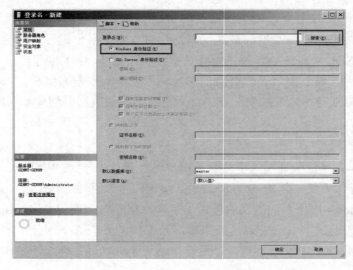

图 11-3 "登录名-新建"对话框

(4)　在图 11-3 所示对话框中，首先选中"Windows 身份验证"单选按钮，然后单击"登录名"文本框右侧的"搜索"按钮，弹出"选择用户或组"对话框，如图 11-4 所示。在这个对话框中可以选择对象类型及要查找的用户或组所在的位置，这里保持默认值，即"选择对象类型"为"用户或内置安全主体"，"查找位置"为本机(机器名)。

(5)　单击"高级"按钮，弹出带有高级选项的"选择用户或组"对话框，如图 11-5 所示。然后单击"立即查找"按钮。

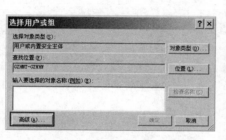

图 11-4　"选择用户或组"对话框

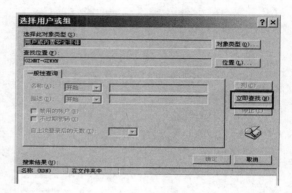

图 11-5　带有高级选项的"选择用户或组"对话框

(6)　在返回带有搜索结果的"选择用户或组"对话框(见图 11-6)中选中刚在 Windows 系统中创建的用户 WinUser 后单击"确定"按钮或直接双击用户名，返回到"选择用户或组"对话框。此时被选中的用户名出现在"输入要选择的对象名称(例如)"列表框中，如图 11-7 所示。

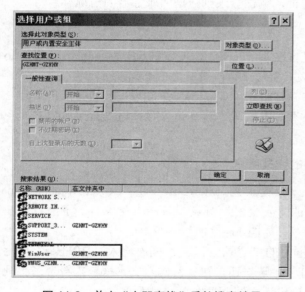

图 11-6　单击"立即查找"后的搜索结果

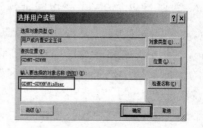

图 11-7　要选择的对象名称

(7)　单击"确定"按钮，返回到"登录名-新建"对话框，此时被选中的用户名被填充到"登录名"文本框中，如图 11-8 所示。

(8) 在如图 11-8 所示的对话框中,其他选项保持默认值,单击"确定"按钮,返回到"对象资源管理器"窗口,此时刚建的 Windows 系统用户出现在登录名列表中,如图 11-9 所示。

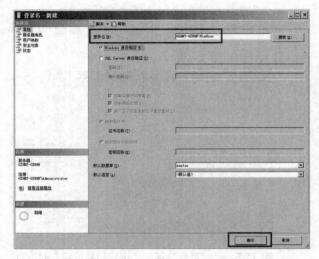

图 11-8　选中用户名后的"登录名-新建"对话框　　图 11-9　　"对象资源管理器"窗口中的"登录名"节点

(9) 退出 Microsoft SQL Server Management Studio,注销当前 Windows 管理员用户,用刚创建的 WinUser 用户重新登录 Windows 系统。然后打开 Microsoft SQL Server Management Studio,选择 Windows 身份验证,测试登录到数据库服务器的情况。

启发思考:

(1) 如果不注销 Windows 的当前用户,重启 Microsoft SQL Server Management Studio 后能否选择使用新的 Windows 用户登录 SQL Server 服务器?为什么?

(2) 为保证 Windows 系统的安全,在创建用于"Windows 身份验证"的登录用户时应将该用户加入到 Windows 的哪个组中?如何操作实现?请尝试操作并通过该组所拥有的系统权限分析该用户的安全性。

2. 创建 SQL Server 身份验证模式下的登录用户

(1) 利用 SQL Server 系统管理员身份登录到 Microsoft SQL Server Management Studio,展开"对象资源管理器"窗口中的"安全性"节点,右击"登录名"子节点,在弹出的快捷菜单中选择"新建登录名"命令,如图 11-10 所示。

(2) 在弹出的"登录名-新建"对话框中的"登录名"文本框内输入"DBUser"作为新的登录名,选中"SQL Server 身份验证"单选按钮,在"密码"文本框输入符合密码规则的正确密码,其他采用默认值,单击"确定"按钮,如图 11-11 所示。

(3) 新建的登录名"DBUser"出现在"对象资源管理器"窗口的"登录名"列表框中,如图 11-12 所示。

(4) 退出并重启 Microsoft SQL Server Management Studio,"身份验证"方式选择

"SQL Server 身份验证"，"登录名"使用刚创建的"DBUser"，输入密码后，单击"连接"按钮，测试登录到数据库服务器的情况。

图 11-10　对象资源管理器中的"登录名"节点

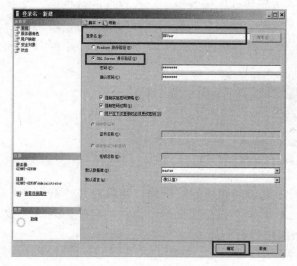

图 11-11　"登录名-新建"对话框

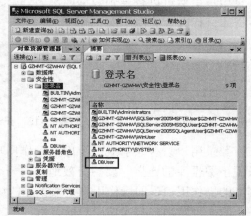

图 11-12　登录名列表

启发思考：

(1) 如果弹出数据库服务器连接成功但无法登录时如何处理？

(2) 如果提示 Microsoft SQL Server 服务无法启动怎么办？

提示：第一个问题应该从 SQL Server 2005 服务器主机的安全性上考虑，在 Microsoft SQL Server Management Studio 中寻求解决办法。这通常是由于 SQL 服务器主机的"服务器属性"中的"安全性"所默认的"服务器身份验证"采用了"Windows 身份验证"导致的，修改其为"SQL Server 和 Windows 身份验证模式"即可。使用管理员身份登录 Microsoft SQL Server Management Studio 后尝试修改服务器的安全性。

第二个问题应该通过"SQL Server 配置管理器"进行修改，禁用 VIA 协议即可。请打开"SQL Server 配置管理器"进行相应设定。

任务二　权　限　管　理

【任务要求】

- 创建数据库操作用户。
- 对用户进行操作授权。
- 为数据库对象分配权限。

【知识储备】

1. 登录用户与操作用户

1) 登录用户与操作用户的区别

在使用合法的登录用户(如上述刚刚创建的登录用户 WinUser 或 DBUser)成功登录到 SQL Server 2005 数据库服务器上以后，尝试访问数据库服务器上已经存在的数据库，会弹出如图 11-13 所示的"无法访问数据库……"提示框或者数据库列表框是空的。这说明，登录用户虽然可以登录到数据库服务器上，但还没有相关数据库的访问权限，不能对相关数据库进行有效的操作。

图 11-13　无法访问数据库提示框

登录用户只有映射成一个库的操作用户才能访问相应的数据库。也就是说，登录用户只用于数据库的连接，要想有效地访问一个数据库，还必须将这个登录用户映射为这个数据库的操作用户，即操作用户是数据库的访问用户。

2) 登录用户与操作用户的关系

在 SQL Server 2005 中，登录用户和操作用户是一一对应的关系，即一个登录名在一个数据库中只能创建一个操作用户，但可使用同一个登录名在不同的数据库中分别创建一个操作用户。

注意：在上述创建的用于 SQL Server 身份验证的登录用户"DBUser"时，其默认了一个系统数据库 master 作为默认登录的数据库，如图 11-11 所示。因此使用"DBUser"登

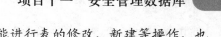

录时，可对系统数据库进行一些属性查询等操作，但不能进行表的修改、新建等操作，也就是对数据库中的数据并没有操作权限。

2. 数据库的访问权限

在将登录用户映射为数据库的操作用户后，对数据库可以进行访问，但还不能对数据库的对象进行操作。要想操作数据库中的对象，还必须对操作用户进行相应的操作授权，用户才能够根据权限的分配对数据库对象进行相应的操作，这就是数据库用户的操作管理。

权限用于控制用户对数据库的操作，可以设置用户的服务器权限和数据库权限。服务器权限用于执行数据库管理任务，数据库权限用于控制对数据库对象或语句的访问。在 SQL Server 2005 中，数据库的权限有三种：对象权限、语句权限和预定义权限。

1) 对象权限

对象权限是指对数据库对象(表、视图、字段、存储过程)的操作权限，是用户处理数据和执行过程的能力。

● 表和视图权限用来控制用户在表和视图上是否可以执行 SELECT、INSERT、UPDATE 和 DELETE 语句。

● 字段权限用来控制用户在单个字段上可否执行 SELECT、UPDATE 和 REFERENCES 语句。

● 存储过程权限用于控制用户可否执行 EXECUTE 语句。

2) 语句权限

语句权限用于控制用户对数据库的操作能力，也就是能否创建数据库和在数据库上能否创建表、视图等的能力。是针对某一个 SQL 语句的使用权限，其操作的对象不是已经存在于数据库中的对象。

3) 预定义权限

预定义权限是指在系统安装时就确定好的权限，是不用授权用户即已经拥有的权限，如固定服务器角色、固定数据库角色、数据库拥有者等，这些角色对数据库的操作权限已经由系统事先定义好，通过将相应的角色分配给用户，用户就拥有了相应的权限。

【任务实施】

创建数据库操作用户，按以下实施步骤进行。

(1) 使用数据库系统管理员身份登录到 Microsoft SQL Server Management Studio，单击展开 studentdb 数据库(需要事先将该数据库附加到该数据库服务器)，展开 studentdb 数据库下的"安全性"节点，在"用户"节点上右击或在单击"用户"节点后展开的用户列表空白处右击，在弹出的快捷菜单中选择"新建用户"命令，如图 11-14 所示。

(2) 弹出"数据库用户-新建"对话框，如图 11-15 所示。单击"登录名"文本框后的"..."按钮，弹出"选择登录名"对话框，如图 11-16 所示。

(3) 在图 11-16 中，对象类型保持默认的"登录名"，单击"输入要选择的对象名称(示例)"列表框右边的"浏览"按钮，弹出"查找对象"对话框，如图 11-17 所示。在"匹配的对象"列表框中选择需要映射的登录用户。这里选择上面任务中创建的

"DBUser",然后单击"确定"按钮,返回到如图 11-18 所示"选择登录名"对话框。此时,刚选择的登录用户"DBUser"出现在"输入要选择的对象名称(示例)"列表框中。

图 11-14 新建操作用户快捷菜单

图 11-15 "数据库用户-新建"对话框

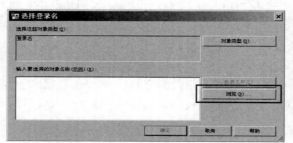

图 11-16 "选择登录名"对话框

图 11-17 "查找对象"对话框

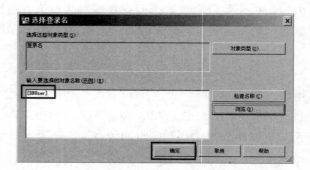

图 11-18 选择匹配对象后的"选择登录名"对话框

(4) 在该对话框中,"检查名称"按钮可用于检查输入的对象名称是否存在。由于本例是通过浏览查找选择的,故略去不作检查。直接单击"确定"按钮,返回到"数据库用户-新建"对话框,如图 11-19 所示。此时刚选择的登录用户名"DBUser"出现在"登录名"单选按钮后的文本框中。

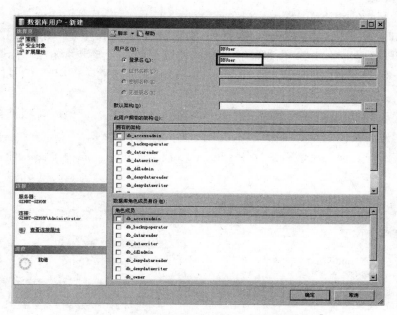

图 11-19　"数据库用户-新建"对话框中出现登录名

(5)　在该对话框中的"用户名"文本框中输入一个名称。为方便记忆，这里选择与登录名一致的名称作为数据库操作用户名，即输入"DBUser"。架构和角色暂不作选择，采用默认值。然后单击"确定"按钮，完成数据库访问用户，即操作用户的创建，返回到用户列表，如图 11-20 所示。此时可以看到新建的数据库操作用户"DBUser"出现在用户列表中。

图 11-20　studentdb 数据库的用户列表(1)

(6) 退出 Microsoft SQL Server Management Studio，使用"DBUser"用户重新登录，选择 studentdb 数据库，可以看到数据库对象出现在列表中。说明该用户能够访问 studentdb 数据库。如图 11-21 所示。再选择其他数据库，会弹出"无法访问数据库"的提示或右边对象列表为空，说明当前为 studentdb 数据库创建的操作用户"DBUser"不能访问其他数据库。

(7) 再次选择 studentdb 数据库，选中一个对象，如"表"，可以看到"系统表"一个对象，用户创建的其他用户表没有出现在列表中，如图 11-22 所示。

这说明该用户目前还不能有效操作 studentdb 数据库对象，原因是还没有为该用户分配操作权限。

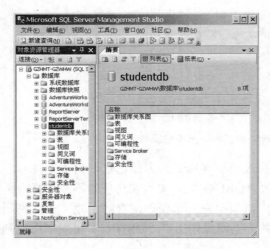

图 11-21　studentdb 数据库对象列表(2)

图 11-22　只显示"系统表"的对象资源管理器

【任务实践】

1. 为单一用户分配操作权限

(1) 使用数据库系统管理员身份登录 Microsoft SQL Server Management Studio，在对象资源管理器中展开"数据库"\studentdb\"安全性"节点，选中已经设定好的用户 DBUser，右击或在右侧的列表空白处右击，在弹出的快捷菜单(见图 11-23)中选择"属性"命令，打开"数据库用户-DBUser"的"常规"属性对话框，如图 11-24 所示。

(2) 在"数据库用户-DBUser"属性对话框左侧的"选择页"中，选择"安全对象"选项，出现"安全对象"选择页，如图 11-25 所示。

(3) 单击右侧"安全对象"选择页下的"添加"按钮，弹出"添加对象"对话框，如图 11-26 所示。

(4) 选中"特定对象"单选按钮后单击"确定"按钮，弹出"选择对象"对话框，如图 11-27 所示。单击"对象类型"按钮，弹出"选择对象类型"对话框，在其中可以选择要赋予用户操作的数据库对象，可以选择多个对象赋予用户。

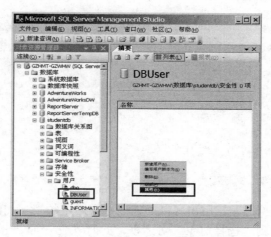

图 11-23　用户 DBUser 快捷菜单

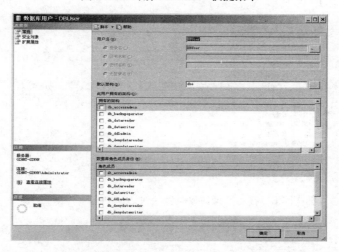

图 11-24　"数据库用户-DBUser"的"常规"属性对话框

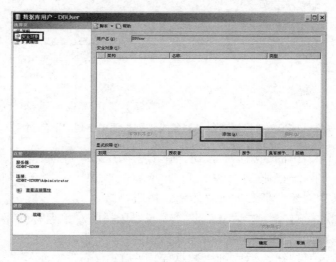

图 11-25　"安全对象"选择页

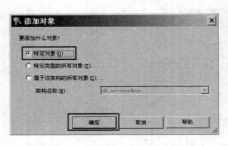

图 11-26　"添加对象"对话框　　　　　图 11-27　"选择对象"对话框

　　这里选择"表"对象，即该用户可以操作该数据库中的表，如图 11-28 所示。然后单击"确定"按钮，返回到"选择对象"对话框，此时"表"对象出现在"选择这些对象类型"列表框中，如图 11-29 所示。

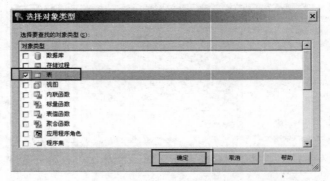

图 11-28　在"选择对象类型"对话框中选择"表"对象

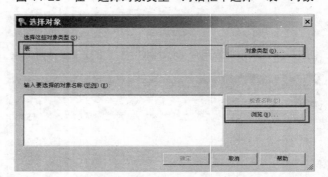

图 11-29　"选择对象"对象类型列表框中出现"表"对象

　　(5) 单击图 11-29 中的"浏览"按钮，弹出"查找对象"对话框，如图 11-30 所示。选择想赋予该用户操作权限的对象，可选择多个对象。这里选择[dbo].[tb_course]、[dbo].[tb_teacher]两个对象，然后单击"确定"按钮。

　　(6) 返回到"选择对象"对话框，在"输入要选择的对象名称(示例)"列表框中出现了(5)中选择的对象，如图 11-31 所示。

　　(7) 单击"确定"按钮，返回到"数据库用户-DBUser"对话框的"安全对象"选择页。可以看到"安全对象"列表框中出现了之前选择的两个对象，如图 11-32 所示。在下面的"dbo.tb_course 的显式权限"列表框中可以选择相应的权限分别赋予这两个对象。

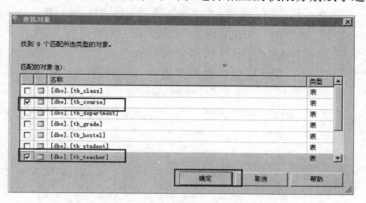

图 11-30 "查找对象"对话框

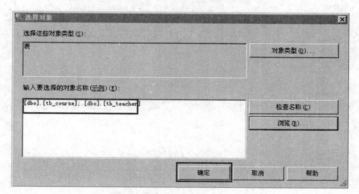

图 11-31 选择对象后返回的"选择对象"对话框

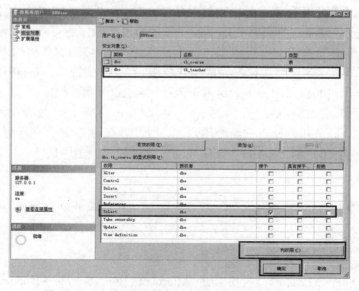

图 11-32 "数据库用户-DBUser"的显式权限设置

为简单起见,这里对两个对象都只赋予"Select"一个权限,具体操作如下:在"安全对象"中先选择[dbo].[tb_course],然后在下面的"dbo.tb_course 的显式权限"中的 Select 项中选中"授予"复选框;再在"安全对象"中选择[dbo].[tb_teacher],然后在下面的"dbo.tb_teacher 的显式权限"中的 Select 项中选中"授予"复选框。

注意:一定要对所选择的每一个对象进行授权操作,即要将"安全对象"列表中的每一个对象都要选择一次,对其进行相应的权限设定。也就是用户对这些安全对象的操作权限是分别设定的,即使权限相同也要分别进行设置。

(8) 在图 11-32 中,Select 的"授予"被选中后,"列权限"按钮变亮,单击"列权限"按钮,打开"列权限"设置对话框,如图 11-33 所示。

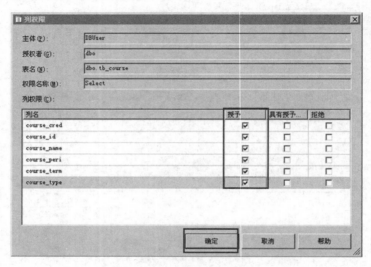

图 11-33 "列权限"对话框

在这个对话框中可以对欲设置权限的对象(当前为"表"对象)中的数据单元进行更详细的操作权限设置。这里选择所有列的"授予",即授予操作所有列的权限。

(9) 单击"确定"按钮结束授权操作,返回到如图 11-32 的"数据库用户-DBUser"属性对话框中,单击"确定"按钮,完成用户权限设置。此时,用户 DBUser 已经拥有了对[dbo].[tb_course]、[dbo].[tb_teacher]这两个表的"Select"操作权限。

(10) 退出后使用 DBUser 重新登录,可以在 studentdb 数据库下的表中见到[dbo].[tb_course]、[dbo].[tb_teacher]两个用户表,使用"新建查询"进行测试。测试结果如图 11-34 所示。说明用户的"Select"操作成功。测试代码如图中所示。

启发思考:

(1) 自建一个 UPDATE 查询文件,观察命令的执行结果并给出分析。

(2) 修改用户 DBUser 已有的权限应如何操作?请进行测试。

2. 为数据库对象分配权限

(1) 使用数据库系统管理员身份登录 Microsoft SQL Server Management Studio,在"对象资源管理器"窗口中展开"数据库"\ studentdb 节点,选择需要设置权限的数据库对象如表、视图、存储过程等。这里选择"表"中的 tb_class 表，在 tb_class 上右击，在弹出的快捷菜单中选择"属性"命令，如图 11-35 所示。

(2) 在弹出的"表属性- tb_class"对话框中，选择左侧"选择页"列表框中的"权限"选项，打开"表属性- tb_class"的权限设置选项卡，单击右侧"用户或角色"列表框下方的"添加"按钮，如图 11-36 所示。

后面的操作与设置单一用户的权限相似，不再一一详述。

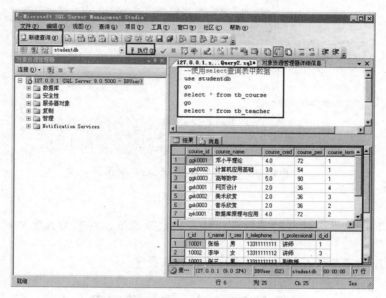

图 11-34　使用 DBUser 登录后进行查询测试

图 11-35　表 dbo.tb_class 的快捷菜单

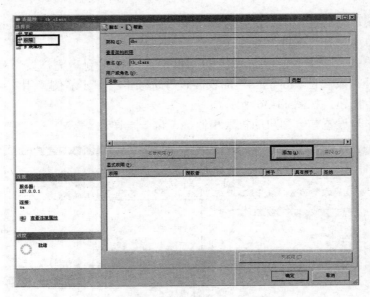

图 11-36　"表属性-tb_class" 对话框

启发思考：

(1)　打开其他数据库对象的属性进行相应的权限设置，观察其匹配的对象和相应的权限都有哪些。

(2)　尝试基于服务器或数据库的属性进行权限设置。

任务三　角　色　管　理

【任务要求】

熟练地使用 SSMS，掌握数据库角色的创建方法和操作步骤，能基于服务器角色设定数据库用户的操作权限，理解和体会通过角色对数据库用户实现统一的权限管理的安全手段和管理方式。

【知识储备】

角色是 SQL Server 2005 用于权限统一管理的一种方式，它是一个权限单元，也可以理解为权限组或组合权限，通过将一组权限事先赋予一个角色，然后将相应的用户添加为该角色的成员，就可以实现对拥有该角色的成员访问和管理数据库进行权限的统一管理。当有多个用户需要具备同样的权限时，使用角色进行权限分配是十分便捷的一种方式。SQL Server 2005 提供了两种类型的角色：服务器角色和数据库角色。

1. 服务器角色

服务器角色是预定义的权限，是根据 SQL Server 管理任务的重要性不同，划分的在服务器范围内完成 SQL Server 管理任务的权限组，它独立于任何一个具体的数据库，其权限是不可修改的。服务器角色的相关信息存储于 master 数据库中。根据 SQL Server 管理权限的重要性，SQL Server 2005 提供了 8 种预定义的服务器角色，其角色名称和相应的权限描述见表 11-1。

服务器角色的成员具有服务器范围的特权，可以执行实例中的任何任务，包括将其他用户和用户组添加到服务器角色中。默认情况下，Administrators 本地组的成员(包括 Administrator 本地用户和所有域管理员)都是服务器角色的成员(但其在服务器角色中的成员身份并不在用户界面中显示)，并且同样在每个实例中都具有完全控制权限。

2. 数据库角色

数据库角色由管理员定义，用于控制非管理员用户对数据库对象和数据的访问权限，是基于数据库的权限，每个角色都有自己的权限和访问权限集。一个数据库角色可以有多个成员用户，同时一个用户也可以具有多个数据库角色。SQL Server 2005 提供了两种数据库角色类型：预定义的数据库角色和自定义的数据库角色，如表 11-1 所示。

表 11-1　服务器角色及其含义

服务器角色名称	权限描述
bulkadmin	可以运行 BULK INSERT 语句
dbcreator	可以创建、更改、删除和还原任何数据库
diskadmin	可以管理磁盘文件
processadmin	可以终止在数据库引擎 实例中运行的进程
securityadmin	可以管理登录名及其属性。它们还可以具有 GRANT、DENY 和 REVOKE 数据库级别的权限。此外，它们还可以重置 SQL Server 登录名的密码
serveradmin	可以更改服务器范围的配置选项和关闭服务器
setupadmin	可以添加和删除链接服务器，并可以执行某些系统存储过程
sysadmin	可以在数据库引擎中执行任何活动。默认情况下，Windows BUILTIN\Administrators 组(本地管理员组)的所有成员都是 sysadmin 的成员

1)　预定义的数据库角色

预定义的数据库角色又称固定数据库角色，是指角色所具有的访问或管理数据库的权限事先已经被 SQL Server 定义好且不能被修改的角色，它存在于每一个数据库中。这些预定义的数据库角色按照管理或访问数据库的级别不同进行了预先的权限设定，从而便于实现对用户访问和管理数据库的权限进行传递，简化了权限设置的过程。预定义的数据库角色如表 11-2 所示。

表 11-2　预定义数据库角色表

数据库角色名称	权限描述
db_accessadmin	角色成员可以为 Windows 登录账户、Windows 组和 SQL Server 登录账户添加或删除访问权限
db_backupoperator	角色成员可以备份该数据库

续表

数据库角色名称	权限描述
db_datareader	角色成员可以读取所有用户表中的所有数据
db_datawriter	角色成员可以在所有用户表中添加、删除或更改数据
db_ddladmin	角色成员可以在数据库中运行任何数据定义语言(DDL)命令
db_denydatareader	角色成员不能读取数据库内用户表中的任何数据
db_denydatawriter	角色成员不能添加、修改或删除数据库内用户表中的任何数据
db_owner	角色成员可以删除数据库
db_securityadmin	角色成员可以修改角色成员身份和管理权限
public	每个数据库用户都属于 public 数据库角色。当尚未对某个用户授予或拒绝对安全对象的特定权限时，则该用户将继承授予该安全对象的 public 角色的权限

2) 自定义的数据库角色

在预定义数据库角色不能满足需要时，可自行定义一个不同于预定义数据库角色的新角色，将某些权限赋予这个角色，从而使该角色具备某些特定的功能。

在使用过程中，可以更改角色的名称，但更改数据库角色的名称不会更改角色的 ID 号、所有者或权限。

【任务实施】

添加服务器角色成员，实施步骤如下。

(1) 以系统管理员身份登录 Microsoft SQL Server Management Studio，在"对象资源管理器"窗口中展开"安全性"下的"服务器角色"节点，如图 11-37 所示，右侧列表框中列出了所有的服务器角色。

(2) 在列表框中选择需要设置的服务器角色，如 sysadmin，右击角色名称，在弹出的快捷菜单中选择"属性"命令，弹出"服务器角色属性- sysadmin"对话框，如图 11-38 所示。这个对话框中列出了 sysadmin 角色已有的成员。

(3) 在图 11-38 中单击"添加"按钮，弹出"选择登录名"对话框，如图 11-39 所示。单击"浏览"按钮，弹出"查找对象"对话框，可以查看存在的登录用户，从中选择相应的用户即可，这里选择前面建立的登录名 DBUser，如图 11-40 所示。

(4) 单击"确定"按钮后，返回到"选择登录名"对话框，DBUser 出现在"输入要选择的对象名称(示例)"列表框中，如图 11-41 所示。单击"确定"按钮，返回到"服务器角色属性- sysadmin"对话框，上面被选中的登录名出现在"角色成员"列表框中，如图 11-42 所示。即用户 DBUser 已经成为服务器角色 sysadmin 的成员，具备 sysadmin 角色所拥有的相应权限。

图 11-37　"服务器角色"列表框

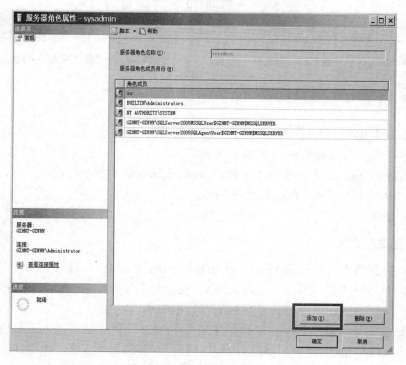

图 11-38　"服务器角色属性- sysadmin"对话框

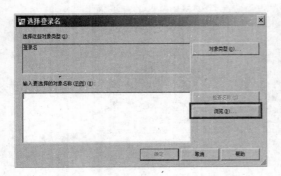

图 11-39　"选择登录名"对话框

图 11-40　"查找对象"对话框

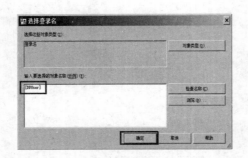

图 11-41　"输入要选择的对象名称"列表框

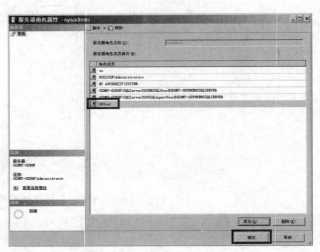

图 11-42　"角色成员"列表框

【任务实践】

在学生管理数据库上创建和管理用户。要求如下。

(1)　创建一个名为 NewDbrole 的数据库角色。

(2)　使 NewDbrole 角色具备操作和管理 studentdb 数据库的全部权限。

(3)　使 DBUser 成为 NewDbrole 角色的成员。

实践步骤如下。

1. 创建数据库角色

(1)　以系统管理员身份登录 Microsoft SQL Server Management Studio，在"对象资源管理器"窗口中展开"数据库"\ studentdb \"安全性"\"角色"节点，选择"数据库角色"选项，右侧列表框中出现已经存在的所有数据库角色，如图 11-43 所示。

(2)　右击"数据库角色"或在"数据库角色"列表框空白处右击，在弹出的快捷菜单中选择"新建数据库角色"命令，弹出"数据库角色-新建"对话框，如图 11-44 所示。在左边的"选择页"列表框中选择"常规"选项，在右边的"角色名称"文本框中输入一个名称，如"NewDbrole"。

（3）单击"确定"按钮完成新数据库角色的创建，返回到"数据库角色"对话框，如图 11-45 所示，可以看到刚创建的角色出现在"数据库角色"列表框中。

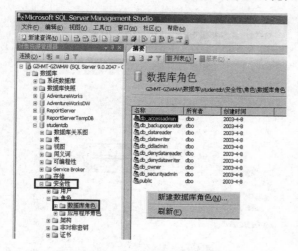

图 11-43 "数据库角色"列表框

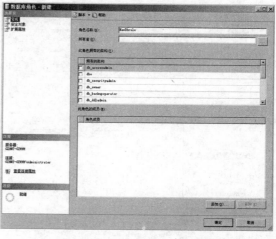

图 11-44 "数据库角色-新建"对话框

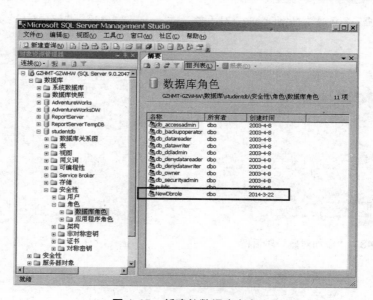

图 1-45 新建的数据库角色

2. 设置数据库角色的权限

（1）在"数据库角色"列表框中，右击角色名称 NewDbrole，在出现的快捷菜单中选择"属性"命令，弹出"数据库角色属性-NewDbrole"对话框，如图 11-46 所示。

（2）在左侧"选择页"列表框中选择"安全对象"选项，切换到"安全对象"选择页，如图 11-47 所示。单击"安全对象"选择页下方的"添加"按钮，弹出"添加对象"对话框，如图 11-48 所示。

(3) 在图 11-48 中，选中"特定对象"单选按钮，单击"确定"按钮，弹出"选择对象"对话框，如图 11-49 所示。单击"对象类型"按钮，弹出"选择对象类型"对话框，如图 11-50 所示。

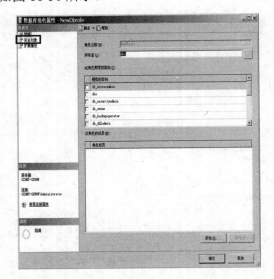

图 11-46　"数据库角色属性-NewDbrole"对话框

图 11-47　"安全对象"选择页

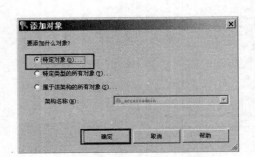

图 11-48　"添加对象"对话框

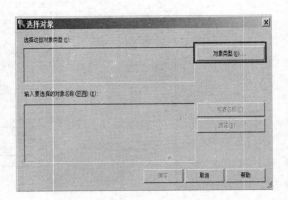

图 11-49　"选择对象"对话框

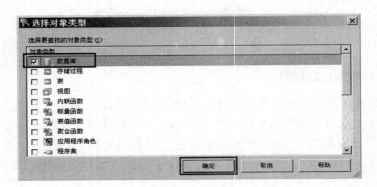

图 11-50　"选择对象类型"对话框

(4) 在图 11-50 中，选择角色所要管理的对象类型，这里选择"数据库"对象，单击"确定"按钮，返回到"选择对象"对话框。"数据库"对象出现在"选择这些对象类型"列表框中，如图 11-51 所示。单击"输入要选择的对象名称(示例)"列表框右侧的"浏览"按钮，弹出"查找对象"对话框，如图 11-52 所示。选择该角色所要管理的数据库，这里选择 studentdb 数据库，单击"确定"按钮。返回到"选择对象"对话框，studentdb 出现在"输入要选择的对象名称(示例)"列表框中。

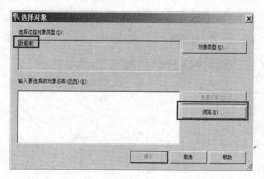

图 11-51 "选择对象"对话框

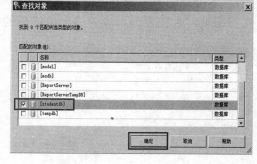

图 11-52 "查找对象"对话框

(5) 单击图 11-52 中的"确定"按钮，返回到"数据库角色属性-NewDbrole"对话框，在右侧下方"studentdb 的显式权限"列表框中选择相应的权限后，选中"授予""拒绝""具有授予权限"等复选框进行权限设定后，单击"确定"按钮，完成角色权限的设置。

本例中将"授予"列下的所有复选框全部选中，这时，角色 NewDbrole 及其下的成员拥有操作和管理 studentdb 数据库的全部权限，如图 11-53 所示。

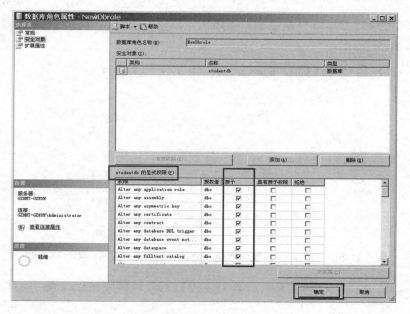

图 11-53 角色 NewDbrole 对 studentdb 数据库的显式权限设置

3. 添加数据库角色成员

(1) 在创建角色时添加成员。

① 在图 11-44 "数据库角色-新建"对话框中，单击"角色成员"列表框下方的"添加"按钮，弹出"选择数据库用户或角色"对话框，如图 11-54 所示。

② 在图 11-54 中，单击"对象类型"按钮，在打开的对话框中选择"用户"(默认该选项为"用户"，此时可不用更改。建议打开"对象类型"选择对话框查看可加入的对象类型)。单击"输入要选择的对象名称(示例)"列表框右侧的"浏览"按钮，弹出"查找对象"对话框，查找要加入成为该角色成员的符合对象类型的成员，如图 11-55 所示。

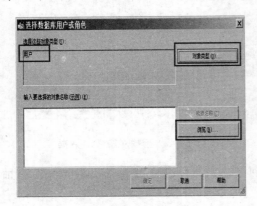

图 11-54 "选择数据库用户或角色"对话框

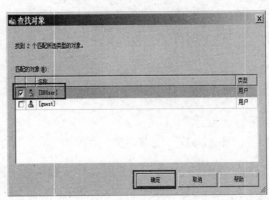

图 11-55 在"查找对象"对话框中选择要加入的成员

③ 在"匹配的对象"列表框中列出了所有符合要求的对象，在该列表中对想要加入到角色的用户名前的复选框进行"选中"操作，本例中选择"DBUser"。单击"确定"按钮，返回到"选择数据库用户或角色"对话框，选中的用户 DBUser 出现在"输入要选择的对象名称(示例)"列表框中，如图 11-56 所示。

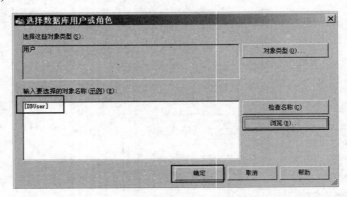

图 11-56 DBUser 出现在"输入要选择的对象名称(示例)"列表框

④ 单击图 11-56 中的"确定"按钮，返回到"数据库角色-新建"对话框，DBUser 出现在"角色成员"列表框中，如图 11-57 所示。单击该对话框中的"确定"按钮，完成角色成员的添加。

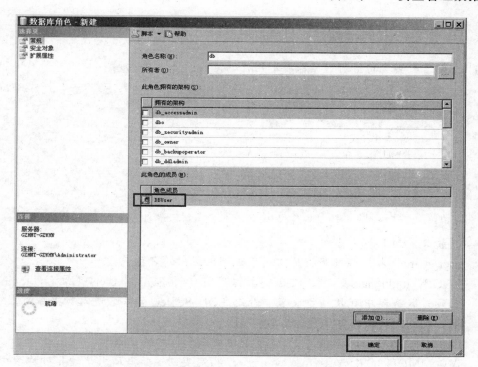

图 11-57　DBUser 出现在"数据库角色-新建"对话框的"角色成员"列表框中

（2）使用角色属性添加成员。在数据库角色名称 NewDbrole 上右击，在弹出的快捷菜单中选择"属性"命令，打开"数据库角色属性-NewDbrole"对话框，如图 11-46 所示。在"常规"选择页单击"添加"按钮，弹出"选择数据库用户或角色"对话框，如图 11-56 所示。其后的操作与"在创建角色时添加成员"的操作相同，请参考完成，这里不再重复。

（3）使用用户属性指定所属的角色。打开"数据库用户-DBUser"的"属性"窗口，切换到"常规"选择页，在右侧的"数据库角色成员身份"列表框中选中相应的数据库角色后，单击"确定"按钮即可使该用户成为相应数据库角色的成员。

启发思考：

（1）在程序开发过程中，经常使用到通过程序进行用户的添加、删除等操作以及利用程序编制功能模块实现对用户的授权等操作，在程序运行期间如何实时地操作数据库呢？

（2）参考上述权限设置方法，考虑对一个用户使用某一存储过程的权限控制的设置方法。

知识扩展：

在数据库应用程序中，对数据库的操作都需要首先对用户进行数据库的访问授权，这种在程序运行中进行的用户管理工作通常可通过 Transact-SQL 查询语言结合开发运行环境来实现，系统存储过程和嵌套查询语句就是两种常用来在程序中操纵数据库的形式。为了解其使用方法，下面对两种形式均予以一个简单的介绍。

1. 利用 Transact-SQL 语言实现用户的添加和删除操作

1) 向当前数据库添加用户

(1) 查询语句实现向当前数据库添加用户的语句。基本格式:

```
CREATE USER user_name        [ { { FOR | FROM }
    {
      LOGIN login_name
      | CERTIFICATE cert_name
      | ASYMMETRIC KEY asym_key_name
    }
    | WITHOUT LOGIN
  ]
    [ WITH DEFAULT_SCHEMA = schema_name ]
```

各参数的含义如下。

- user_name: 指定在此数据库中用于识别该用户的名称。
- LOGIN login_name: 指定要创建数据库用户的 SQL Server 登录名。login_name 必须是服务器中有效的登录名。当此 SQL Server 登录名进入数据库时,它将获取正在创建的数据库用户的名称和 ID。
- CERTIFICATE cert_name: 指定要创建数据库用户的证书。
- ASYMMETRIC KEY asym_key_name: 指定要创建数据库用户的非对称密钥。
- WITHOUT LOGIN: 指定不应将用户映射到现有登录名。
- WITH DEFAULT_SCHEMA = schema_name: 指定服务器为此数据库用户解析对象名称时将搜索的第一个架构。

例如,为 studentdb 数据库使用已经存在的登录名 studb 建立一个名为 studb1 的数据库用户(登录密码为原存在的登录名 studb 的密码):

```
USE studentdb
CREATE USER studb1 FOR LOGIN [studb]
GO
```

(2) 使用系统存储过程建立数据库用户。系统存储过程 sp_addlogin 创建登录用户的基本形式如下:

```
sp_addlogin 新登录名, '登录密码', 数据库名
```

例如,为 studentdb 数据库建立一个登录名为 studb2、登录密码为 "12345" 的用户:

```
USE studentdb
EXEC sp_addlogin studb1,'12345', studentdb
```

在创建了登录用户后,还要为使用该登录名的用户进行访问特定数据库的授权,即建立数据库用户。这时可参考上面 1)的内容实现,也可使用如下存储过程:

```
sp_grantdbaccess [ @loginame = ] 'login' [ , [ @name_in_db = ]
'name_in_db' [ OUTPUT ] ]
```

例如,使用登录名 "studb2" 建立 studentdb 数据库的操作用户 "studb22":

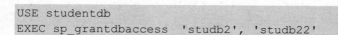

```
USE studentdb
EXEC sp_grantdbaccess  'studb2', 'studb22'
```

2)　删除当前数据库中的用户

(1)　基本格式：

```
DROP USER user_name
```

(2)　参数含义。

user_name：指定在此数据库中用于识别该用户的名称。

(3)　说明。

①　不能从数据库中删除拥有安全对象的用户。必须先删除或转移安全对象的所有权，才能删除拥有这些安全对象的数据库用户。这点需要特别引起注意。

②　不能删除 guest 用户，但可在除 master 或 temp 之外的任何数据库中执行 REVOKE CONNECT FROM GUEST 来撤销它的 CONNECT 权限，从而禁用 guest 用户。

2. 利用 Transact-SQL 语言实现用户权限的分配

在 Transact-SQL 中，可采用三个命令实现用户的权限分配。这三个命令，可用于如表、视图、函数、存储过程等多种数据库安全对象。

1)　GRANT 语句

GRANT 语句用于将安全对象的权限授予主体，这个主体可以是数据库中多种安全对象，如表、视图、函数、存储过程等。

简化格式：

```
GRANT { ALL [ PRIVILEGES ] }
    | permission [ ( column [ ,…n ] ) ] [ ,…n ]
    [ ON [ class :: ] securable ] TO principal [ ,…n ]
    [ WITH GRANT OPTION ] [ AS principal ]
```

各参数含义说明如下。

(1)　ALL：该选项并不授予全部可能的权限。授予 ALL 参数相当于授予以下权限。

①　如果安全对象为数据库，则"ALL"表示 BACKUP DATABASE、BACKUP LOG、CREATE DATABASE、CREATE DEFAULT、CREATE FUNCTION、CREATE PROCEDURE、CREATE RULE、CREATE TABLE 和 CREATE VIEW。

②　如果安全对象为标量函数，则"ALL"表示 EXECUTE 和 REFERENCES。

③　如果安全对象为表值函数，则"ALL"表示 DELETE、INSERT、REFERENCES、SELECT 和 UPDATE。

④　如果安全对象为存储过程，则"LL"表示 DELETE、EXECUTE、INSERT、SELECT 和 UPDATE。

⑤　如果安全对象为表，则"ALL"表示 DELETE、INSERT、REFERENCES、SELECT 和 UPDATE。

⑥　如果安全对象为视图，则"ALL"表示 DELETE、INSERT、REFERENCES、SELECT 和 UPDATE。

(2)　PRIVILEGES：包含此参数以符合 SQL-92 标准。

(3) permission: 权限的名称。

(4) column: 指定表中将授予其权限的列的名称。需要使用括号"()"。

(5) class: 指定将授予其权限的安全对象的类。需要范围限定符"::"。

(6) securable: 指定将授予其权限的安全对象。

(7) TO principal: 主体的名称。可为其授予安全对象权限的主体随安全对象而异。

(8) GRANT OPTION: 指示被授权者在获得指定权限的同时还可以将指定权限授予其他主体。

(9) AS principal: 指定一个主体，执行该查询的主体，从该主体获得授予该权限的权利。

2) DENY 语句

DENY 语句用于拒绝授予主体权限，防止主体通过其组或角色成员身份继承权限。

简化格式:

```
DENY { ALL [ PRIVILEGES ] }
    | permission [ ( column [ ,…n ] ) ] [ ,…n ]
    [ ON [ class :: ] securable ] TO principal [ ,…n ]
    [ CASCADE] [ AS principal ]
```

参数含义: 可以参考 GRANT 语句的同名参数。

3) REVOKE 语句

REVOKE 语句用于取消以前授予或拒绝了的权限。

简化格式:

```
REVOKE [ GRANT OPTION FOR ]
    {
      [ ALL [ PRIVILEGES ] ]
      |
            permission [ ( column [ ,…n ] ) ] [ ,…n ]
    }
    [ ON [ class :: ] securable ]
    { TO | FROM } principal [ ,…n ]
    [ CASCADE] [ AS principal ]
```

参数含义说明如下。

GRANT OPTION FOR: 指示将撤销授予指定权限的能力。在使用 CASCADE 参数时，需要具备该功能。在撤销通过指定 GRANT OPTION 为其赋予权限的主体的权限时，如果未指定 CASCADE，则将无法成功执行 REVOKE 语句。其余参数可以参考 GRANT 语句的同名参数。

3. 角色的创建和成员的增删

1) CREATE ROLE 语句创建数据库角色并添加成员

语句格式:

```
CREATE ROLE role_name [ AUTHORIZATION owner_name ]
```

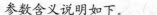

参数含义说明如下。

● role_name: 待创建角色的名称。

● AUTHORIZATION owner_name: 将拥有新角色的数据库用户或角色。如果未指定用户，则执行 CREATE ROLE 的用户将拥有该角色。

需要对数据库具有 CREATE ROLE 权限。使用 AUTHORIZATION 选项时，还需要具有下列权限。

● 若要将角色的所有权分配给另一个用户，则需要对该用户具有 IMPERSONATE 权限。

● 若要将角色的所有权分配给另一个角色，则需要具有被分配角色的成员身份或对该角色具有 ALTER 权限。

● 若要将角色的所有权分配给应用程序角色，则需要对该应用程序角色具有 ALTER 权限。

2) 使用存储过程向角色中添加成员

(1) 向数据库角色中添加成员。

语法格式:

```
sp_addrolemember [ @rolename = ] 'role', [ @membername = ]
'security_account'
```

各参数说明如下。

● [@rolename =] 'role' : 当前数据库中的数据库角色的名称。role 数据类型为 sysname，无默认值。

● [@membername =] 'security_account' : 是添加到该角色的安全账户。security_account 数据类型为 sysname，无默认值。 security_account 可以是数据库用户、数据库角色、Windows 登录或 Windows 组。

(2) 向固定服务器角色中添加成员。

语句格式:

```
sp_addsrvrolemember [ @loginame= ] 'login' , [ @rolename = ] 'role'
```

各参数说明如下。

● [@loginame =] 'login' : 添加到固定服务器角色中的登录名。login 的数据类型为 sysname，无默认值。login 可以是 SQL Server 登录或 Windows 登录。如果未向 Windows 登录授予对 SQL Server 的访问权限，则将自动授予该访问权限。

● [@rolename =] 'role' : 要添加登录的固定服务器角色的名称。role 的数据类型为 sysname，默认值为 NULL，且必须为固定服务器角色之一。

3) 使用 DROP ROLE 语句删除数据库角色

语句格式:

```
DROP ROLE role_name
```

参数含义: role_name 为要删除的数据库角色名称。

注意：拥有安全对象或成员的角色不能被删除。必须先转移或删除安全对象，从角色中移除成员，然后才可以删除角色。

4) 删除角色成员

(1) 从固定服务器角色中删除成员。

语句格式如下。

```
sp_dropsrvrolemember [ @loginame = ] 'login' , [ @rolename = ] 'role'
```

参数说明：

- [@loginame =] 'login'：将要从固定服务器角色删除的登录名称。login 的数据类型为 sysname，无默认值。login 必须存在。
- [@rolename =] 'role'：服务器角色的名称。role 的数据类型为 sysname，默认值为 NULL。role 必须为固定服务器角色之一。

(2) 从数据库角色中删除成员。

语句格式：

```
sp_droprolemember [ @rolename = ] 'role', [ @membername = ]
'security_account'
```

参数说明如下。

- [@rolename =] 'role'：将从中删除成员的角色的名称。role 的数据类型为 sysname，没有默认值。role 必须存在于当前数据库中。
- [@membername =] 'security_account'：将从角色中删除的安全账户的名称。security_account 的数据类型为 sysname，无默认值。security_account 可以是数据库用户、其他数据库角色、Windows 登录名或 Windows 组。security_account 必须存在于当前数据库中。

项 目 小 结

数据库的用户管理是数据库管理系统中与数据库应用系统安全密切相关的最基本内容，本项目从数据库系统管理员的角度，使用 SSMS 对数据库用户的安全管理方法进行了基本的训练，涉及了用户、角色的建立、删除和权限的分配等操作技能。在整个项目的有关子任务中，穿插介绍了验证模式、登录管理、用户管理、角色管理、权限管理等基本安全管理内容和使用方法。通过知识扩展环节，对应用程序中使用较多的用户权限管理方法做了简单介绍，更详细的安全管理内容，请参阅 SQL Server 2005 联机丛书。

上 机 实 训

安全管理图书管理数据库

实训背景

从图书管理数据库的使用者来分析，该数据库的基本用户又可分为三种类型：第一种是对整个数据库具有全部管理权限的图书数据库管理员，负责对整个数据库进行维护和管理，包括对用户的管理维护以及如图书信息、出版社信息等基础数据的管理维护工作。第二种是具有一般管理权限的图书管理员，对部分表可以具有修改权限，如修改图书信息等，而对其他的表，如管理员表等基础信息表则不能变更。第三种是借阅用户，主要是在数据库中查询图书的信息或者借阅记录信息。

因此，为安全、有效地使用和维护图书管理数据库，需要根据用户使用数据的特点，建立具有不同权限的数据库操作用户。因此，本实训的任务就是结合实际应用的需要，基于用户的不同身份和使用数据的特点，使用 SSMS 来创建具有不同权限的数据库用户。

实训内容和要求

(1)　使用 SQL Server 混合验证模式创建数据库登录用户 admin、mag、ruser。

(2)　创建对图书管理数据库图书表 tb_book 对象具有完全管理权限，对出版社表 tb_press、读者表 tb_reader 具有更新语句执行权限，对其他表只具有查询权限无其他权限的数据库用户 mag。

(3)　创建对图书管理数据库中全部表都具有读和查询权限，对读者表 tb_reader 具有写和更新权限，其他权限都拒绝的数据库用户 ruser。

(4)　使用数据库角色的设置方法创建对图书管理数据库中全部对象都具有所有权限的数据库用户 admin。

实训步骤

(1)　打开 SSMS，在“对象资源管理器”窗口中选择服务器的“安全性”节点，右击，在弹出的快捷菜单中选择“新建登录名”命令。

(2)　在打开的“登录名-新建”对话框中选择“SQL Server 混合验证”后输入登录名和密码，“默认数据库”选择图书管理数据库 librarydb。

(3)　重复上述操作创建 3 个登录用户。

(4)　展开数据库 librarydb 下的“安全性”节点，在“用户”上右击，并在弹出的快捷菜单中选择“新建用户”命令。新建的 3 个用户分别使用刚创建的 3 个登录用户。

(5)　在新建用户的同时，为其赋予要求的对象、语句权限。

①　也可以在创建完用户后，右击用户名称，在用户的属性中再进行权限设置。

②　还可以在创建用户后，选择相应的表对象，使用为数据库对象分配权限的方法设定用户对该对象的权限。

③　注意，对多个对象分配权限，如要求中需要对图书表 tb_book 对象、出版社表 tb_press、读者表 tb_reader 三个对象进行权限设定，需要分别对每一个对象进行一次授权操作。

(6)　创建数据库角色：在数据库 librarydb 下的“安全性”选项下，选择“数据库角色”节点并右击，在弹出的快捷菜单中选择“新建数据库角色”命令。

(7)　在“数据库角色-新建”对话框中设定角色名“dbadmin”，在该对话框中，单击“角色成员”列表框下方的“添加”按钮，将前面创建的数据库用户 admin 加入到该角色中。

(8) 打开刚创建数据库角色的属性对话框"数据库角色属性- dbadmin"，选择要管理的对象类型为"数据库"对象，要管理的数据库选择 librarydb 数据库。

(9) 在"数据库角色属性- dbadmin"对话框下方的 librarydb 的"显式权限"列表框中全部权限都选中"授予"复选框，完成角色的设定。

(10) 测试上述用户权限的设定是否起作用。逐一使用上述用户登录数据库，在数据库对象上执行相应操作进行测试。

习　　题

一、选择题

1. 用来控制用户在表和视图上是否可以执行 SELECT、INSERT、UPDATE 和 DELETE 语句的权限属于(　　)。

    A. 对象权限　　　　　　　B. 语句权限　　　　C. 预定义权限　　　　　D. 服务器权限

2. 下列关于数据库登录用户的描述不正确的是(　　)。

    A. 一个数据库服务的登录用户可以映射为多个数据库的操作用户

    B. 一个数据库服务的登录用户在一个数据库中只能对应一个数据库操作用户

    C. 一个数据库服务的登录用户在不同的数据库中可以映射为不同名称的数据库操作用户

    D. 一个数据库服务的登录用户只能用于登录一个数据库

3. 能够创建数据库登录用户的系统存储过程是(　　)。

    A. sp_grantdbaccess　　　　　　　　B. sp_addlogin

    C. sp_addsrvrolemember　　　　　　D. sp_droprolemember

二、填空题

1. 用户的数据库权限有_____、_____、_____三种类型。

2. _____是 SQL Server 2005 用于权限统一管理的一种方式，也可以理解为权限组或组合权限，可以实现对拥有该_____的成员访问数据库进行权限的统一管理。

3. 在 Transact-SQL 中，可对表、视图、函数、存储过程等多种数据库安全对象进行用户权限分配的命令是_____语句、_____语句和_____语句。

三、简答题

1. 简述数据库用户的服务器权限和数据库权限的作用与种类。

2. SQL Server 2005 提供了几种类型的数据库角色？各起什么作用？

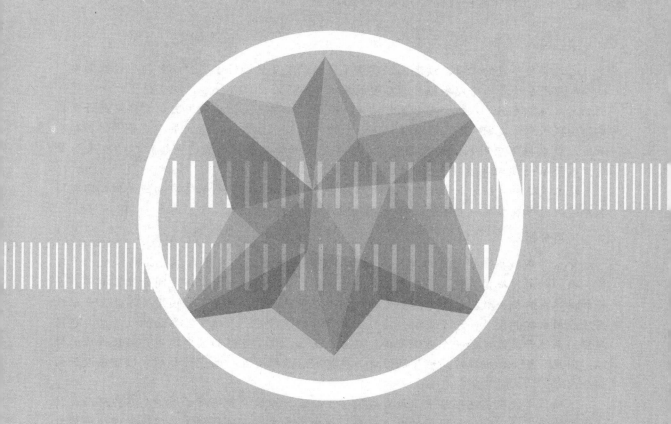

项目十二

数据库综合应用案例

项目导入

通过前面项目的学习，读者已经建立了比较完整并且进行了安全设置的后台数据库，数据库应用系统是一个以数据库为后台的数据中心，在数据库管理系统支持下的一个计算机应用系统。为满足人机交互和操作便捷、数据安全等需要，多采用更易于开发友好交互界面的技术来开发前台的人机交互程序，利用前台技术生成数据访问层、业务逻辑层和表示层，使数据库应用系统的使用者更易于操作数据库。而目前随着网络技术的发展和普及，基于 Web 的应用更便于用户的使用。

在本项目中，以学生管理数据库的 Web 应用系统的分析设计和主要功能的代码实现，来介绍数据库技术在一个完整的 Web 应用程序中的应用方法。

项目分析

学生管理数据库是基于学生管理需要开发的一个数据库应用系统，面向学生、管理员、教师等用户提供查询、修改有关信息等服务，涉及用户与数据库之间的交互操作，并将数据库中的相关数据使用合适的形式，展现在用户面前并便于用户使用。因此，一个数据库应用系统的设计，除了需要关注数据库本身的设计外，人机交互界面的设计也是数据库应用系统开发设计的一个非常重要的内容，通过人机交互界面来实现用户对数据库的操纵。因此，整个数据库应用程序的设计，包括前台人机交互界面设计和后台数据库设计两部分内容。

本项目中使用前述项目中设计完成的学生管理数据库，数据库的规划和实施环节在前述项目已经完成，所以数据库的准备在本项目中不再复述。项目创建的学生管理数据库综合应用案例采用 Web 应用程序实现，因此，需要对 Web 页面开发技术有所了解，尤其是如何在页面中有效地访问数据库，如何恰当地设计实现页面上的数据操作，如何使用合适的页面控件显示数据访问和数据绑定等知识内容。

在一个数据库应用系统中，对数据库的使用从基本功能上来讲主要还是集中在对数据或记录的查询、更新、删除、插入等操作，因此，需要对数据库管理系统中相关的数据操作语句或命令有比较深入的了解，项目对这些基本的数据操作在 ASP.NET 中的实现方法将进行简单的介绍，来展示数据库在 ASP.NET 应用程序中的使用方式。

能力目标

- 能够在有效分析的基础上，确定应用系统的基本功能和框架结构。
- 具备使用 Web 应用开发技术设计出功能完备的人机交互界面的能力。
- 能综合应用数据操作知识在开发平台中对数据进行有效操作。
- 综合运用前台开发技术和后台数据库技术处理解决实际问题、实现功能要求的能力。

知识目标

- 了解数据库应用程序的基本结构和开发流程。
- 熟悉 ASP.NET 开发环境和组件的基本概念及使用方法。
- 掌握 ASP.NET 中数据库连接和数据访问的基本方法。

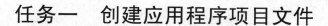

任务一　创建应用程序项目文件

【任务要求】

- 创建学生管理数据库应用程序项目，了解项目的组织结构和创建方法。
- 创建一个实现登录认证功能的简单页面，学习掌握一个页面完整的设计过程，体会登录认证的实现过程。
- 设计并实现使用静态变量进行页面间的信息传递，了解信息传递的不同方法。

【知识储备】

1. ASP.NET 开发技术简介

ASP.NET 是建立在.NET 框架的公共语言运行库上的编程框架，.NET 框架提供了丰富的开发组件，程序员可以使用这些组件快捷地生成功能强大的 Web 应用程序。

1) ASP.NET Web 应用程序结构

ASP.NET Web 的应用程序通常包含在一个目录中，一般通过子文件夹进行组织。其中用于特定类型文件夹的保留名称包括：App_Data、App_Themes、App_Code、App_LocalResources、App_GlobalResources、App_WebReferences、Bin、Class。这些文件夹是保留用名，是对相关的类型文件进行的一种分类组织。用户可根据需要自行创建新的文件夹存放相应的文件。

2) ASP.NET 的页面结构

ASP.NET 的页以.aspx 为扩展名，由代码、标记和服务器控件等组成，ASP.NET 的一个重要特点是其很多控件可以在服务器端动态编译执行后发送给客户端浏览器，当浏览器客户端请求.aspx 资源时，ASP.NET 运行库(CLR)分析目标文件并编译为一个.NET Framework 类，用于处理传入的请求。正是由于很多基于.net 的控件编译是在服务器端动态完成的，所以可以有效地提升传输效率。

3) ASP.NET 页面文件

ASP.NET 页面文件以.aspx 为扩展名，包含以.aspx.cs 和.aspx.designer.cs 为扩展名的两个所属文件。

- .aspx 文件(页面)：页面设计代码。负责显示页面的格式，存储的是页面设计代码，或者说是控件的放置位置、显示格式等的 HTML 代码。
- .aspx.cs 文件(代码隐藏页)：存储的是程序代码，一般存放与数据库连接和数据库相关的查询、更新、删除操作，以及对事件的处理代码，编译后，aspx.cs 变成bin 目录下的.dll，而.aspx 文件没什么变化，发布的时候只需要把.aspx 和.dll 带上就可以了，.cs 文件作为原代码不需要发布出去。
- .aspx.designer.cs 文件：书写页面设计代码。通常存放的是一些页面控件中的控件的配置信息，就是注册控件页面，是页面设计器自动生成的代码文件，在控件放置到页面上时自动生成，作用是对页面上的控件执行初始化工作，一般不用修改。

2. C#程序设计语言

ASP.NET 通过公共语言运行库(CLR)和.NET Framework 类库对"托管"(需要 CLR 支撑)和"非托管"(不需要 CLR 支撑)代码提供编程支持。ASP.NET 支持 20 多种高级语言,所有语言共享统一的类库集合。C#和 VB.NET 是.NET 平台内置支持的两种开发语言,运行时通过 CLR 编译成本地可执行代码后执行,属于托管代码。由于托管代码使用了自带的 CLR 和类库及其自动的编译,使托管代码可以避免许多可引起不稳定的编程错误,并能够自动地增加如类型的安全检查、内存使用管理和释放无效对象等安全机制,使开发出的程序更具有安全性,也减少了代码的开发编写工作。

C#是完全面向对象的程序设计语言,是为.NET 设计推出的编程语言,可使用.NET 提供的所有组件,具备面向对象的一切特点,其基本的语法规则与其他面向对象的语言有很多共性,这里不做详细介绍,请参考相关资料。本任务在.NET 平台下使用 C#语言来进行开发设计。

3. Visual Studio 2008 开发环境

Visual Studio 2008 是一套完整的开发工具,用于生成 ASP.NET Web 应用程序,它提供了可简化 ASP Web 应用程序和 XML Web services 开发的关键技术。

Visual Studio 2008 的集成开发环境(IDE)由菜单工具栏、标准工具栏以及停靠或自动隐藏在左侧、右侧、底部和编辑器空间中的各种工具窗口组成。可用的工具窗口、菜单和工具栏取决于所处理的项目或文件类型。其运行界面如图 12-1 所示。

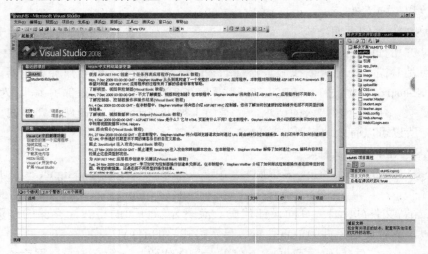

图 12-1　Visual Studio 2008 的初始界面

【任务实施】

一个数据库应用系统的开发要在需求分析的基础上首先确定系统的总体结构,然后对系统所要用到的数据进行规划,设计完成应用数据库。在此基础上,使用前台开发技术实现各功能模块的数据访问层、业务逻辑层和表示层,在对系统进行功能和性能上的测试改进后,最后进行发布部署。学生管理数据库系统的框架设计分析如下。

1. 总体设计

系统总体设计主要是通过对使用对象和应用环境等需求的分析，对系统的功能需求进行分析设计，通常以功能模块的形式，给出应用系统的总体结构框图。学生管理数据库系统的使用者主要是教师、学生，系统应该能够对学生的相关信息进行有效组织和管理，不同的用户应该是根据身份的不同对数据有不同的访问权限。为便于讲解数据库的应用，根据不同的用户分别设计不同的用户页面，在每一个页面中根据用户的权限提供相应的功能操作，用户不具备权限的功能操作不提供在其页面上。因此一个学生管理数据库可根据不同的用户类型设计三个用户页面，在页面上承载相应的功能模块。

2. 功能模块设计

学生管理数据库应用系统应具备的基本功能有以下几个方面(为说明方便，对系统功能进行了简化)。

(1) 系统管理：系统管理员用户具备的功能，可对系统所有基础数据进行维护管理，包括查询、更新、删除、插入、数据导入/导出、数据备份和恢复等。

(2) 信息查询：所有用户都具备，可查询与自己相关的个人信息、成绩信息等。

(3) 信息维护：根据用户权限对相关授权数据进行更新，提供数据的备份和恢复、数据的导入和导出等功能。

(4) 在总体设计的基础上，对每一个功能模块所要实现的功能进行具体设计，即模块所应包含的具体功能。这里给出简化后的"系统管理"功能模块的框图，如图 12-2 和图 12-3 所示。

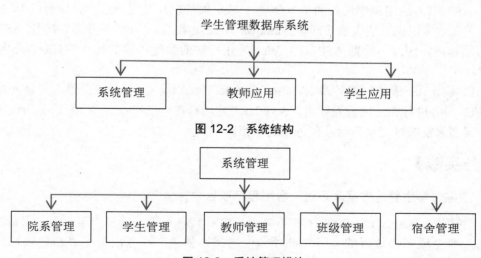

图 12-2 系统结构

图 12-3 系统管理模块

3. 开发平台选择

为使系统具有更好的适应性，结合系统用户分布和使用的特点，采用易于用户使用的 B/S 模式作为系统的基本架构。选择当前对 B/S 模式 Web 应用程序具有良好支持的 ASP.NET 作为本系统的开发技术，后台数据库使用与之完全兼容的 SQL Server 2005。

C#语言是.NET 框架下的高效编程语言，与 ASP.NET 有高度的集成性，因此，选择使用 C#作为本系统的开发语言。有关 C#语言的更多知识，请参阅相关资料，这里不做过多介绍，在下面的任务中，请注意体会其用法。

4. 数据库设计

参见使用前述任务中对学生管理数据库的各项设计，主要包括系统的 E-R 图、表及表之间的关系，具体设计过程及实现请参考前述任务。

为便于应用系统的用户身份验证的说明，在前面任务中设计的学生表 tb_student 和教师表 tb_teacher 中增加一个用于存储用户密码的 password 字段，同时在数据库中增加一个用于储存应用系统管理员用户信息的管理员表 tb_user，表中包含用户名 u_name、用户角色 u_role 和用户密码 password 三个字段。

说明：为方便起见，在后续设计中对密码在数据库中的存放没有进行加密，但在公共类的源代码中给出了使用 MD5 进行加密的类方法，可使用该类对密码进行加密处理，本书中对此不做过多涉及，有兴趣的可以参考其他资料对密码字段做加密处理。

5. 代码实现

具体的代码编辑过程见本项目的各项任务。作为数据库应用程序，在本项目的设计和实现过程中，请认真体会其中对数据库的使用方法。

6. 部署发布

系统开发完成后，需要将其部署在一定的运行环境下才能保证系统正常运行。Web 服务器是 ASP.NET 应用程序运行的基本环境，Web 项目在开发完毕后，必须通过 Web 服务器进行发布才可以供其他人来访问。Windows 系统使用 IIS Web 服务器来运行 ASP.NET Web 应用程序，因此，配置 ASP.NET Web 应用程序的运行环境主要是对 IIS Web 服务器的配置。

在安装有 IIS 服务的服务器上，对"主目录""文档""目录安全性"等按照常规网站的 Web 服务进行相应的设置即可。ASP.NET 应用程序就发布在这个 IIS 服务所设置的目录内。其部署发布过程参见后续任务中的介绍。

【任务实践】

1. 创建"学生管理数据库系统"应用程序项目文件

(1) 打开 Visual Studio 2008 的初始界面，如图 12-1 所示，选择"菜单"→"新建"→"项目"命令或在"最近的项目"选项卡中选择"创建"，弹出新建"新建项目"对话框，如图 12-4 所示。

(2) 在图 12-4"新建项目"对话框中，"项目类型"选择"Web"，"模板"选择"ASP.NET Web 应用程序"。在"名称"文本框中输入项目名称，本例中输入"SMS"作为项目名称(也可以用中文作为名称，建议使用英文作为项目名称)，在"位置"下拉列表框中选择项目文件存放的位置"D:\SMS"，"解决方案名称"默认与项目名称相同，可保持默认值不变。然后单击"确定"按钮。这样，在指定的位置就创建了一个以 SMS 为名称的项目，整个项目文件都存放在由"位置"下拉列表框所指定的文件夹中。单击"确定"按钮后，进入的设计界面如图12-5所示。

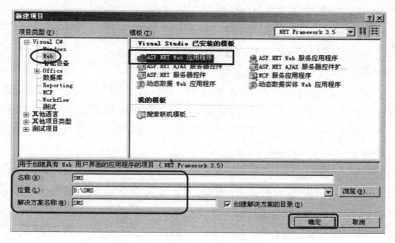

图12-4　"新建项目"对话框

在该界面中，右面的"解决方案资源管理器"和右下部的"属性"两个窗格可以通过"视图"菜单显示或隐藏，"解决方案资源管理器"下列出了该方案当前所拥有的所有文件，后续开发过程中创建新文件等主要操作都可通过右击项目名称在弹出的快捷菜单中选择"添加"等相应功能实现操作。双击"解决方案资源管理器"下的任一文件，可将其在"设计区"中打开进行编辑。通过"属性"窗格可对当前选定的文件进行属性设定。

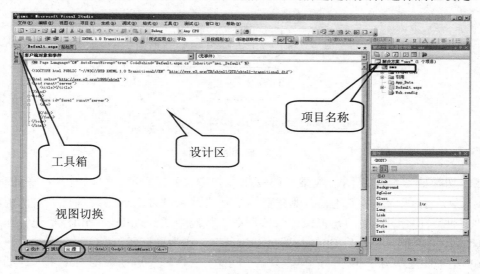

图12-5　设计模式下的开发环境

单击左下角的"设计"和"源"标签，可以在"设计视图"和"源代码编辑器"之间进行切换，使设计区显示不同的内容供编辑修改。设计区以选项卡的形式可同时打开多个文件。

该界面的左部有默认隐藏的"工具箱"，当鼠标指针移到其上时会自动展开，设计所用的基本控件都可以在这里找到，拖放或双击控件即可将控件放到设计页面上。

(3) 观察项目初始创建时"解决方案资源管理器"项目下生成的默认文件。

● Web.config 为整个应用程序的全局配置文件，对应用程序全局性的配置应放在这个文件中，如后续的数据库连接字符串就可以按照约定的标记放在这个文件中，在这个项目下的其他文件中均可以通过相应的关键字引用该字符串而不必在每个文件中都去编写一遍。

● Default.aspx 是创建项目时默认生成的一个页面文件，也默认为程序的起始页面，即程序运行时所第一个显示的页面，相当于网站的首页。在"解决方案资源管理器"下的文件名上右击可进行文件的复制、删除、排除项目、文件重命名及起始页的设置。

(4) 页面的设计与测试。单击图 12-5 中的"设计"标签，切换到 Default.aspx 的"设计视图"，默认为一空白页面。在页面的虚框内输入"欢迎使用学生管理数据库系统"，如图 12-6 所示。当鼠标指针位于虚框内时，"属性"窗格中属性的对象名显示为<DIV>标记，可以设置该<DIV>块的"style"(样式)等属性，包括字体、背景图片等。在输入文字时，"属性"对象变为<span>的属性，此时可通过这个窗格对该<span>中的文字进行相应的属性设置。

图 12-6　设计页面

(5) 切换到"源"视图，观察代码变化，如图 12-7 所示。可以看到，在源代码(见图 12-7)中，刚输入的文字之前出现有字体的一些默认设置。这些设置与"设计视图"右下部"属性"中<style>中的设置保持一致。在源代码中找到<title> </title>标记，在其中加入"测试页"三个字，即"<title>测试页</title>"，作为页标题。

(6) 在图 12-7 中，单击"工具栏"中的绿色三角形"启动调试"按钮，启动调试，Visual Studio 2008 会调用自带的测试服务器运行程序。按下本例的调试按钮后，会在浏览器上出现 Default.aspx 页面的运行效果。

(7) 项目文件的组织。根据系统的框架设计内容，统一组织"学生管理数据库系统"项目下的文件，组织结构如图 12-8 所示，可参考上述任务并结合文件名分析各文件的作用，自行设计完成项目的组织工作。

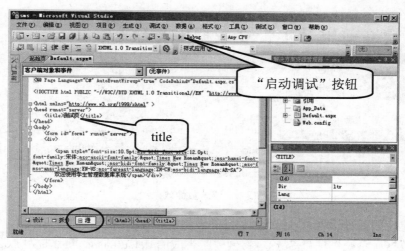

图 12-7　HTML 代码页

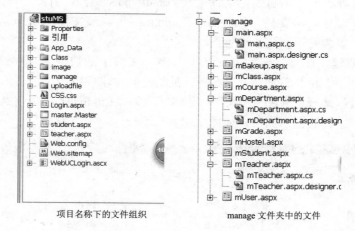

项目名称下的文件组织　　　　　　　　manage 文件夹中的文件

图 12-8　项目文件的组织

启发思考：

(1) 打开 Web.config 文件，观察默认的配置有哪些，注意观察标记的形式。

(2) 注意观察"源"代码，分析其头部代码 <%@ Page Language="C#" AutoEventWireup="true" CodeBehind="Default.aspx.cs" Inherits="sms._Default" %>的含义。

2. 设计应用程序起始页面

登录是对一个应用程序访问控制的一种基本方式，通常是一个应用程序的入口。根据不同的用户分配不同的权限并验证用户的合法性是登录界面实现的基本功能，下面就以一个登录页面的设计过程为例，介绍页面的设计过程。

根据学生管理数据库系统的用户种类，设计一个如图 12-9 所示的页面用于该系统的登录，并将其设定为系统的启动页面。当用户输入身份和用户名、密码后，单击"登录"按钮，系统进行用户的合法性验证并进入相应角色的主页面。具体的设计操作步骤如下。

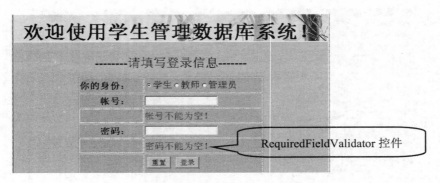

图 12-9　登录页面效果图

(1)　创建应用系统登录页面。通过重命名创建。在上面的子任务 1 中，已经创建了"学生管理数据库系统"项目 SMS。将创建时生成的 default.aspx 重命名为 Login.aspx：在"解决方案资源管理器"下，将鼠标指针指向 default.axps 文件，右击，在弹出的快捷菜单中选择"重命名"命令，将文件名修改成"Login.aspx"。该文件(default.aspx)在项目创建时默认为起始项，重命名不影响该设置。

通过新建页创建，在项目名称 SMS 上右击，在弹出的快捷菜单中选择"添加"→"新建项"命令，弹出"添加新项-SMS"对话框，如图 12-10 所示。"类别"选择"Web"，"模板"选择"Web 窗体"，名称修改为"Login.aspx"，然后单击"添加"按钮，就生成了一个新的空白页面，如图 12-11 所示。

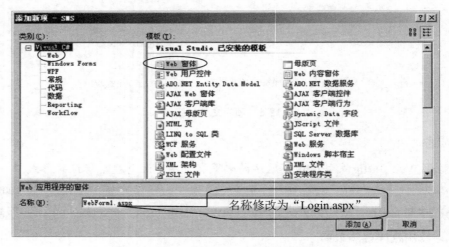

图 12-10　"添加新项-SMS"对话框

(2)　设置起始页。在图 12-11 中，将鼠标指针指向"解决方案资源管理器"下的 Login.aspx 文件图标或文件名，右击，在弹出的快捷菜单中选择"设为起始页"命令。

图 12-11　设定起始页

(3) 使用表格进行页面布局。为确定各控件之间的位置，可采用表格进行布局。切换到设计视图，在菜单栏中选择"表"→"插入表"命令，弹出如图 12-12 所示的"插入表格"对话框。按照界面设计效果需要选择相应的表格参数。

(4) 添加控件到页面的相应位置。在图 12-6 中，将鼠标指针指向左侧的工具箱，工具箱会自动展开。可以看到，服务器控件有以下几种主要的类型：标准控件(常用控件，如文本框、按钮)、数据控件(用于数据库访问)、验证控件(用于有效性验证)、导航控件(用于页面导航)、登录控件(用于自动创建登录/注册)、HTML 控件(用于实现 HTML 标记的服务器控件)等。本页面使用到的控件主要为标准控件，单击"标准"前的展开折叠标记"+"，展开标准控件列表如图 12-13 所示。

图 12-12　"插入表格"对话框

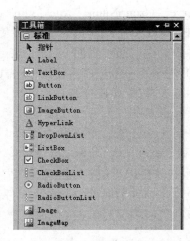

图 12-13　标准控制列表

根据页面效果图(见图 12-9)中显示的控件，选择控件并双击或拖放到页面表格上的相应位置，并按照表 12-1 设置其相应的属性值。其他非控件上显示的文本如"欢迎使用学生管理数据库系统！"和"--------请填写登录信息-------""你的身份："账号：""密码"等，直接在页面相应位置上输入文字即可。

表 12-1　登录页面所使用的控件及其主要属性

控件类型	ID	属性名称	属 性 值	说 明
RadioButton	RadBut_stu	GroupName	role_login	定义一个组，组中按钮只可单选
		Checked	True	初始为选中状态
		Text	学生	控件上所显示的文字
	RadBut_tea	GroupName	role_login	加入组
		Text	教师	控件上所显示的文字
	RadBut_admin	GroupName	role_login	加入组
		Text	管理员	控件上所显示的文字
TextBox	TxtBox_name			
	TxtBox_pw	TextMode	Password	文本以密码模式显示
Button	But_cacel	Text	重置	
	But_login	Text	登录	
RequiredFieldValidator	RequiredFieldValidator1	ControlToValidate	TxtBox_name	指定要验证的控件 ID
		Text	账号不能为空!	验证无效时显示的文本
	RequiredFieldValidator2	ControlToValidate	TxtBox_pw	指定要验证的控件 ID
		Text	密码不能为空!	验证无效时显示的文本

控件的属性可以在设计视图下通过"属性"面板或在 HTML 源码视图中在控件的标记中进行设定，源码中使用"属性名=属性值"的形式，如<asp:RadioButton ID="RadBut_stu" runat="server" GroupName="role_login"　Text="学生" Checked="True" />，这标记了一个 ID 为"RadBut_stu"的 RadioButton 控件及其相关属性。

控件的大小可通过属性 width、height 进行设置，也可以通过拖放控件边缘调整，还可以按 Ctrl 键选择多个控件后使用"格式"菜单中的"对齐""使大小相同"等功能进行设置。其中各控件的 id 属性是控件的标识，应具有唯一性，在事件处理代码中，主要通过该 id 属性来操纵该控件。

(5) 登录按钮事件处理代码编写。当单击"登录"按钮(But_login)时，引发该按钮的 Click 事件。在设计视图下双击"登录"按钮(But_login)即可在 Login.aspx.cs 文件(代码隐藏页)中生成一个以"But_login(控件名)_Click"为名的 Click 事件(控件的单击事件)处理代码段，也可在控件的属性中选择"事件"类型中的 Click 属性进行该控件 Click 事件代码编写。在该代码段中编写单击"登录"按钮时的动作处理代码。如下所示：

```
protected void But_login_Click(object sender, EventArgs e)
{
        //书写事件处理代码
}
```

　　登录页面应实现的功能是：当单击"登录"按钮时，根据不同的角色选择，即 RadioButton 的选中情况，验证用户的身份，验证通过后进入相应的用户页面。利用 RequiredFieldValidator 控件，将单击"登录"按钮这一动作提交到服务器前对用户名和密码框进行非空验证。

```csharp
//Login.aspx.cs 文件(代码隐藏页)C#代码如下：
using System;
namespace sms
{
 public partial class Login : System.Web.UI.Page
 {
   protected void Page_Load(object sender, EventArgs e) //页面初始化事件
   {
   }

    protected void Button1_Click(object sender, EventArgs e)
    //控件 Button1 的 Click 事件
    {
      string name, password;  //声明变量。变量必须先声明后使用
      //下面 2 行代码为变量赋值。取 TxtBox_name、TxtBox_pw 控件中的文本转换成字符
         后的内容作为 name、passwode 变量的值
      name = TxtBox_name.Text.ToString();
      passwode = TxtBox_pw.Text.ToString();
      if (RadBut_admin.Checked == true)          //"管理员"单选按钮被选中时
         {
     if (name == "admin" & password == "123") //预设的用户名和密码
     {
      Session["role"] = "管理员";            //使用 Session 在页面间传递信息
      Response.Redirect("manage.aspx");      //页面重定向
     }
     else
     //页面输出
     Response.Write("<script>alert(\"登录失败！请检查身份、用户名和密码！
         \")</script>");
    }
   else if (RadBut_tea.Checked == true)            //"教师"单选按钮被选中时
   {
     if(name == "teacher" & password == "123")
     {
      Session["role"] = "教师";//使用 Session 在页面间传递信息
      Response.Redirect("teacher.aspx");
     }
     else
     Response.Write("<script>alert(\"登录失败！请检查身份、用户名和密码！
         \")</script>");
   }
   else if(RadBut_stu.Checked == true)          //"学生"单选按钮被选中时
   {
     if(name == "student" & password == "123")
     {
```

```
        Session["role"] = "学生";   //使用 Session 在页面间传递信息
        Response.Redirect("student.aspx");
    }
    else                           //用户、密码与预设不符时，显示提示信息
    Response.Write("<script>alert(\"登录失败！请检查身份、用户名和密码！
\")</script>");
    }
  }
 }
}
```

代码分析如下。

- //：注释标记，以此开头的行为注释。
- name = = "admin" & password = = "123"：预设用户名和密码。这里是为讲解方便，在代码中直接设定了用户名和密码。在实际应用中，用户名和密码都是存放在数据库中，要通过连接数据库进行用户名和密码的查询验证。在后续的实际开发中将采用连接数据库查询验证的方式，这将在下一个任务中实现。
- Session["role"] = "XXX"：其作用是在会话中存储一个以 role 为名的状态信息，其值为 XXX，用于将一个页面中的信息传递到另一个页面。这种页面之间的信息传递方式称为会话状态(Session)管理。

(6) 目标页面的设计。目标页面是根据用户的不同身份实现不同具体功能的页面，这里为测试方便先简单地设计一个目标页面以供测试使用，在后续任务中请将其替换为实现需要功能的页面。

根据角色的不同，在通过用户名和密码验证后将重定向到不同的三个页面：manage.aspx、teacher.aspx 和 student.aspx。三个页面中使用一个 Label 控件接收并显示源页面传递过来的信息。下面给出 manage.aspx 的 HTML 和 C#代码，teacher.aspx、student.aspx 的页面 HTML 源码和 C#代码与此类似，请参考注释自行分析设计。

```
//测试-管理页面 manage.aspx 的 HTML 源码：
<%@ Page Language="C#" AutoEventWireup="true"
CodeBehind="manage.aspx.cs" Inherits="sms.manage" %>
<!DOCTYPE html PUBLIC "-//W3C//DTD XHTML 1.0 Transitional//EN"
"http://www.w3.org/TR/xhtml1/DTD/xhtml1-transitional.dtd">
<html xmlns="http://www.w3.org/1999/xhtml" >
<head runat="server">
    <title>测试--管理页</title>
</head>
<body>
    <form id="form1" runat="server">
<div>
    manage.aspx<br />
        用户的身份是: <asp:Label ID="Label1" runat="server"
Text="Label"></asp:Label>
    </div>
    </form>
</body>
```

```
</html>
```

注意： 在 HTML 源码中可以看到，控件都是以<asp:控件名 属性=值…></asp:控件名>的形式出现的。

```
//C#代码(manage.aspx.cs):
using System;  //引入必需的命名空间
namespace sms
{
    public partial class manage : System.Web.UI.Page
    {
        protected void Page_Load(object sender, EventArgs e)  // 页面初始化事件
        {
            //接收源页面 Login.aspx 传递过来的 Session 状态"role"的信息作为控件所要显
                示的文本内容
            Label1.Text = Session["role"].ToString();
        }
    }
}
```

3. 使用静态变量在页面间传递信息

使用静态变量前，首先在命名空间中定义一个公共类，本例中将类命名为 StaVar，类中使用 public static 作为修饰符定义变量，表示变量是公共的静态变量，在命名空间下直接定义该类意味着类中的变量在应用程序范围内均可被使用。

(1) 在"解决方案资源管理器"中建立一个用于存放公共类的文件夹 Class，在文件夹名上右击，在弹出的快捷菜单中选择"添加"→"新建项"命令，在弹出的"添加新项"对话框中选择"类"，或直接选择"添加"→"类"命令，在弹出的如图 12-14 所示的"添加新项-stuMS"对话框中输入类名"StaVar.cs"。

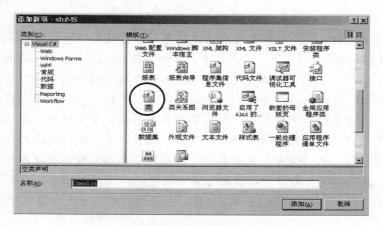

图 12-14　添加类

(2) 在代码编辑窗口输入定义全局变量的代码。下面的代码包含程序中使用到的其他变量。

```
//StaVar.cs 文件：
```

```
using System;
using System.Collections.Generic;
using System.Linq;
using System.Web;
namespace stuMS
{
    public class StaVar   // StaVar 为类名
    {
        public static string conn_name;      //连接字符串
        public static string user_name;      //用户名
        public static string tb_name;        //表名
        public static string db_role;        //用户在数据库中的角色
        public static string s_id;           //学号
        public static string c_id;           //班级号
        public static string h_id;           //宿舍号
        public static string d_id;           //院系编号
        public static string t_id;           //教师号
        public static string t_pro;          //教师密码
    }
}
```

启发思考:

(1) 服务器控件可以通过声明方式(标记)或编程方式(代码)设置属性,通过控件事件的编程处理,来响应用户的操作。试分析了解标记为 "runat="server"" 的控件运行时的特点。

(2) 每一个控件都有一个 id 属性,试分析其作用。在使用代码编程时,通过控件的什么属性来操作或调用该控件。

知识扩展:

页面间信息传递的方式:在页面之间传递信息还经常使用"查询字符串"、cookie 和"应用程序状态(Application)"等方式。其中,查询字符串、cookie 可保存的信息类型仅限于字符串,且信息保存于客户端浏览器缓存中。示例中使用的会话状态则可保存如对象等更复杂的信息,但信息保存在服务器上。另外可使用应用程序状态用于保存被所有客户访问的全局性对象,如页面访问计数器,但其运行效率不高,较少使用。替代应用程序状态来保存全局性变量的一种方式是使用静态应用程序变量,其有效作用范围也在应用程序范围内,包括不同的页面之间使用。在本系统中,采用静态应用程序变量的形式来实现页面间信息的传递,在后续的任务中请认真体会。

使用"查询字符串"进行页面间信息传递,上面代码中的重定向语句可修改为:

```
Response.Redirect("manage.aspx?r="+role.ToString());
```

其中 "manage.aspx" 为目标页面的文件名, "?" 后是向目标页传递的参数 r, "+"号后的 "role.ToString()" 是将本页面中的 role 变量的值转换为字符串后赋给参数 r。这是 ASP.NET 页面之间信息传递最简单的一种方式,传递多个参数时使用&将参数隔开。在目标页面,使用 Request.QueryString["r"]的形式来接收传递的值。

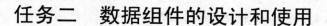

任务二　数据组件的设计和使用

【任务要求】

- 使用公共类的概念设计"学生管理数据库系统"的数据组件。
- 使用数据库中的用户数据完整的学生管理数据库系统登录认证。

【知识储备】

1. ADO.NET 基础

1) ADO.NET 的基本概念

(1) 命名空间。ADO.NET 是 .NET Framework 用于访问数据库的组件，是 .NET Framework 中用以操作数据库的类库总称，位于 .NET Framework 的 System.Data 空间中，使用前应使用 using 指令将其引入到代码文件中。

(2) 数据提供程序。数据提供程序实际上是执行 SQL 命令并获取值的 ADO.NET 类，.NET Framework 针对不同的数据库，提供了 4 种数据提供程序。

- SQL Server.NET Framework。
- OLE DB.NET Framework。
- ODBC.NET Framework。
- Oracle.NET Framework。

其中 SQL Server.NET Framework 用于访问 SQL Server 数据库，位于 System.Data.SqlClient 命名空间中。

2) ADO.NET 对象模型

(1) DataSet 数据集。数据集组件，支持断开式，即非连接的数据集，可以看成是内存中的数据源，且数据保存在客户端本地内存中。

- DataSet 对象：包括相关的表、约束和表间的关系。DataSet 是 ADO.NET 最重要的对象，本身不具备与数据源沟通的能力，是架构在 DataAdapter 对象之上的对象，使用 DataAdapter 对象与数据源进行沟通，也可以理解为 DataSet 是所操作数据在本地的一个暂存。

(2) 数据提供程序(.NET Data Provider)。数据操作组件，负责建立与数据源的连接和在数据源上执行 SQL 命令，返回操作结果，提交数据集到数据源等。主要有以下几类。

- Connection 对象：建立程序和数据库之间的连接。
- Command 对象：执行 SQL 命令和存储过程。
- DataAdapter 对象：提供数据源和 DataSet 连接的桥梁，将 Command 对象执行的结果放入 DataSet 数据集中。
- DataReader 对象：提供一次前向性、顺序的读取数据源中的数据，且数据是只读的，即每次在数据源中只读取一条记录，且不可进行其他操作，是面向连接的对象。

注意：DataReader 是抽象类，因此不能直接实例化，而是要通过执行 Command 对象的 ExecuteReader()方法返回 DataReader 的实例。

DataReader 对象使用 Read()方法读取下一条记录，如果读到记录则该方法返回 true，且读到的记录保存在 DataReader 对象中供使用。如果需要遍历记录，一般在程序中使用循环来实现，即在循环中调用 Read()方法。

2. 使用 Connection 对象连接 SQL Server 2005 数据库

使用 ADO.NET 连接 SQL Server 2005 数据库时，一般采取以下几个步骤。

(1) 首先要在页面的.cs 文件中引入命名空间 System.Data.SqlClient，即：

```
using System.Data;
using System.Data. SqlClient;
```

(2) 创建 Connection 对象。连接 SQL Server 数据库时使用 SqlConnection 创建 Connection 对象。其基本格式为：

```
SqlConnection 连接名(即对象名)= new SqlConnection(ConnectionString);
```

或

```
SqlConnection 连接名(即对象名)= new SqlConnection();
连接名. ConnectionString = "连接字符串";
```

(3) 设置 Connection 对象的基本属性。即把连接字符串赋值给 Connection 对象的 ConnectionString 属性。要存取数据源内的数据，首先要使用 Connection 对象建立程序和数据源之间的连接，Connection 对象的主要属性如下，可以单独设置，也可以在 ConnectionString 中一并进行设置。

- ConnectionString：连接字符串，可在其中指明要开启的数据库种类、数据库服务器名称、数据库名称、登录名和密码等。在使用 Connection 对象前要设定 ConnectionString 的属性，各属性之间用英文的"；"分隔。
- Provider：数据库种类，如 SQL Server、Oracle。
- Integrated Security：指定连接是否为一个安全连接，为 true 时，采用 Windows 身份验证，默认为 false，采用 SQL 身份验证。
- User ID：登录名。
- Password：登录密码。
- Server/Data Source：数据源的地址和数据库服务器的名称。
- Database /Initial Catalog：数据库名称。

例如，使用 Windows 验证方式连接本地的 Northwind 数据库：

```
SqlConnection conn= new SqlConnection("server=(local); Integrated
Security = true; database = Northwind");
```

或者：

```
SqlConnection conn= new SqlConnection();
conn. ConnectionString ="server=(local); Integrated Security = true;
database = Northwind"
```

(4)　使用 connection 对象的 Open()方法打开连接。例如：

```
conn.Open();
```

(5)　操作数据库，操作完毕调用 Connection 对象的 Close()方法关闭连接。例如：

```
conn.Close();
```

3. 数据操作(Command 类的使用)

在数据库连接建立起来后，可以使用 Command 类的对象来执行数据库的查询、修改等各种数据操作，这种操作可以是所有类型的 SQL 语句，也可以是数据库的存储过程。SQL 语句通过 CommandText 属性设置，即命令的文本内容。

使用 Command 类的对象执行数据库操作的一般步骤如下。

(1)　创建 Connection 对象。

(2)　创建 Command 对象并设置其要执行的 SQL 命令和所使用的连接。

有以下三种形式的 SqlCommand 类构造函数来创建 SqlCommand 对象。

- Public SqlCommand()：创建数据命令的默认实例。
- Public SqlCommand(sqlString)：创建数据命令对象，并设置其 CommandText 属性为参数 SqlString 指定的字符串，即指定命令文本。
- Public SqlCommand(sqlString,connection)：创建数据命令对象，并设置命令文本 CommandText 属性为参数 SqlString 指定的字符串，设置 Connection 属性为参数 connection 指定的连接对象，即指定要使用的连接。

(3)　调用 Connection 对象的 Open()方法打开连接。

(4)　调用 Command 对象的相应方法执行 SQL 命令。常用 Command 对象的方法有以下三种。

- ExecuteNonQuery：执行 SQL 语句，返回受影响的行数。
- ExecuteReader：执行 SELECT 语句，返回 DataReader 对象，包含了执行语句后的数据。
- ExecuteScalar：执行 SELECT 语句，返回查询结果的第 1 行第 1 列的值。

(5)　调用 Connection 对象的 Close()方法关闭连接。

例如，对 Northwind 数据库执行 UPDATE 操作的 C#代码如下：

```
SqlConnection conn= new SqlConnection();
conn. ConnectionString ="server=(local); Integrated Security = true;
database = Northwind"
string sqlString = "update Customers set CompanyName='KFC' where
CustomerID='alfki'";
SqlCommand com=new SqlCommand(sqlString, conn); //定义 SqlCommand 对象
conn.Open();
int i=com.ExecuteNonQuery();//执行 SqlString 所表示的 SQL 命令，返回受影响的行数
if(i= =1)
{
    Response.Write("记录被成功修改"); //页面输出
}
```

4. DataSet 和 DataAdapter

DataSet 对象是 ADO.NET 中最重要的一个对象，其最显著的特性是离线操作，即从数据库取出数据存到 DataSet 中后，程序可以断开数据库的连接，用户通过操作内存中的 DataSet 内的数据进行数据的各种处理后，再重新连接数据库使用相应的命令实现数据库的更新。DataSet 对象由一个或多个 DataTable 及其关系组成，DataTable 相当于数据库中的表，DataSet 中的数据存放在 DataTable 中。

1) DataTable 对象

DataTable 对象由 DataRows(行对象 DataRow 的集合)和 DataColumns(列对象 DataColumn 的集合)组成，DataTable 对象也可单独创建和使用，DataTable 对象的常用属性有：TableName、Rows、Columns、PrimaryKey 等。

DataTable 对象常用的方法有：NewRows、Clear、AcceptChanges 等。

2) DataColumn 对象

DataColumn 对象就是字段对象，也就是记录，是组成 DataTable 的基本单位。常用属性有：Caption、ColumnName 等。

3) DataAdapter 对象

每一个提供程序都有一个 DataAdapter 对象，它是 DataSet 和数据源之间的桥梁，含有查询和更新数据库的全部命令。DataAdapter 提供以下 3 个主要的方法。

① Fill()。执行 SelectCommand 中的查询后，向 DataSet 中添加一个或多个 DataTable。

② FillSchema()。执行 SelectCommand 中的查询，但只获取架构信息，向 DataSet 中添加一个 DataTable。该 DataTable 中只包含有如列名、主键、数据类型、约束等架构信息，没有数据。

③ Update()。检查 DataTable 中的变化，并执行相应的 InsertCommand、UpdateCommand、DeleteCommand 等操作为数据源更新数据。

4) 使用 Fill()方法填充 DataSet

使用 DataAdapter 填充 DataSet 的一般步骤如下。

① 创建 Connection 对象。

② 创建 DataAdapter 对象，设置要执行的 SELECT 命令和所使用的连接。

```
SqlDataAdapter da = new SqlDataAdapter(sqlString,conn);
//da 为对象名，sqlString 为 SQL 查询语句，conn 为连接名
```

③ 创建 DataSet 对象。

```
DataSet ds = new DataSet();  //ds 为对象名
```

④ 使用 Connection 对象的 Open()方法打开连接。如果没有显示打开数据库连接，在调用 Fill()方法时会隐式调用 Open()方法打开连接，填充完毕会自动关闭连接。但在调用 Fill()方法前显式地打开了连接，则填充后不会自动调用 Close()方法关闭连接，需要显式调用 Close()方法关闭连接。

⑤ 调用 DataAdapter 对象的 Fill()方法填充 DataSet 对象。int n = da.Fill(ds,"Customers");

//ds 为前面定义的 DataSet 对象，Customers 为填充后 DataSet 中的表名称，其数据为 DataAdapter 对象中 sqlString 所表示的 SQL 语句执行的结果。

⑥ 操作完毕调用 Connection 对象的 Close()方法关闭连接。

【任务实施】

在程序运行过程中，通常在需要数据时才建立数据库连接，完成相关的数据操作后及时关闭数据库，断开数据库连接，以便更好地保证应用系统的性能和其他数据库用户对数据库的访问，并确保数据的安全。因此，数据库的连接和关闭、数据操作等数据访问代码在一个应用程序中是被频繁使用到的一段代码，在 ASP.NET 应用程序中通常将对数据库的这些操作方法封装在一个公共类中，以便在需要时调用，从而减少代码的重复编写，即实现代码复用。学生管理数据库应用系统的数据访问组件设计如下。

1. 建立公共类文件夹

在"解决方案资源管理器"的项目名称 stuMS 上右击，在弹出的快捷菜单中，选择"添加"→"新文件夹"命令，创建一个名为"Class"的新文件夹，用于存放公共类文件。

2. 创建数据访问公共类

在 Class 文件夹上右击，选择"添加"→"类"命令，弹出"添加新项"对话框，如图 12-14 所示。在"模板"列表框中选择"类"选项，"名称"文本框中输入类名"DBHelper.cs"，单击"添加"按钮。返回到代码设计页面。

3. 编写数据操作方法

在代码设计页面中编写需要的数据操作方法，在 cs 文件的代码注释中给出了详细的分析，请注意阅读理解。DBHelper.cs 的 C#代码如下：

```
//引入命名空间，以便使用.NET 提供的组件服务
using System;
using System.Data;    //使用 Data 数据集组件
using System.Data.SqlClient;  //使用 sql 数据提供程序组件
namespace stuMS   // stuMS 为本项目的命名空间
{
  //定义 DBHelper 类
  public class DBHelper  //DBHelper: 类名, public: 类类型为公有类, 在命名空间范围均有效
  {
    //定义获取数据集 DataSet 的方法, GetDataSet 为方法名。方法名前的 DataSet 表示该
        方法返回的数据类型为 DataSet。参数 sql: Select 查询字符串,conn_name: 数据库连
        接字符串, 对不同的用户使用不同的登录名进行连接
    public static DataSet GetDataSet(string sql, string conn_name)
    {
      SqlConnection conn = new SqlConnection(GetConnStr(conn_name));
      //定义 SqlConnection 对象 conn 并赋值, 即用于数据库连接的对象。GetConnStr 是
          后面定义的获取连接字符串的方法, conn_name 为连接名, 在 web.config 中定义
      SqlDataAdapter da = new SqlDataAdapter(sql,conn);
      //定义读取器 SqlDataAdapter 对象, 用于在 conn 连接上执行 sql 字符串规定的动作
```

```
      DataSet ds= new DataSet();  //声明数据集 DataSet 对象
     da.Fill(ds);  //使用 da 进行数据读取并调用 Fill()方法填充 ds 数据集
        return ds ; //返回数据集
}
//根据 Select 查询字符串 sql，返回 SqlDataReade 的方法
public static SqlDataReader GetReader(String sql, string conn_name)
{
  SqlDataReader dr=null;  //声明 SqlDataReader 数据集对象
  SqlConnection conn = new SqlConnection(GetConnStr(conn_name));
   //声明并获取连接字符串
  SqlCommand cmd = new SqlCommand(sql, conn);  //声明 SqlCommand 对象，并
      通过 sql 给出命令字符串，用 conn 给出执行 sql 命令时所用的数据库连接
  conn.Open();  //在 conn 连接上打开数据库
  try
  {
    dr = cmd.ExecuteReader(CommandBehavior.CloseConnection);
    //调用 sql 命令对象的 ExecuteReader 方法执行 sql 命令，将执行结果放入
      SqlDataReader 数据集 dr
  }
  catch
  {
    conn.Close();
  }
  return dr;
}
//根据 Select 查询 sql，返回一个整数
public static int ExecScalar(String sql, string conn_name)
{
  int ret;
  SqlConnection conn = new SqlConnection(GetConnStr(conn_name));
  SqlCommand cmd = new SqlCommand(sql, conn);
  conn.Open();
  try
  {
    ret = (int)cmd.ExecuteScalar();
    //调用 sql 命令对象的 ExecuteScalar 方法，按 cmd 对象的规定执行 sql 命令并将
      结果放入 ret 中
  }
  finally
  {
    conn.Close();
  }
  return ret;
}
//运行 updae、Insert、Delete 等 SQL 语句
public static int ExecSql(string sql, string conn_name)
{
  int ret;
  SqlConnection conn = new SqlConnection(GetConnStr(conn_name));
  SqlCommand cmd = new SqlCommand(sql, conn);
```

```
    conn.Open();
    try
    {
      ret = cmd.ExecuteNonQuery();
    }
    finally
    {
      conn.Close();
    }
    return ret;
  }
  //从web.config中读入数据库连接信息
  public static String GetConnStr(string conn_name)
  {
    return System.Configuration.ConfigurationSettings.AppSettings[conn_name];
  }
 }
}
```

4. 在 web.config 全局配置文件中设置数据库连接字符串 conn_name

在 web.config 文件的<appSettings>节中指定数据操作的相关参数。其中，"key"指定名称，供调用时使用。"value"是调用该名称时的值。下面设置的是用于数据库连接的字符串，包括服务器地址、数据库名称、连接使用的数据库用户名、用户密码等。

```
<appSettings>
<add key="DB_admin" value="Data Source=(local);Initial
Catalog=studentdb;user id=admin;password=admin" />
<add key="DB_tea" value="Data Source=(local);Initial
Catalog=studentdb;user id=tea;password=teacher" />
<add key="DB_stu" value="Data Source=(local);Initial
Catalog=studentdb;user id=stu;password=student" />
</appSettings>
```

这里通过使用不同的数据库登录名进行数据库连接，实现不同的用户登录连接数据库后具有不同的数据库操作权限，以此来进一步保证数据库的安全。

启发思考：

(1) GetConnStr(string conn_name)是从全局配置文件 web.config 中读取 AppSettings 节设置的名为 conn_name 的字符串，这需要在数据库中先创建 3 个具有不同操作权限的登录账号：设置登录名为 admin 的用户作为系统管理员登录使用，赋予其数据库管理和操作的所有权限。建立名为登录名 tea 的数据库用户，赋予其对所有表对象的查询权限和宿舍信息表、成绩信息表等有关表的写入、修改、添加等权限。建立登录名为 student 的数据库用户，赋予其学生信息表、成绩信息表等相关表的查询权限。这些设置工作应该在数据库中进行，请参考前述相关项目。

(2) try 语句主要用于捕获程序执行过程中的错误。在 try｛…｝代码块内的语句在执行过程中如果出现错误，则执行 catch｛…｝代码块中的内容，一般在这里给出提示信息。请分析上述代码的功能，思考如何设计其 catch｛…｝代码块。

【任务实践】

使用数据访问组件完成登录认证的代码实现。

在公共的数据访问组件设计完成后，登录认证时就可以调用这些组件来访问数据库中的用户名和密码进行登录认证。数据库的访问和数据操作通常在页面的 cs 文件中完成，主要通过对页面上发生的鼠标和键盘行为等事件进行编程处理，即在 cs 文件中编写事件处理程序。

(1) 编写使用静态变量和数据访问组件的登录页面代码(Login.aspx.cs)：

```
//学生管理数据库应用系统的登录页面代码(Login.aspx.cs):
//引入要使用的系统组件
using System;
…
using System.Data;
using System.Data.SqlClient;
using System.Web.Configuration;
namespace stuMS
{
    public partial class Login : System.Web.UI.Page
    {
      protected void But_cacel_Click(object sender, EventArgs e)
      //重置按钮触发的事件
      {
        TxtBox_name.Text = "";
        TxtBox_pw.Text = "";
      }
      protected void But_login_Click(object sender, EventArgs e)
      //登录按钮触发的事件
      {
        string sql,tb_name,name;
        if (RadBut_admin.Checked == true)  //选中"管理员"单选按钮时
        {
          tb_name = "tb_user";
          name = "u_name";
          StaVar.conn_name = "DB_admin";
        else if (RadBut_tea.Checked == true) //选中"教师"单选按钮时
        {
          tb_name = "tb_teacher";
          name = "t_name";
          StaVar.conn_name = "DB_tea";
        }
        else  //选中"学生"单选按钮时
        {
          tb_name="tb_student";
          name = "s_name";
          StaVar.conn_name = "DB_stu";
        }
```

```
        //下面的查询字符串实现页面上输入的用户名、密码与数据库中存放的内容进行比较
        sql = "select count(*) from " + tb_name + " where " + name + " = '" +
            TxtBox_name.Text.ToString() + "' and password='" +
                TxtBox_pw.Text.ToString() + "'";
        //下面的语句是调用数据访问组件 ExecScalar 方法执行 sql 操作并将结果赋值给 ret
            整型变量,查询到符合条件的记录,则 ret 不为 0
        int ret = DBHelper.ExecScalar(sql,StaVar.conn_name);
        //下面一段是根据 ret 进行的相关信息保存和认证通过后页面的重定向
        if (ret <= 0)
        {
          Response.Write("<script>alert(\"登录失败!请检查身份、用户名和密码!
            \")</script>");
        }
        else
        {
          StaVar.user_name = TxtBox_name.Text.ToString();
          if (RadBut_admin.Checked == true)  //选中"管理员"单选按钮时
          {
            StaVar.tb_name = "tb_user";    //保存登录用户信息
            StaVar.db_role = "管理员";
            Response.Redirect("~/manage/main.aspx");    //页面重定向
        }
        if (RadBut_tea.Checked == true)  //选中"教师"单选按钮时
        {
          StaVar.tb_name = "tb_teacher";
          StaVar.db_role = "教师";
          //根据用户身份在不同的表中查询对应用户的相关信息并保存到静态变量中
          sql="select * from tb_teacher where t_name = '" +
              StaVar.user_name + "'";
          DataSet ds=DBHelper.GetDataSet(sql, StaVar.conn_name);
          //从数据库中读取数据
          StaVar.d_id = ds.Tables[0].Rows[0]["d_id"].ToString().Trim();
          StaVar.t_id = ds.Tables[0].Rows[0]["t_id"].ToString().Trim();
          StaVar.t_pro=ds.Tables[0].Rows[0]["t_professional"].ToString().Trim();
          Response.Redirect("teacher.aspx"); // 重定向
        }
        if (RadBut_stu.Checked == true)      //选中"学生"单选按钮时
        {
          StaVar.tb_name = "tb_student";
          StaVar.db_role = "学生";
          //根据用户身份在不同的表中查询对应用户的相关信息并保存到静态变量中
          sql = "select * from tb_student where s_name = '" +
              StaVar.user_name + "'";
          DataSet ds = DBHelper.GetDataSet(sql, StaVar.conn_name);
          StaVar.s_id = ds.Tables[0].Rows[0]["s_id"].ToString().Trim();
          StaVar.c_id = ds.Tables[0].Rows[0]["c_id"].ToString().Trim();
          StaVar.h_id = ds.Tables[0].Rows[0]["h_id"].ToString().Trim();
          Response.Redirect("student.aspx");
```

```
        }
       }
      }
     }
    }
```

（2）代码分析。

① 上述登录代码是通过判断单选按钮的选中情况，将不同角色的数据库登录名和用户验证时所使用表名及在多个页面中被用到的用户相关信息赋予相应的静态变量，以便于这些信息向后续目标页面中进行信息传递并在用户退出登录前保持可用。

② 语句"sql = "select count(*) from " + tb_name + " where " + name + " = '" + TxtBox_name.Text.ToString() + "' and password='" + TxtBox_pw.Text.ToString() + "'";"是一SQL 查询字符串，从角色选择所确定的表中查找是否存在输入的用户名和密码，其中表名和用户名、密码取自于静态变量 tb_name 和页面上控件 TxtBox_name、TxtBox_pw 的属性 Text 的值。

③ 语句"int ret = DBHelper.ExecScalar(sql,StaVar.conn_name);"是数据访问组件，其作用是在连接 conn_name 上进行查询并用整型变量 ret 得到查询结果，若查询到记录存在则该语句返回一个整数值，否则 ret 取值为 0，通过判断 ret 的值来确定用户名和密码是否正确。

④ 语句"DataSet ds = DBHelper.GetDataSet(sql, StaVar.conn_name);"等是根据查询字符串"sql = "select * from tb_student where s_name = '" + StaVar.user_name + "'";"在指定的表如"tb_student"中查询得到由静态变量 StaVar.user_name 所指定的所有字段信息，在后续语句中将相关的信息赋予其静态变量保存下来以便后续目标页面中使用。

任务三 用户页面设计

【任务要求】

- 设计一个包含各页面共有内容的母版页面。
- 根据不同的用户权限设计使用母版页的各用户页面。
- 在 HTML 源码中对控件进行简单的数据绑定。

【知识储备】

1. 母版页

ASP.NET 提供了母版页技术，以使一个应用程序中的不同页面具有相同的风格。母版页中所定义的元素和行为可以为应用程序中的其他页面所共享，其他页面不必再重复设计相同的页面元素和行为代码，不但简化了页面的设计，同时也使程序具备了更好的可维护性。

母版页也是一个页面，具有与普通页面相同的功能，但使用.master 作为扩展名，并使用特殊的页面指令@master 替换普通页面中的@Page 指令。

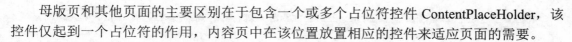

母版页和其他页面的主要区别在于包含一个或多个占位符控件 ContentPlaceHolder，该控件仅起到一个占位符的作用，内容页中在该位置放置相应的控件来适应页面的需要。

2. 内容页

通过创建内容页来定义母版页中占位符控件 ContentPlaceHolder 的内容。在内容页中通过包含指向要使用的母版页的 MasterPageFile 属性，在内容页的@Page 指令中建立绑定。例如下述@Page 指令将母版页 Master1.master 绑定到当前页面：

```
<%@Page Language="C#" MasterPageFile="~/Master1.master" %>
```

在内容页中声明 Content 控件与母版页中的 ContentPlaceHolder 控件相对应，用于重写母版页中占位符所占据的区域。Content 控件使用 ContentPlaceHolderID 属性与母版页中的 ContentPlaceHolder 控件相关联。内容页的标记和控件都包含在 Content 控件内。

【任务实施】

一个页面的设计，包括对页面进行布局、放置控件并为控件设置有关属性和编程实现页面功能等几个部分。

(1) 页面布局：页面布局可以使用表格、css 样式表、外观文件等多种方式。

(2) 属性设置：可以在设计视图下的属性窗口中完成，也可以直接在页面的 HTML 源码文件中实现，还可以在编程过程中使用 C#代码动态设置或修改。

(3) 编程实现页面功能：使用 C#等语言，在页面的 cs 文件中处理页面上发生的相关事件。

下面通过母版页的创建过程，说明 ASP.NET 中使用母版页技术创建页面的基本过程。

1. 创建母版页

首先分析母版页上应放置的元素。不同的用户登录后应具有不同的操作页面，但也会有一些在不同页面都存在的共享元素和行为，分析系统管理、教师应用和学生应用三个模块的共有信息和功能特点，设计该应用系统母版页如图 12-15 所示。

在"解决方案资源管理器"的项目名称上右击，在弹出的快捷菜单中，选择"添加"→"新建项"命令，在弹出的"添加新项"对话框的"模板"列表框中选择"母版页"选项，在"名称"文本框中输入"master.Master"，如图 12-16 所示。然后单击"添加"按钮，进入设计界面。

2. 利用表格进行页面布局

在打开的页面设计器中，切换到设计视图，根据页面效果插入相应的表格进行布局。在表格的相应位置输入效果图中的文字，放置两个 LinkButton 按钮、两个 Label 标签并设置其相关属性，在表格中使用 ContentPlaceHolder 控件进行占位设计，各控件的具体位置和属性参见效果图和 HTML 代码。

master.Master 页面使用的控件属性如表 12-2 所示，请结合后续的应用页面设计过程体会 ContentPlaceHolder 控件的占位作用，各控件位置参见效果图 12-15。

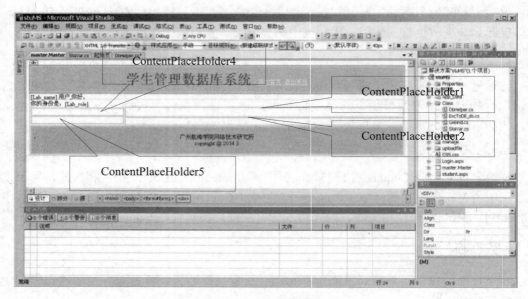

图 12-15 母版页效果图

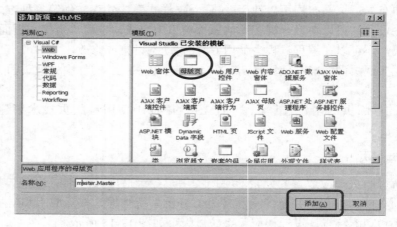

图 12-16 "添加新项-stuMS" 对话框——母版页

表 12-2 母版页(页面文件 master.Master)上使用的控件及其主要属性

控件类型	ID	属性名称	属性值/说明
ContentPlaceHolder	head		
	ContentPlaceHolder4		控件占位
	ContentPlaceHolder5		控件占位
	ContentPlaceHolder2		控件占位
	ContentPlaceHolder1		控件占位
Label	Label1	Text	学生管理数据库系统
	Lab_name		控件后单元格文字："用户,你好"
	Lab_role		控件前单元格文字："你的身份是:"

控件类型	ID	属性名称	属性值/说明
LinkButton	LinkBut_first	Text	设为首页
	LinkBut_exit	Text	退出系统

3. 编辑母版页的 cs 文件

母版的 cs 文件主要用来在页面初始化事件中接收登录页面传递过来的用户名和角色信息并在两个 Lab 控件 Lab_name 和 Lab_role 上通过 cs 文件编程将其显示出来。

```
//master.Master.cs 代码:
using System;
namespace stuMS
{
    public partial class master : System.Web.UI.MasterPage
    {
        protected void Page_Load(object sender, EventArgs e)
        {
            Lab_name.Text = StaVar.user_name;
            Lab_role.Text = StaVar.db_role;
        }
    }
}
```

知识扩展:

(1) 这里将登录页面中传递过来的保存在 StaVar.user_name 和 StaVar.db_role 中的信息,通过 Lab_name 和 Lab_role 控件的 Text 属性显示在母版页上。

(2) Page_Load 是页面在调用时首先被执行的一个方法,每次在调用母版时均会被执行一次,因此登录用户不同时,在不同的目标页面上就可以显示不同的登录用户信息。

【任务实践】

1. 学生用户页面设计

学生用户页面主要实现"个人信息浏览""学习成绩查询"功能,还允许对个人信息中的部分字段进行相关信息的修改,即"个人信息维护"。本系统中允许学生用户修改的个人信息有"电话"和"地址"两个字段,请在数据绑定时注意其实现方法。学生页面的运行效果如图 12-17 所示。其设计过程如下。

(1) 在"添加新项-stuMS"对话框的"名称"文本框中输入内容页的名称"student.aspx",在"模板"列表框中选择"Web 内容窗体"选项,弹出"选择母版页"对话框,从"文件夹内容"窗口中选择已经建立的母版页文件 master.Master,然后单击"确定"按钮,就进入到了内容页的设计界面。

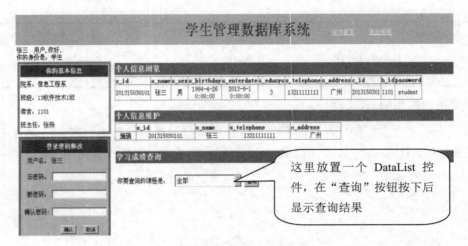

图 12-17　学生用户运行界面

(2) 在设计界面下，根据效果图所示，在母版的 ContentPlaceHolder 控件位置上加入表格进行布局，然后添加相应的控件到合适的位置上。各控件的位置及其属性参考下面的 HTML 源码，属性设置也可以在设计界面的属性窗口中完成。

//student.aspx 页面的 HTML 源码：请参考项目十二的源代码的相应文件

控件及其属性说明如下。

①　在 DataList 控件中加入的两个 Label 控件：ID=Label1 和 ID=Label2，其 Text 属性设置为：Text='<%# Eval("course_id") %>'>和 Text='<%# Eval("score") %>'>，这是控件数据绑定在 HTML 代码中的形式。该 Label 控件位于<ItemTemplate>节中，其含义是 DataList 控件显示的内容项，其值将取自所连接数据表的"course_id"和"score"字段。在 cs 代码中的"查询"按钮事件处理中进行数据连接和查询操作，操作的结果显示在该控件上。请结合 cs 代码进行分析理解。

②　这里还使用了两个 GridView 控件，其中，GridView1 只用于信息浏览，而 GridView2 用于信息的维护，因此需要通过设置 onroweditin、onrowcancelingedit、onrowupdating 这 3 个属性，来启用该控件的编辑、取消和更新功能，这 3 个属性设置后会在该控件上显示出相应的 3 个按钮，请比较两个 GridView 控件的显示形式。

③　在页面的左下部，使用了一个用户自定义控件 WebUCLogin，用于用户自行修改登录密码。在"添加新项"对话框的"模板"列表框中选择"Web 用户控件"选项后，按照普通页面的设计方法将需要的控件拖放到页面上并编写相应的事件处理代码，以.axcx 作为扩展名保存即可，使用时需要在页面首部对其进行引用。

2. 教师用户页面设计

教师用户具备一般信息的查询功能，同时教师用户还可以对学生信息、成绩信息、宿舍信息等数据进行管理，如编辑、修改、删除和导入等。教师用户页面的运行效果如图 12-18 所示。

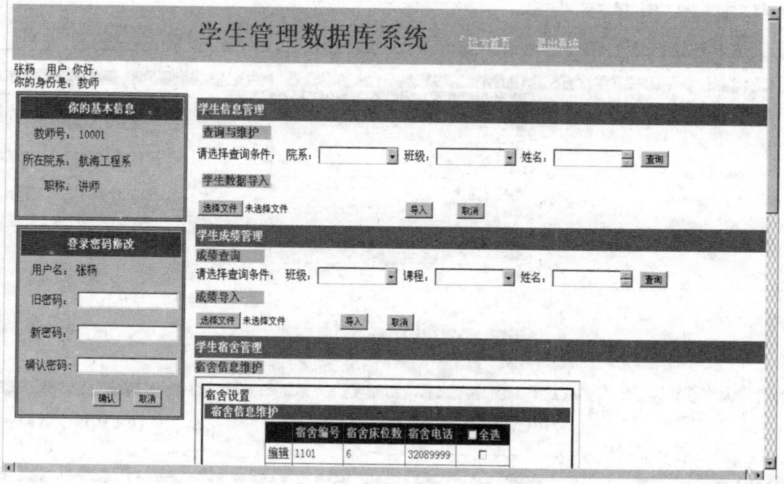

图 12-18　教师用户主界面

与学生用户页面不同的是在页面最下部的"宿舍信息管理"设计时使用了框架结构，即最下面的"学生宿舍管理"使用了一个 iframe 框架，框架的目标页面是 mHost.aspx 页面。这是因为在管理员页面中也要对宿舍信息进行管理维护，所以在这里直接通过框架的形式调用了管理页面中的宿舍管理功能。iframe 的使用方法是在 HTML 代码的相应位置上加入如下代码：

```
<iframe id="ifram1" frameborder="1" height="660px" width="100%"
runat="server"
scrolling="yes"  title="frame1" visible="true"
src="./manage/mHostel.aspx" >
</iframe>
```

上述语句中，src 属性指定框架的目标页面为当前页面文件 teacher.aspx 所在的根目录下 manage 文件夹中的 mHostel.aspx 页面。这样，当学生用户页面被调用时，在框架 ifram1 的位置上显示的就是 mHostel.aspx 页面了。mHostel.aspx 完整的页面如图 12-19 所示。

教师用户页面的控件属性和 HTML 源码设计方法与学生用户页面基本相同，这里不再详细介绍，请参考页面效果图自行设计完成。

知识扩展：

(1) 框架：对于需要在多个页面上重复用到的功能，使用框架是一种最直接的方法，但需要浏览器的支持。另外一种更通用的方法是像学生页面中的登录密码修改一样，将该功能设计成用户控件，以便于在管理员页面等多个页面中重复使用。

(2) 用户自定义控件：为便于代码重用，对完成一定功能的代码进行封装而形成。用户自定义控件与普通页面设计相似，在页面设计完成后以.axcx 为扩展名保存即为自定义的控件。在页面中使用自定义控件时，需要在页面的头部添加如下一行代码：<%@ Register src="WebUCLogin.ascx" tagname="WebUCLogin" tagprefix="uc1" %>，然后就可以像标准控件一样使用该自定义的用户控件了。

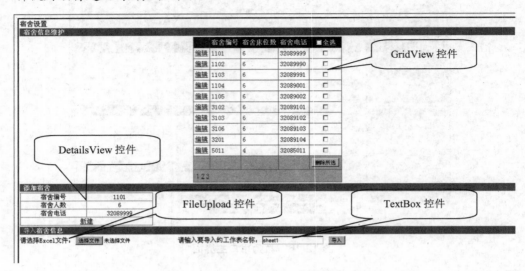

图 12-19 mHostel.aspx 的页面效果

3. 管理员用户页面设计

管理员用户对基础数据进行统一管理,具备院系、班级、课程、宿舍、教师、学生等基本信息和学生成绩、系统用户、系统数据维护等的设置权限。

页面使用表格进行布局,左侧使用 TreeView 控件进行导航,右侧使用 iframe 框架显示导航选择的目标页面。所以该页面由两部分组成:一是用于主界面的 main.aspx,如图 12-20 所示;二是显示在 iframe 框架中的实现不同管理功能的目标页面。

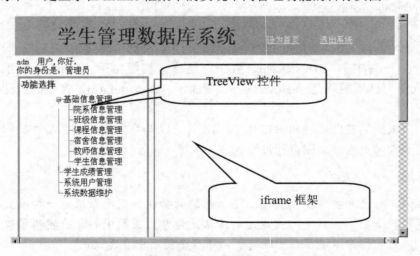

图 12-20 管理员用户主界面 main.aspx 页面

对 TreeView 中各节点的选中事件在 main.aspx.cs 中进行处理,使其选中后导向不同的目标页面,请参考下面的 cs 代码。

(1) main.aspx.cs 中处理 TreeView 控件节点选中时的代码:

```
protected void TreeView1_SelectedNodeChanged(object sender, EventArgs e)
{
switch (TreeView1.SelectedNode.Text)
        {
                case "基础信息管理":
                    ifram1.Attributes["src"] = "mDepartment.aspx";
                    break;
                case "院系信息管理":
                    ifram1.Attributes["src"] = "mDepartment.aspx";
                    break;
                case "班级信息管理":
                    ifram1.Attributes["src"] = "mClass.aspx";
                    break;
                case "课程信息管理":
                    ifram1.Attributes["src"] = "mCourse.aspx";
                    break;
                case "宿舍信息管理":
                    ifram1.Attributes["src"] = "mHostel.aspx";
                    break;
                case "教师信息管理":
                    ifram1.Attributes["src"] = "mTeacher.aspx";
                    break;
                case "学生信息管理":
                    ifram1.Attributes["src"] = "mStudent.aspx";
                    break;
                case "学生成绩管理":
                    ifram1.Attributes["src"] = "mGrade.aspx";
                    break;
                case "系统用户管理":
                    ifram1.Attributes["src"] = "mUser.aspx";
                    break;
                case "系统数据维护":
                    ifram1.Attributes["src"] = "mBakeup.aspx";
                    break;
                default:
                    ifram1.Attributes["src"] = "";
                    break;
        }
    }
```

(2)　"院系信息管理"mDepartment.aspx 页面的 HTML 源码(主要部分)。

"院系信息管理"功能页面如图 12-21 所示。其他功能页面与此相似，只是数据控件所绑定的数据不同，这里不再一一列出，请结合后续"数据绑定"任务进行体会。

// "院系信息管理"功能页面如图 12-21 所示，HTML 源码请参考项目十二的源代码的相应文件

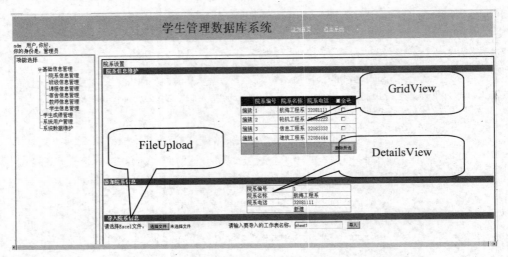

图 12-21　"院系信息管理" mDepartment.aspx 页面

任务四　通过 ASP.NET 页面操纵数据库

【任务要求】

- 综合运用数据访问组件、控件的数据绑定方法和事件处理程序等方式，编程实现学生用户页面上的个人信息浏览。
- 设计完成学生用户的个人信息维护功能。
- 设计完成学生用户的成绩查询功能。

【知识储备】

在一个 Web 应用程序中使用数据库，主要的功能都是通过对数据库中的数据进行查询、更新、删除、添加和数据的导入/导出等操作实现的。因此，如何在应用程序中实现这些数据库的基本操作，是数据库管理系统应用中最基本的一个问题。下面就对此进行简单的介绍。

在用户页面的设计任务中，使用了一些常用的数据控件，如 GridView、DetailsView 等，这些控件都可以通过绑定相关的数据库字段来完成指定的数据操作，将操作的结果也就是数据库中的相应数据显示在控件上，这是通过编程模式来访问数据库的一种基本手段。

ASP.NET 提供了两种编程模式访问数据：ADO.NET 编码模式和声明性数据绑定模式。上面已经介绍的 ADO.NET 基础就是使用 ADO.NET 编码模式访问数据，而使用数据绑定控件来访问数据库中的数据也是一种常用且快捷开发应用程序的方法。

数据绑定就是使页面上的控件的属性与数据库中的数据动态关联起来的过程。当数据源中的数据发生变化且重新打开页面时，被绑定控件中的相关属性将随数据源中数据的变化而改变。数据绑定有两个要素：数据源和数据绑定服务器控件。

1. 数据源控件

ASP.NET 中可以作为数据源的对象很多，如 DataSet、DataTable 等。还有专门用于提供数据源服务的控件称为数据源服务器控件，数据源服务器控件本身在页面上并不呈现，只是用于指定后端提供数据的源数据库并访问和操作数据。在 ASP.NET 中，凡是提供有 IEnumerable 接口的对象都可以作为数据源，常用的数据源包括以下几种类型。

(1) 基于集合的类及其对象，如数组、列表控件等。

(2) ADO.NET 容器类，如 DataSet、DataReader、DataTable 和 DataView 等。

(3) 数据源控件。用于不同类型数据库连接和操作的 SqlDataSource、ObjectDataSource、SitMapDataSource 等。其中，SqlDataSource 用于连接 SQL Server、Oracle、ODBC 等关系型数据库。这类数据源控件通常都有：SelectCommand、UpdateCommand、DeleteCommand 和 InsertCommand 4 个属性，利用这 4 个属性可以设置要执行的 SQL 语句。通过设置数据源控件的 DataSourceMode 属性，SqlDataSource 控件可以返回 DataSet 和 DataRead 两种格式的数据。

2. 数据绑定服务器控件

为数据绑定而设计的控件。通常数据绑定控件都具有以下用于数据绑定的属性。

● DataSource：用于指定控件所使用的数据源，如表的名称。

● DataSourceID：用于指定控件所使用的数据源服务器控件的 ID，与 DataSource 互斥，不能同时设定。

● DataMember：DataSource 中所要使用的表名(成员名称)。

● DataTextField：控件中与 Text 属性相关联的字段名称，即 Text 属性所取得的值。

● DataValueField：与控件 Value 属性相关联的字段名称，即 Value 属性所取得的值。

3. HTML 源码中数据绑定的语法

1) <%#…%>

用于简单数据绑定，如一个变量、有返回值的方法、数组、集合、列表等与一个控件属性之间的绑定，当调用控件的数据绑定方法(通常为 DataBind，可在页面上调用)时，数据绑定表达式将被计算并显示。

例如，在一个页面的 aspx 文件中：

```
…
public string name="张三";
…
public void Page_Load(object src,EventArgs e)
{
    Page.DataBind();
}
```

在页面中：

```
<body>
你的姓名是：<b><%#name%></b>
```

```
</body>
```

代码分析：

页面的 HTML 源代码中使用<%#name%>来将字符串变量 name 的值绑定到页面上，为使其能够显示，在页面的 Page_Load 事件(页面的初始化事件)中，调用了页面对象的数据绑定方法 DataBind()，即 Page.DataBind()。Page 的 DataBind()方法被调用时，会自动调用 Page 上所有控件各自的 DataBind()方法进行数据绑定。

2) DataBinder.Eval 方法

用于访问所绑定数据项上的公共属性，仅用于将绑定的数据显示出来。使用形式：<%# DataBinder.Eval(对象名，字段名表达式，显示格式字符串) %>，也可以简化为<%# Eval(字段名表达式) %>。

3) Bind 方法

与 Eval 方法相似，但支持双向绑定，即不但可以将数据源的数据显示出来，还可以将控件中相关联的属性的数据变化提交到数据源。

4. 常用的数据绑定控件

1) 简单列表控件

DropDownList(下拉列表框控件)、CheckBoxList(多选列表组合控件)、RadioButtonList(单选按钮组合控件)等。

2) 复杂数据控件

支持复杂数据显示和操作的服务器控件，也称作富数据控件。常用的有：GridView、DetailsView、DataList、FormView 等。

常用的数据绑定控件可以在页面设计时通过属性窗口指定其数据源属性，也可以在 cs 代码中通过代码动态进行绑定。请在下面的任务中体会不同的实现过程。

【任务实施】

本任务主要通过编写 cs 代码文件，实现学生管理数据库应用系统中用户对数据库的基本操作，从而完成应用系统基本功能的设计。

这些基本功能从使用数据库的角度可以分为信息浏览、按给定的条件对记录进行查询、删除、更新、插入操作和数据的导入/导出等。这些功能的实现通常在页面上对相应的控件进行数据绑定来完成，可以在页面设计时通过属性窗口指定其数据源，也可以在 cs 代码中通过代码进行动态绑定，本任务采用代码进行数据绑定。在学生管理数据库应用系统中，学生用户只具有本人的个人信息浏览、部分个人信息修改和本人学习成绩查询三个基本功能。

信息浏览功能实际上是一个查询全部记录的数据操作，是应用系统最基本的功能，通过对数据库执行查询操作，将查到的符合条件的记录数据绑定到页面控件上并将其显示出来。通过控件本身提供的相关功能也可在浏览的同时对数据进行更新、删除、插入等一系列数据操作，在本任务中只进行一个浏览操作，其他功能请参考控件的相关知识和后续的各功能实现方法自行学习。

在学生用户页面设计中使用了 ID 为 GridView1 的富数据控件 GridView 作为信息浏览

的数据显示控件。在页面设计阶段，我们对该控件只是进行了一些简单的格式设计工作(请参考上一个任务中的 HTML 源码)，该控件的数据绑定工作在其 cs 文件的页面初始化事件处理代码中完成。其处理过程如下。

(1) 编写查询字符串：

```
sql_s = "select * from tb_student where s_name = '" + StaVar.user_name +
"'";
```

(2) 调用前面编写的数据访问组件访问数据库获取数据并存放于 ds_s 中：

```
ds_s = DBHelper.GetDataSet(sql_s, StaVar.conn_name); /
```

(3) 设定用于显示信息的控件的数据源：

```
GridView1.DataSource = ds_s;
```

(4) 将数据源中的数据绑定到控件：

```
GridView1.DataBind();
```

这样，在该页面被调用时，页面初始化事件被触发，一系列的查询、绑定和显示工作就被执行，页面上就会显示出登录用户在 tb_student 数据表中存放的所有个人信息。实现信息浏览功能的代码片段如下：

```
public partial class student : System.Web.UI.Page  //页面 student 类
{
  string sql_s; //声明字符串变量，用于存放查询字符串
  DataSet ds_s; //声明数据集变量，分别存放学生表、教师表、院系表、班级表

  //页面初始化
  protected void Page_Load(object sender, EventArgs e)
  {
    //根据登录用户名获取用户在 tb_student 数据库表中的所有信息并存放在数据集 ds_s 中
    sql_s = "select * from tb_student where s_name = '" +
       StaVar.user_name + "'";
    ds_s = DBHelper.GetDataSet(sql_s, StaVar.conn_name);
     //调用数据访问组件获取数据库中的指定数据
    …
    if (!IsPostBack)
    {
      GridView1.DataSource = ds_s;   //设定控件的数据源
      GridView1.DataBind();            //将数据源中的数据绑定到控件
    …
    }
  }
}
```

完整的页面初始化代码请参考下面给出的"学生用户页面的完整代码实现(student.aspx.cs 代码)"中的 Page_Load 节中的内容。其中包括页面上用于维护功能的控件 GridView2 和用于成绩查询的控件 DataList1 的数据初始化绑定内容，因为这些都是整个页面初始显示时所要展示在页面上的内容。

使用学生表中名为"张三"的用户登录后的界面运行效果如图 12-22 所示，最上面的"个人信息浏览"部分显示了当前登录用户在数据库的 tb_student 表中的所有信息，也可以通过设计不同的查询字符串来显示部分字段。

图 12-22　学生用户登录成功后的运行界面

【任务实践】

1. 数据更新功能的代码实现

1)　编写更新用查询字符串

在学生用户页面设计时，我们使用 ID 为 GridView2 的 GridView 控件作为维护用的数据控件，其数据绑定过程与浏览功能相似。只是在查询字符串设计时，不是给出所有字段，而是只查询键名和允许学生用户自行维护修改的字段，本例中只允许学生用户修改本人的电话"s_telephone"和地址"s_address"信息。语句代码如下，其中，s_id, s_name 作为记录的键名不允许被修改：

```
string sql_gb1 = "select s_id, s_name,s_telephone,s_address from
tb_student where s_id = '" +
                StaVar.s_id + "'";
DataSet ds_gb1 = DBHelper.GetDataSet(sql_gb1, StaVar.conn_name);
```

2)　自定义数据绑定方法

由于在维护工作完成后，即数据更新操作被成功执行后，数据发生了变化，对用于信息浏览的控件同样要执行重新的绑定工作以获取和显示更新后的数据，所以设计一个自定义的数据绑定方法 GridViewBind()，在每次更新被执行后都调用一次该方法来实现对 GridView1 和 GridView2 的数据绑定。自定义的数据绑定方法如下：

```
public void GridViewBind()
{
  string sql_gb = "select * from tb_student where s_id = '"+ StaVar.s_id+"'";
    DataSet ds_gb = DBHelper.GetDataSet(sql_gb, StaVar.conn_name);
  string sql_gb1 = "select s_id, s_name,s_telephone,s_address from
    tb_student where s_id = '" +
    StaVar.s_id + "'";
DataSet ds_gb1 = DBHelper.GetDataSet(sql_gb1, StaVar.conn_name);

  GridView1.DataSource = ds_gb; //设置数据源，用于填充控件中的项的值列表
```

```
GridView2.DataSource = ds_gb1;      //设置数据源，用于填充控件中的项的值列表
GridView2.DataKeyNames = new string[] { "s_id", "s_name"};    // 指定键名
GridView1.DataBind(); //将数据源绑定到控件
GridView2.DataBind(); //将数据源绑定到控件
}
```

3)　数据的编辑、更新和取消功能

GridView 控件内置了对所绑定的数据源进行数据更新的方法，在页面初始化事件中，将 GridView2 的属性 AutoGenerateEditButton 设置为 true，即可将其内置的"编辑"按钮启用而显示在控件的每一条记录之前。语句形式如下：

```
GridView2.AutoGenerateEditButton = true; // GridView2 控件显示"编辑"按钮
```

运行时，单击"编辑"按钮，当前记录就进入可编辑状态，"编辑"按钮转变为"更新"和"取消"两个按钮，用于执行向数据库中的写操作和取消编辑。因此，需要为"编辑""更新"和"取消"三个事件编写处理代码。

通过设置 GridView 控件的编辑项的索引为当前索引使 GridView 控件进入编辑状态，即：GridView2.EditIndex = e.NewEditIndex;而将值设置为-1 时，则取消编辑，即：GridView2.EditIndex = -1;。更新操作则是通过在读取当前记录中的内容后，执行 UPDATE 语句来实现写入。

详细的实现代码请参考后面给出的"学生用户页面的完整代码实现"student.aspx.cs 代码"。

2. 成绩查询功能的代码实现

学生用户可以查询本人学习成绩。在本系统的学生用户页面中，我们使用 DataList 控件用于显示成绩查询的结果，绑定成绩信息表的所有字段。使用下拉列表控件提供查询课程的选择输入。

1)　对下拉列表控件 DropDownList1 进行数据绑定

页面中的下拉列表控件 DropDownList1 用于显示成绩表中的课程号，用户通过选择课程号确定要查询的课程，因此，需要绑定的数据是成绩表 tb_grade 中的 course_id 字段。该数据应在控件在页面上显示出来时就有，因此，数据绑定代码应书写在控件的初始化方法中：

```
protected void DropDownList1_Init(object sender, EventArgs e)
{
  string  sql_g = "select course_id from tb_grade where  s_id = '" +
StaVar.s_id + "'";
  DataSet ds_g = DBHelper.GetDataSet(sql_g, StaVar.conn_name);
  DropDownList1.DataSource = ds_g.Tables[0];//设定控件的数据源
  DropDownList1.DataTextField = "course_id";
  //设定控件 DataTextField(字段标题)显示的内容
  DropDownList1.DataValueField = "course_id";
  //设定控件 DataValueField(字段值域)显示的内容
  DropDownList1.DataBind();       //将数据源中的数据绑定到控件
  DropDownList1.Items.Insert(0, new ListItem("全部", "all"));
  //动态插入指定序号的新项
}
```

2) DataList 控件设计

DataList 控件上要显示的字段可以设置显示的标题不同于字段名。在设计时，向该控件上添加 Label 控件，添加的 Label 控件的 Text 属性值将作为该列所绑定字段的列标题。在前面学生用户页面 HTML 源码<asp:DataList …/>的<ItemTemplate>节中，有如下代码设定：

```
<asp:Label ID="Label1" runat="server" Text='<%# Eval("course_id")
    %>'></asp:Label>
<asp:Label ID="Label2" runat="server" Text='<%# Eval("score")
    %>'></asp:Label>
```

该段表示在 DataList 控件上加入的 Label 控件上显示 course_id 和 score 两个字段的值。在<HeaderTemplate>节中设置了这 2 个 Label 控件的字段的 Text 属性为"课程号"和"成绩"。请参考前面给出的 HTML 源码。

3) "查询"按钮事件

当单击"查询"按钮时，将根据 DropDownList1 中所选定的值(课程号 course_id 的值)，在成绩表 tb_grade 中执行查询，查询字符串如下：

```
sql_g1 = "select * from tb_grade where course_id = '" + coursename + "'
    and s_id = '" + StaVar.s_id + "'";
```

然后调用数据访问组件执行查询，将得到的数据绑定到 DataList 控件上显示出来。具体绑定过程请阅读下面给出的完整代码中的Button1_Click()方法中的代码。

//学生用户页面的完整代码(student.aspx.cs 代码) 请参考项目十二的源代码的相应文件

附录：

"院系信息管理"功能包含了查询、更新、删除、添加、数据的导入/导出等最基本的数据库操作，能够较完整体现在一个 Web 应用程序中，如何通过页面控件与数据进行绑定以及相应事件的程序处理来使用数据库管理系统中的基本数据操作，实现对应用数据进行相应操纵。

学生管理数据库应用系统中的"院系信息管理"页面如图 12-23 所示。其中"院系信息维护"部分包括了浏览、更新、删除等功能操作，"添加院系信息"部分是向数据库中添加记录，"导入院系信息"为数据库中数据的导出操作。

编程实现"院系信息管理"功能，要求如下。

(1) 参考图 12-23 的效果图，使用前面任务中设计的母版页，设计完成管理员用户页面。

(2) 实现页面中"学生信息维护"模块的编辑、更新、取消、删除操作。

(3) 使用数据源绑定方法实现"添加学生信息"模块中的新建记录操作。

(4) 编程实现数据的导入/导出操作。编程实现"院系信息管理"功能。

实训步骤

(1) 建立"院系信息管理"页面。

参考学生用户页面的建立过程，使用母版页创建名为"mDepartment.aspx"的内容页，在页面的相应位置上添加如效果图所示的相应控件。并参照上一个任务中给出的 HTML 源码设定相应的基本属性。

图 12-23　院系信息管理的运行页面

（2）设计实现"院系信息维护"功能。

在"院系信息管理"中，使用 1 个 GridView 控件实现院系信息的维护功能，即在一个控件上实现浏览、更新、删除等操作，为介绍编程实现数据绑定，在"院系信息维护"模块中使用的 GridView 控件采用了在程序中绑定数据的方式，请在 cs 代码文件中注意分析其实现过程。

为了对多条记录一次执行删除操作，该 GridView 控件上使用了模板列来实现多条记录的同时选中，并提供"全选"和"删除选中"两种删除方法。其设置方法如下。

① 在页面的设计视图下，单击控件右上角的">"符号，打开"GridView 任务"菜单，选择"添加新列"命令，在弹出的"添加字段"对话框的"选择字段类型"下拉列表框中选择"TemplaeField"，即模板列，如图 12-24 所示。"页眉文本"文本框中输入"全选"。

② 单击"确定"按钮后返回到控件，可以看到在控件上增加了一列。再次打开"GridView 任务"菜单，选择"编辑模板"命令，进入模板编辑模式，在"显示"下拉列表框中选择新添加的列 Column[3]，出现该列的编辑模板，如图 12-25 所示。

图 12-24　添加字段

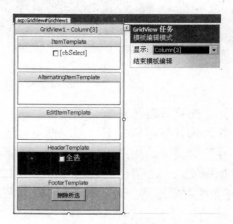

图 12-25　编辑模板

在其中的 ItemTemplate 位置，拖入一个 CheckBox 控件，这样在每条记录上的该列位置都会出现一个 CheckBox 控件，用于选中记录供删除功能使用。

在模板列的 Header Template 处，也添加 1 个 CheckBox 控件，控件 ID 为 CheckAll，用于一次性选中全部记录。

注意：这个选中按钮需要在事件处理程序中通过编程处理才能实现全部选中，即通过编程实现该按钮选中时各条记录上的 CheckBox 控件都处于选中状态。这个位置的文字"全选"也是"添加字段"中的"页眉文本"框中输入的内容。

在 Footer TemPlate 上添加 1 个按钮，按钮上显示的文字为"删除所选"，控件 ID 为 btnDelete。同样，这个按钮也需要在事件处理程序中进行编程，实现对选中记录的删除。

③　最后，单击"结束模板编辑"，完成对 GridView 控件的模板设计。

④　其他属性设置。

参考上一个任务中"院系信息管理"页面设计给出的 HTML 源码设置 GridView 控件的其他属性。

⑤　代码实现。

在 CS 文件中，对上述按钮事件进行编程处理，请参见后面给出的代码中的"编辑""更新""删除选定""全选""删除一行"等部分的代码及注释。

(3)　设计实现"添加院系信息"功能。

在院系信息管理页面上使用 1 个 DetailsView 控件实现添加记录(新建记录)的功能，其绑定院系信息表 tb_department 的方法这里采用另一种更直观的方式，即在页面设计时通过添加数据源控件来完成绑定工作，具体的绑定过程如下。

①　设置控件属性。

在设计页面中，单击 DetailsView 控件，通过属性窗口设置 AutoGenerateInsertButton="True"，即在控件上显示"新建"按钮。然后单击控件右上角的">"符号，弹出"DetailsView 任务"菜单，如图 12-26 所示。

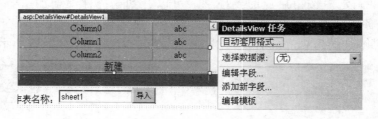

图 12-26　"DetailsView 任务"菜单

②　配置数据源。

在"选择数据源"下拉列表框中，选择"<新建数据源……>"选项，弹出"数据源配置向导"对话框，如图 12-27 所示。选择其中的"数据库"图标，在"为数据源指定 ID"文本框中输入一个值作为数据源控件的 ID，然后单击"确定"按钮，弹出的"配置数据源-选择您的数据连接"对话框如图 12-28 所示。

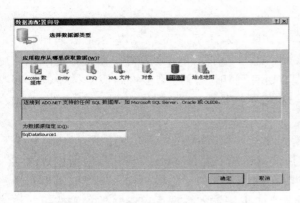

图 12-27　"数据源配置向导"对话框

图 12-28　选择数据连接

③　添加连接。

在"配置数据源-选择您的数据连接"对话框中选择 Web.config 文件中已经设置好的数据连接或单击"新建连接"按钮，为数据源配置连接字符串。单击"新建连接"按钮后弹出如图 12-29 所示的"添加连接"对话框，"服务器名"选择本地服务器名称或输入"(local)"，"登录服务器"选择"使用 SQL Server 身份验证"并输入在数据库中已经配置好的登录账号 admin 和密码，在"连接到一个数据库"选择学生管理数据库应用程序使用的"studentdb"数据库。

测试连接成功后单击"确定"按钮，返回到图 12-28 的"配置数据源-选择您的数据连接"对话框。展开"连接字符串"，可以看到连接字条串已经配置为"Data Source=(local);Initial Catalog=studentdb;User ID=admin;Password=admin"。

④　保存连接字符串。

单击图 12-28 中的"下一步"按钮，在弹出的如图 12-30 所示对话框中选中"是，将此连接另存为"复选框，文本框中输入连接字符串名称，这个字符串以"name"属性值的形式保存在 web.config 文件的"<connectionStrings>"节中，以供需要时调用，其他控件根据需要也可使用该连接字符串连接数据库。

图 12-29　添加连接

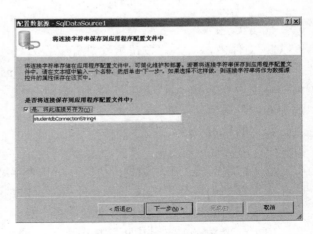

图 12-30　保存连接字符串

⑤ 配置 Select 语句。

单击图 12-30 中的"下一步"按钮,弹出如图 12-31 所示的"配置 Select 语句"界面。选中"指定来自表或视图的列"单选按钮,在"名称"下拉列表框中选择存放院系信息的表"db_department","列"选中"*"(所有列)项。然后单击"高级"按钮,打开"高级 SQL 生成选项"对话框,如图 12-32 所示,选中"生成 INSERT、UPDATE 和DELETE 语句"复选框。

这样设置后,在程序运行期间,页面初始化时,该 DetailsView 控件下方显示 1 个"新建"按钮,单击这个"新建"按钮后,控件将按照"配置 Select 语句"时所设定的字段显示相应的文本框且都处于编辑状态,同时在控件下部自动生成"插入""取消"两个按钮并使其具备相应的功能。在控件各条目各文本框中输入数据后单击"插入"按钮,将根据所配置的 Select 语句,执行数据库的"更新"操作,即执行 UPDATE 语句,将文本框中的内容保存到数据库中。这一过程由控件本身的内置代码实现,开发者无须编写任何代码。然后在程序中重新执行一次数据绑定,更新后的数据就绑定到相应控件上并显示出来了。

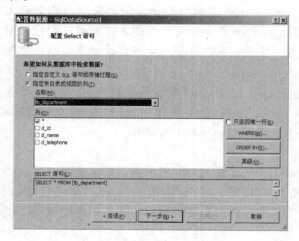

图 12-31　配置 Select 语句

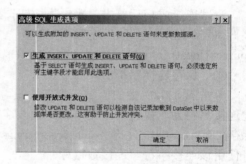

图 12-32　"高级 SQL 生成选项"对话框

⑥ 代码实现。

在 CS 文件中,对上述按钮事件进行编程处理,实际上就是执行一次重新绑定的代码,即在"插入"按钮处理事件 DetailsView1_ItemInserted()中,调用数据绑定方法在显示数据的控件上进行数据的重新绑定,其他操作均由系统自动完成。请参见后面给出的代码中"添加新的院系信息"部分。

(4) 数据的导入/导出。

以 Excel 数据的导入为例。

① 首先应该准备一个与数据库中院系信息表字段数据格式一致并对应的 Excel 表。

② 在页面的相应位置放置上传文件控件"FileUpload"。该控件通过内置代码已经实现了用对话框的形式选择本地的一个文件的功能。

③ 由于一个 Excel 文件中可存在多个工作簿,因此再在页面上添加一个文本框用于

指定工作簿名。

④　然后再添加一个 ID 为 Button1、显示文字为"导入"的按钮，当单击该按钮时，进行导入操作。

⑤　对按钮的单击事件进行编程，实现将文件上传到服务器指定位置并导入到数据库中的操作。其详细的导入处理过程的实现见后面给出的代码中"导入 Excel 数据表"部分，其中导入的处理过程是在公共类中编写的，在按钮事件中调用了该导入方法。

⑥　数据导出操作与此相似，请自行分析设计。

附："院系信息管理"页面的完整代码

```
//院系管理功能页面的 C#代码(mDepartment.aspx.cs)：请参考项目十二的源代码的相应文件
//公共类 ExcToDB_ds.cs 代码：请参考项目十二的源代码的相应文件
```

项 目 小 结

本项目在前面项目数据库设计的基础上，利用.NET 技术设计开发了一个学生管理数据库 Web 应用系统，涉及在 Web 应用程序中使用和操纵数据库的一些基本方法。项目充分利用了 ASP.NET 强大的页面开发功能和 ADO.NET 的数据访问功能，结合数据库管理系统的相关功能，完整阐述了一个数据库管理应用系统中常用的浏览、查询、更新、添加、数据导入/导出等信息维护和管理的基本功能需求的实现过程，旨在提高数据库管理技术的综合运用能力和解决实际问题的能力。在本项目中这些基本功能的实现过程和页面设计都只是为了阐述方便而采用的，并没有从运行效率上进行更多的分析设计，在实际应用中需要对相关代码进行一些优化工作。

上 机 实 训

利用 ASP.NET 访问图书管理数据库

实训背景

一个基于图书管理需要开发的数据库应用系统，面向学生、管理员、教师等用户提供查询、修改有关信息等服务，涉及用户与数据库之间的交互操作，并将数据库中的相关数据使用合适的形式，展现在用户面前并便于用户使用。因此，一个数据库应用系统的设计，除了需要设计和维护好后台数据库之外，还需要进行人机交互界面的设计。良好的人机交互界面的设计可以实现用户对数据库的有效操纵。因此，在整个数据库应用程序的设计中，前台人机交互界面设计和后台数据库设计两部分内容都不可或缺，需要将二者有机地结合起来。

实训内容和要求

完成图书管理数据库 Web 应用系统。

实训步骤

(1)　系统总体设计。

(2) 系统功能模块设计。

(3) 系统后台数据库设计(前面项目已经完成，该处只需要熟悉整合)。

(4) 开发平台选择。

(5) 代码实现。

(6) 部署发布。

习　题

一、选择题

1. 不能在 ASP.NET 页面间传递信息的是(　　)。

    A. 页面变量　　　　　　B. 状态变量　　　C. 会话变量　　　D. 全局静态变量

2. web.config 文件中定义的内容的有效作用范围是(　　)。

    A. 页面文件　　　　　　　　　　　B. C#代码文件

    C. 类文件　　　　　　　　　　　　D. 应用程序

3. 在 ADO.NET 中，支持断开式，即非连接的数据集，可以看成是内存中的数据源，且数据保存在客户端本地内存中的数据集组件是(　　)。

    A. DataReader 对象　　　　　　　　B. DataSet 对象

    C. DataAdapter 对象　　　　　　　　D. Command 对象

4. ASP.NET 中可以作为数据源的对象有(　　)。

    A. DataSet 对象　　　　　　　　　B. DataReader 对象

    C. DataTable 对象　　　　　　　　D. 以上都可以

二、填空题

1. 要存取数据源内的数据，首先要使用_____对象建立程序和数据源之间的连接。

2. 在数据库连接建立起来后，可以使用_____对象来执行数据库的查询、修改等各种数据操作。

3. 数据绑定控件可以在页面设计时通过属性窗口指定其_____属性，也可以在_____中动态进行绑定。

三、上机题

1. 参考任务"用户页面设计"中的方法，设计完成页面中用于登录密码修改的用户自定义控件。

2. 参考"院系信息管理"功能的实现过程，设计学生信息管理、班级信息管理等其他管理功能的页面并编程实现。

习题参考答案

项目一

一、选择题

1. C   2. D   3. D   4. B   5. A   6. B

7. B   8. A   9. C   10. A   11. C   12. B

13. A

二、简答题

略

项目二

一、选择题

1. C   2. B   3. D   4. D   5. A   6. C

7. A   8. C   9. C   10. B

二、填空题

1. 2，5，10
2. 水平，垂直
3. 概念设计

三、简答题

略

项目三

一、选择题

1. A   2. B   3. B

二、填空题

1. .mdf，.ndf，.ldf
2. 完全数据库备份，差异数据库备份，事务日志备份
3. alter database，drop database

三、简答题

略

项目四

一、选择题

1. A   2. A   3. D   4. B   5. A   6. C

7. A   8. A   9. C   10. C   11. B

二、填空题

1. 1

2. 聚集，非聚集

3. 实体，参照

4. create table，alter table，drop table

5. 聚集

6. 两个

7. 非空且唯一

8. 实体

9. 主，外

10. 唯一

三、简答题

略

项目五

一、选择题

1. A   2. D

二、填空题

1. TRUNCATE TABLE，DELETE，TRUNCATE TABLE，DELETE

2. UPDATE staff SET s_name = '李颖'，s_sex = '女' WHERE s_id = 1001

三、简答题

略

项目六

一、选择题

1. A   2. C   3. B   4. B   5. C   6. D

7. A   8. B   9. D

二、填空题

1. SELETE，FROM

2. IS NULL

3. 内连接，外连接

4. 所有，与左表相匹配的行

5. SELECT

6. 并(UNION)

三、简答题

略

项目七

一、选择题

1. A   2. C   3. D

二、填空题

1. ALTER VIEW，DROP VIEW

2. sp_helptext，sp_depends

三、简答题

略

项目八

一、选择题

1. A   2. A   3. A   4. D   5. A

二、填空题

1. 局部，全局

2. 标量值函数，表值函数，表值函数

3. 控制程序跳出本次循环，重新开始下一次 WHILE 循环；控制程序立即无条件地退出最内层 while 循环

项目九

一、选择题

1. A   2. B   3. C   4. D

二、填空题

1. 系统存储过程，扩展存储过程，用户自定义存储过程

2. SP_

三、简答题

略

项目十

一、选择题

1. A 　　　2. A 　　　3. B 　　　4. A 　　　5. B

二、填空题

1. 存储过程，事件
2. 修改，删除
3. 多，多
4. DML，DDL

三、简答题

略

项目十一

一、选择题

1. B 　　　2. D 　　　3. A

二、填空题

1. 对象权限，语句权限，预定义权限
2. 角色，角色
3. GRANT，DENY，REVOKE

三、简答题

略

项目十二

一、选择题

1. A 　　　2. D 　　　3. B 　　　4. B

二、填空题

1. Connection
2. Command
3. 数据源　cs 代码文件

三、上机题

略

参 考 文 献

[1] 王珊，萨师煊. 数据库系统概论[M]. 5 版. 北京：高等教育出版社，2014.

[2] 西尔伯沙茨，等. 数据库系统概论[M]. 杨冬青，李红燕，唐世渭，译. 北京：机械工业出版社，2012.

[3] 周屹. 数据库原理及开发应用[M]. 2 版. 北京：清华大学出版社，2013.

[4] 周慧. 数据库应用技术[M]. 北京：人民邮电出版社，2011.

[5] 施伯乐，丁宝康，汪卫. 数据库系统教程[M]. 北京：高等教育出版社，2008.

[6] 茅健. ASP. NET 2. 0+SQL Server 2005 全程指南[M]. 北京：电子工业出版社，2008.